谨以此书纪念陈俊愉院士百年诞辰

中华传统

ZHONGHUA CHUANTONG
SHANGHUA LILUN YANJIU

陈秀中　金荷仙　主编

中国林业出版社

本书是北京市自然科学基金项目科研成果（资助编号6012009）

图书在版编目（CIP）数据

中华传统赏花理论研究 / 陈秀中, 金荷仙主编. —北京：
中国林业出版社, 2017.9

ISBN 978-7-5038-9279-0

Ⅰ. ①中… Ⅱ. ①陈… ②金… Ⅲ. ①花卉－文化研究－
中国 Ⅳ. ①S68

中国版本图书馆CIP数据核字(2017)第227210号

封面题字、封底配画：华海镜

责任编辑：何增明　盛春玲

中国林业出版社 · 环境园林出版分社

出　　版：中国林业出版社
（100009 北京西城区刘海胡同 7 号）
电　　话：010 － 83143517
发　　行：中国林业出版社
印　　刷：北京卡乐富印刷有限公司
版　　次：2017 年 9 月第 1 版
印　　次：2017 年 9 月第 1 次印刷
开　　本：787mm × 1092mm　1/16
印　　张：18
字　　数：438 千字
定　　价：98.00 元

主要作者简介

陈俊愉

1917年9月21日出生于天津市，安徽安庆人，园林及花卉专家。丹麦归侨，中共党员及民盟成员。园林学家、园艺教育家、花卉专家。北京林业大学园林学院教授、博士生导师及名花研究室主任，中国园艺学会副理事长，中国花卉协会梅花蜡梅分会会长及梅品种国际登录权威，享受政府特殊津贴，中国工程院资深院士。2012年6月8日在北京逝世，享年95岁。

余树勋

1919年3月23日出生于北京，中国著名园林专家。中国科学院植物研究所北京植物园研究员。长期从事植物园的建设与花卉、观赏树木、园林美学、园林心理学等的研究。编写了中国第一部园林工程学讲义，建立了园林工程学科，编著《园林美与园林艺术》，与吴应祥共同主编出版了《花卉词典》。2013年10月20日在北京逝世，享年94岁。

陈秀中

1955年生，安徽安庆人。北京市园林学校高级讲师，首届中国职业院校教学名师。主要研究方向：插花、盆景、园林艺术、园林美学、花文化理论。陈秀中是陈俊愉院士之子，一直在陈院士的指导下从事梅花文化及中华传统赏花理论的研究，主持北京市自然科学基金项目“中华赏花理论及其应用研究”，对于中华民族三千年的悠久梅花文化及赏花历史有深入的研究。

金荷仙

1964年生，博士，浙江农林大学教授，《中国园林》杂志社社长、常务副主编，高等学校风景园林教育指导委员会副主任。主要从事康复花园、寺庙园林、植物景观规划设计等方面的研究。

程　杰

1959年生，江苏泰兴人。1978年考入南京师范大学中文系，1985年研究生毕业，获文学硕士学位，留校任教。1994年获文学博士学位。1999年起，任南京师范大学文学院教授、博士生导师。著有《北宋诗文革新研究》《梅文化论丛》《中国梅花审美文化研究》《中国梅花名胜考》等，是国内知名的梅文化专家。

华海镜

1960年生，浙江宁海人。现为浙江农林大学美术研究所所长、艺术设计学院教授、硕士生导师。华海镜先生先后深造于中国美术学院国画系和中央美术学院美术史系。曾在美国旧金山、北京三尚艺术馆、杭州唐云艺术馆、珠海博物馆、宁波美术馆和上海朱屺瞻艺术馆等举办个人书画展。

开发中华传统名花中的小花与香花
——其惊人魅力和优势

KAIFA ZHONGHUA CHUANTONG MINGHUA ZHONG DE XIAOHUA YU XIANGHUA
QI JINGREN MEILI HE YOUSHI

在中华传统名花中，有鲜艳大花与芳香小花两大类：前者如牡丹、杜鹃花、山茶、菊花、芍药、月季、玉兰类等，早已引种海外，有些甚至在杂交改良后再度进口我国，成为“回姥姥家的外孙女”，如现代月季、牡丹、芍药、比利时杜鹃、美国山茶、大花萱草等等；而后者开小花、香花，特富诗情画意，如梅花、蜡梅、国兰、中国水仙、桂花、瑞香、珠兰、米兰等，则迄今尚少在欧美等西方国家引种栽培。这是一种反常现象，却在世界多数国家中存在着。

追究产生以上扭曲现象的致因，可列出下面三个主要因素。第一，西方世界欣赏较多的，是大型鲜艳的花，如若形状奇特，尤受欢迎；而对小型淡雅的花，尽管芳香扑鼻，淡雅宜人，却甚少受到重视。第二，我国近二三百年来由于战乱和社会、经济等因素，甚少注意发展传统花卉之生产，更不重视规模经营和出口生产。第三，也是最根本的致因，是民族自尊心和民族自豪感之丧失或大大减弱，以至崇洋媚外，推崇洋花、新花，贬低民族传统花卉。至于对于传统名花（香花、小花尤然）之国外展览和传统花文化之国外介绍，更是绝无仅有。凡此种种，就造成今天传统名花，尤其是小花、香花依然维持数千年孤芳自赏的状态。这种反常的局面必须打破，中华传统名花，尤其是其中的小花、香花，才能重新焕发青春，走上香飘万里和民族花卉复兴的康庄大道。

事实上，发展中国小花、香花，也是有不少优越条件和有利因素的。第一，国人赏花，是用五官乃至全身心投入，并与诗情画意、传说、联想、诗书画曲等串联起来，借以提高赏花之韵味与深度的，所以充分发扬中华“香花文化”的特点，在国内外开展传统名花展览尤其是“香花、小花文化展览”，持之以恒，必可奏效。例如日本送欧美樱花及花

木盆景，已有一二百年，至今欧、美各国包括美国首都华盛顿，都有樱花园，可见“放长线”是可以“钓大鱼”的。第二，中国传统小花、香花，如梅花、蜡梅、桂花、中国水仙、国兰等，都有人工催花易开而应用途径多样（切花、盆花、盆景等）等优点。第三，迄今西方绝少引用中华传统小花、香花，等于形成了事实上的世界性专利，今后前景，端赖吾人努力了。第四，香花有益身心健康。如在我和金幼菊教授共同指导的一位博士生金荷仙，所作学位论文《梅、桂花文化与花香之物质基础及其对人体健康的影响》（2003）中，就已查明，梅与桂之花香的化学成分及其香气对人体的有益影响——这一创新性研究符合当今世界花卉科研热点，应大力宣传推广才是。

现引南宋·陆游《梅花》诗两首，说明这一伟大诗人是为何用全身心欣赏梅花之美的：

闻道梅花坼晓风，
雪堆遍满四山中。
何方可化身千亿？
一树梅前一放翁！

当年走马锦城西，
曾为梅花醉似泥。
二十里中香不断，
青阳宫到浣花溪。

本书深入研究了中华赏花的民族特色，剖析了中华小花、香花的文化特质，初步测定了某些小花、香花（梅花、桂花）的化学成分及其对人体健康的有益影响，总结介绍了中华赏花的十大理论表现，是既有民族特色又富创新精神的一部赏花理论专著。故乐为书一小序，介绍于国内外花卉爱好与专业工作者之前。

北京林业大学园林学院教授、中国工程院资深院士　　陈俊愉

2005年7月18日于北京林业大学梅菊斋

值得庆幸的是，2002年北京市自然科学基金委员会高瞻远瞩，在世人热捧洋花之风劲吹之时仍大胆启动科研基金资助笔者进行中华传统花文化遗产方向的科研课题研究。本书就是在北京市自然科学基金科研项目“中华赏花理论及其应用研究”的基础上修订完善而成的。本书的研究视角主要有以下几个特色。

1. 历史悠久的传统花文化是中华花卉业的财富与特长

中国自古以来就是花文化高度发达的国家，甚至可以说我国是在花文化的带动和影响下引发出花卉业的。中国自古以来通行的是文人雅士提倡的花文化，欧阳修、张镃、范成大、袁宏道等都是花卉专家，一部《广群芳谱》就是极富特色的中国古代“花卉大百科全书”！花文化是中国花卉业的宝贵财富，最具中国特色。中华民族的传统名花，如梅花、桂花、米兰、菊花、牡丹、荷花、月季等等，其栽培、观赏、应用（指在造园及盆景、花艺中的应用）等无不与花文化息息相关、不可分割。然而我们自己在这方面的研究工作还很薄弱，如果有外国人来请教“我们从中国引种了众多的优质花卉资源，我们还想学一学中国人的赏花传统和欣赏趣味”时，对这一问题，恐怕我们中国人自己也很难回答出来。本书全面、系统地研究中华民族传统赏花理论及其应用实践，并运用现代园林艺术欣赏理论加以分析，古为今用、洋为中用，形成一套富于时代精神、有应用价值，又具中国特色的赏花理论。“越是民族的，就越是世界的！”中国人应该树立民族自信心，不应该再盲目追随欧美人的赏花视野，让西方的洋花把我们的民族花卉压得抬不起头来，这种局面应该扭转！本书的出版，对于我国民族花卉业的健康发展将产生积极的影响，并最终将中华花文化研究转化为创中华名花的物质动力。

2. 从弘扬花文化的角度培养出中华传统名花的民族文化特质

有什么样的赏花理论、赏花趣味，就会选择什么样的花卉、种植并生产什么样的花卉。

欧美人赏花注重外表，满足于花朵的大、鲜、奇、艳，他们从中国丰富的花卉资源中拿走了大花（如牡丹、月季、玉兰、菊花、杜鹃花、山茶花等等）；未拿走的却是最能代表中国花卉资源和民族文化特质的小花（如梅花、蜡梅、桂花、国兰、米兰、珠兰、瑞香等等）。中国的小花有姿态、有韵味、有香味、有意境，可比拟象征、可融诗入画、可浮想联翩，引人入胜；中国古代文人赏花动用五官和肺腑，全身心地投入与花儿融为一体，综合地欣赏，注重诗情画意和鸟语花香。“西方人赏花是表层的，低层次的；而中国人赏花是精神性的，深入的，是真正与花的交流。”（陈俊愉语）特别是中国古代文人赏花重视花格与人格的比照，在比德情趣的激发之下，借赏花审美提升积极的人格精神、净化赏花者的心灵。“当年走马锦城西，曾为梅花醉似泥”，“疏影横斜水清浅，暗香浮动月黄昏”，“一片疏花补雪痕，迷离香影动黄昏”，“香非在蕊，香非在萼，骨中香彻”，“不是一番寒彻骨，怎得梅花扑鼻香” “一朵忽先变，百花皆后香。欲传春消息，不怕雪埋藏”。诸如此类优美的赏花诗句着实把梅花的形、色、味、姿和人格意味娓娓道来，令人百听不厌、回味无穷；这些中国特色的赏花韵味外国人不懂，所以他们未把中国的小花、香花拿走。本书重点抓住中国的小花、香花的这种民族特质，深入研究、系统挖掘、大力弘扬，逐步把中国的小花、香花培养成最具中国特色的中华民族优质名花，将它们作为拳头产品以最佳的欣赏方式打向世界！正如中国工程院院士、著名梅花专家陈俊愉教授指出：“梅花作为中国唯一一项具有国际登录权的花卉，在今后的发展中所要带给世界的不仅仅是中国丰富的花卉种质资源，更重要的是要让中华花文化的意境给世界带来感染和影响，并通过梅花、蜡梅、桂花、瑞香、中国水仙等小花、香花的出口，使世界花卉更为丰富多彩、美不胜收。”（陈俊愉、马吉《梅花：中华花文化的秘境》，载于《中国国家地理》2004年第3期）

3. 促进当代园林美学理论的重新构建及中国特色的民族赏花理论的形成

本书以中国古代的赏花审美理论为微观专题，深入系统地研究中华民族在赏花审美中所体现出来的各种自然审美观点和以赏花审美为乐生之情的花文化传统，在中国古代赏花审美实践方面深入挖掘出丰富的思想文化遗产，古为今用、推陈出新，促进当代园林美学理论的重新构建及中国特色的民族赏花理论的形成，使审美世俗化的中华赏花审美传统得以发扬光大。

4. 选准花文化研究的落足点，做深入细致的实证专题考证

中国古代花文化文献浩如烟海、汗牛充栋，一部《广群芳谱》就已经是堪称“花卉大百科全书”式的鸿篇巨制了。研究传统花文化必须找准研究的落足点，否则只会迷失于书海文山之中难以自拔。本书落足点定位于三大重点。一是系统梳理中国古代文人赏花时的审美视角、审美意识、自然审美观念等，深入研究阐述了中华儒释道互补的赏花审美思想对于中国古代赏花审美传统所形成的深远影响及其现实意义，归纳总结出中华民族传统赏花理论的十大理论表现形态，即十大赏花审美的理念范畴，并从浩如烟海的中国古代花文献中寻找最有代表性的实证范例做深入细致的实证专题研究。二是落足于古代赏花理论在盆景、插花、造园等赏花实践领域中的具体应用，从中国古代花文献中寻找上述应用领域内最典型的古典名篇，深入总结剖析，取其精华，去其糟粕，古为今用，推陈出新，使中华传统赏花理论遗产的研究既有理论遗产研究的深度，又有在现代园林应用中的可操作性。三是重点研读中国古代咏花诗词中的咏梅诗词，分析研究中国古代文人咏梅赏梅的审美趣味，深入剖析中国小花、香花所代表的民族文化特质，尝试抓住中国的小花、香花的这种民族特质，系统挖掘、大力弘扬，逐步把中国的小花、香花培养成最具中国特色的中华民族优质名花，将他们作为拳头产品以最佳的欣赏方式打向世界！

5. 初步研究测定中国传统小花、香花（梅花、桂花）的香味成分

中国古代文人欣赏花卉、感受花香多讲究意境和诗情画意，常囿于感性认识和文学描述，而少从科学的角度去研究。花香的科学成分是怎样构成的？花香又是通过怎样的生理机制来影响人们的身心健康的？本书中研究测定了中国传统小花、香花（梅花、桂花）的香味成分，大胆尝试探索了小花香味量化的现代科技手段。研究者在南京、杭州、武汉等地尝试测评花香对赏花者的各种影响（身体的、生理的、感官的、心理的、情感的等等），探讨人对花香的主观评价同气味物质结构类型之间的联系，得出了具有实际参考价值的人对小花花香的生理和心理感觉状况的量化统计，从而为中国小花、香花的审美想象与诗情画意寻找其赖以发生的自然物质基础与科学依据。

有意识的、含有香味的生活能够使令人满意的经验变成现实，使生命的价值得以实现。随着我国人民物质生活水平的迅速提高，芳香植物与芳香制品的需求也会不断增长，有关这方面的科学研究具有良好的应用前景。植物的芳香物质对人体机能作用效果的研究，对森林公园、休养林、专类花园、城市绿地的植物配置也将具有重要的指导意义。

6. 重点分析研究中国古代文人咏梅赏梅的审美趣味

重点研读中国古代咏花诗词中的咏梅诗词，分析研究中国古代文人咏梅赏梅的审美趣味，深入剖析中国小花、香花的民族文化特质，尝试抓住中国的小花、香花的这种民族特质，系统挖掘、大力弘扬，逐步把中国的小花、香花培养成最具中国特色的中华民族优质名花。

7. 摸清中国古代赏花理论的家底

“温故而知新！”我们要创建既富时代精神、又具中国特色的民族赏花理论新框架，首先要做的工作就是摸清我们自己的家底，梳理清楚中国古代赏花理论的历史发展脉络，搞清楚中华赏花理论遗产的思想精华和代表性古典名篇究竟有哪些。所谓“源流”，就是事物的起源与发展，如果我们连自己都没搞清楚中华民族传统赏花理论遗产的家底，那么要创建中国特色的民族赏花理论新框架就只会是一句空话，无源之水、无本之木是不可能长久的，也是没有任何学术价值的！摸清中国古代赏花理论的家底，以便令人在创造中国特色的插花、盆景、造园等园林艺术作品时，能够从中找到自己强烈的、鲜明的民族个性风格，至少找到一个可以借鉴、可以信赖的历史坐标系和古典参照系。

本书写作时原计划要搜集、整理我国先秦、秦汉、隋唐、宋元、明清的重点赏花理论专著，如先秦诗经、楚辞，秦汉的辞赋、乐府民歌，唐代的《花九锡》《平泉山居草木记》《酉阳杂俎》，唐宋咏花诗词名篇，宋代的《花经》《花疏》《花品》《园林草木疏》《范村梅谱》《梅品》《梅花喜神谱》《赏心乐事》《全芳备祖》，明代的《瓶史》《瓶花谱》《花史左编》《花历》《遵生八笺》《园冶》《长物志》《闲情偶寄》《二如亭群芳谱》，清代的《花镜》《花笺》《花傭月令》《浮生六记》《广群芳谱》等。为梳理清楚中国古代赏花理论的历史发展脉络做一项开创性的研究工作。

但是，上述设想还远未完成，这项研究工作需要一个研究团队来攻关。因为我在15年的研究过程中深深体会到，上述所提到的古典文献就已经浩如烟海、汗牛充栋了，恰如古人兴叹过的："人也有涯，书也无涯，以有涯追无涯，殆矣！"我个人研究中国传统花文化必须找准研究的落足点，否则只会迷失于书海文山之中难以自拔。这已在前言谈本专著的研究视角的第4点"选准花文化研究的落足点，做深入细致的实证专题考证"里谈过了，就不再赘述。

"只有民族的，才是世界的！"中国的京剧、中国的书法、中国的园林、中国的烹调，之所以享誉世界，就是因为它们能够自成一格、独具特色！中国古代的赏花理论也有自己传统的、独特的文化优势，关键是要做好古代传统赏花理论的现代转化工作。目前的现状是大量的、有积极价值的中国花文化遗产仍然在故纸堆中默默无闻地沉睡。本书便是在深入系统地挖掘、研究、开发中国古代赏花理论优秀遗产方面所做的一次初步尝试，其主要目的就是重新激活中华传统花文化资源中所孕育的价值与生机，逐步实现中华传统花文化遗产的古为今用、推陈出新！

由于编者学识水平有限，书中只是朝着上述研究方向所做的一次初步尝试与努力，但愿能起到抛砖引玉的作用。当然难免存在着许多粗糙、遗漏、不足乃至错误之处，恳请各位读者给予批评指正。

最后，需要说明的是本书序言的写作时间。我父亲早在2005年7月就为本书亲手撰写了“序言”：《开发中华传统名花中的小花与香花——其惊人魅力和优势》，父亲生前非常关心“中华赏花理论及其应用研究”科研课题的进展情况，并多次教育我工作要抓紧，要学会利用时间，提高科研效率。但由于学校教学任务繁重，用于本课题调研的时间很零碎；加之我秉性较慢，工作比较踏踏实实；希望把“中华赏花理论及其应用研究”科研课题做得更完美，抱着“十年磨一剑”的想法，一直在慢慢地啃着这块难啃的骨头。尽管这个科研课题已经在北京市自然科学基金委结题了，但我对其中一些关键问题与重要节点还在继续研究，并最终希望把这项科研成果逐步完善，出版一本比较满意的中华传统赏花理论专著，以不辜负父亲对于继承与发扬祖国传统花文化优良传统的深切关注及殷切希望！同时也不辜负父亲给予我的科研工作的热心点拨与谆谆教诲……

今天，《中华传统赏花理论研究》一书终于要出版问世了，尽管自己学识水平有限，但也拿出此书给陈俊愉院士百年诞辰纪念活动献上一份小小的礼品吧！

陈秀中

2017年5月于北京潘家园拈花书舍

目录

contents

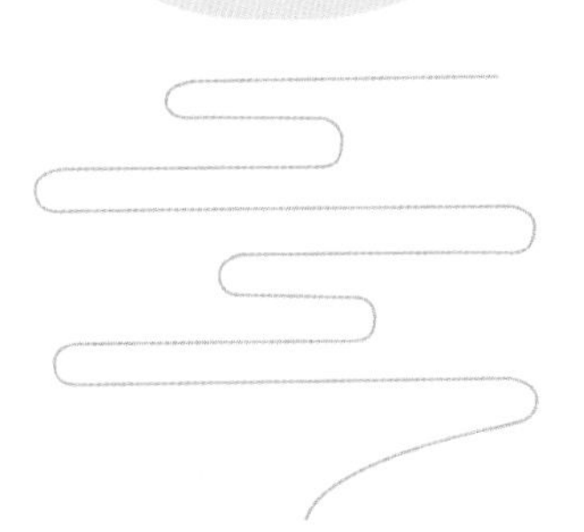

錢唐王秋之為
洗硯池頭還未乾墨
玉龍寒水晶宮裏風霜
斛驪珠月下看

第一编

吸纳传统智慧，享受花人合一

陈秀中

第一编系统梳理中国古代文人赏花时的审美视角、审美意识、自然审美观念等，深入研究阐述中华儒释道互补的赏花审美思想对于中国古代赏花审美传统所形成的深远影响及其现实意义，归纳总结出中华民族传统赏花理论的十大理论表现形态，即十大赏花审美的理念范畴，并从浩如烟海的中国古代花文献中寻找最有代表性的范例做深入细致的实证论述。

“温故而知新！”我们要创建既富时代精神又具中国特色的民族赏花理论新框架，首先要做的工作就是摸清我们自己的家底，搞清楚中华赏花理论遗产的源流与思想精华。所谓“源流”，就是事物的起源与发展，如果我们连自己都没搞清楚中华民族传统赏花理论遗产的家底，那么要创建中国特色的民族赏花理论新框架就只会是一句空话，无源之水、无本之木是不可能长久的，也是没有任何学术价值的！摸清中国古代赏花理论的家底，以便今人在创造中国特色的插花、盆景、造园等园林艺术作品时，能够从中找到自己强烈的、鲜明的民族个性风格，至少找到一个可以借鉴、可以信赖的历史坐标系和古典参照系。

儒释道自然赏花审美思想初探

我们的祖先为什么把我们生息繁衍的世居之地命名为“中华”呢？梅花院士陈俊愉教授在中央电视台院士访谈栏目《漫谈花卉》时，一开头就谈到这个问题；“‘中华’是我们这个古老民族的名称，一直沿用不衰。‘中’就是在天下的中间，古人以为我们中国是世界的中心、世界的大国。现在当然了解的比我们过去多了，那也可以说是北温带，世界最好地区的中间。在世界最好地段的中央，这就是‘中’。什么是‘华’呢？华者花也，花花世界。这就是说我们中国是在世界中央的花卉的一个故乡，万紫千红，花花世界。如果大家觉得这个解释还可行的话，那么要问一下，世界上有没有别的国家也是‘花’作为国家的名字呢？在这里可以告诉大家，没有。你看英国，就是大不列颠，这是一个地名。美国是很有意思了，USA美洲的联邦，这个共和国，没有什么意义。没有其他哪个国家是用‘花’来做为国家的名字的，可见得我们中国的花卉之丰富，另外也可以见得中国人爱花。”

“华”的字源解释是这样的。

華，甲骨文写作，像一棵树上满是花枝的样子。金文将甲骨文的“木”写成，同时加“于”（竽），表示古人用花枝装饰欢庆的乐器。籀文像枝叶茂盛的植物有许多灿烂的亮点闪烁其间。篆文将金文的写成，将金文的写成。有的篆文加“艸”（草），误定了“華”的草本属性，于是“華”的含义遂发生了由“木”变“草”的大转变。由于古籍中“华”多表达木本植物的花朵，后人另造形声兼会义的“花”表达草本植物的繁殖器官：花=艹（草，草本植物）+化（化，既是声旁也是形旁，表示演变），强调“花”的艳丽来自于绿色藤、茎的神奇之“变”。“花”是“華”的异体字（图1）。

“中华”的“华”字是“花”的本字，“华”字本义就是花朵之“花”。而“花”字出现得较晚，始见于北朝，为“华”的俗体字。《说文解字》里说：“华，荣也。”“荣”就是草本的“花”，《尔雅·释草》里说：“木谓之华，草谓之荣。”就是说树木开花叫做

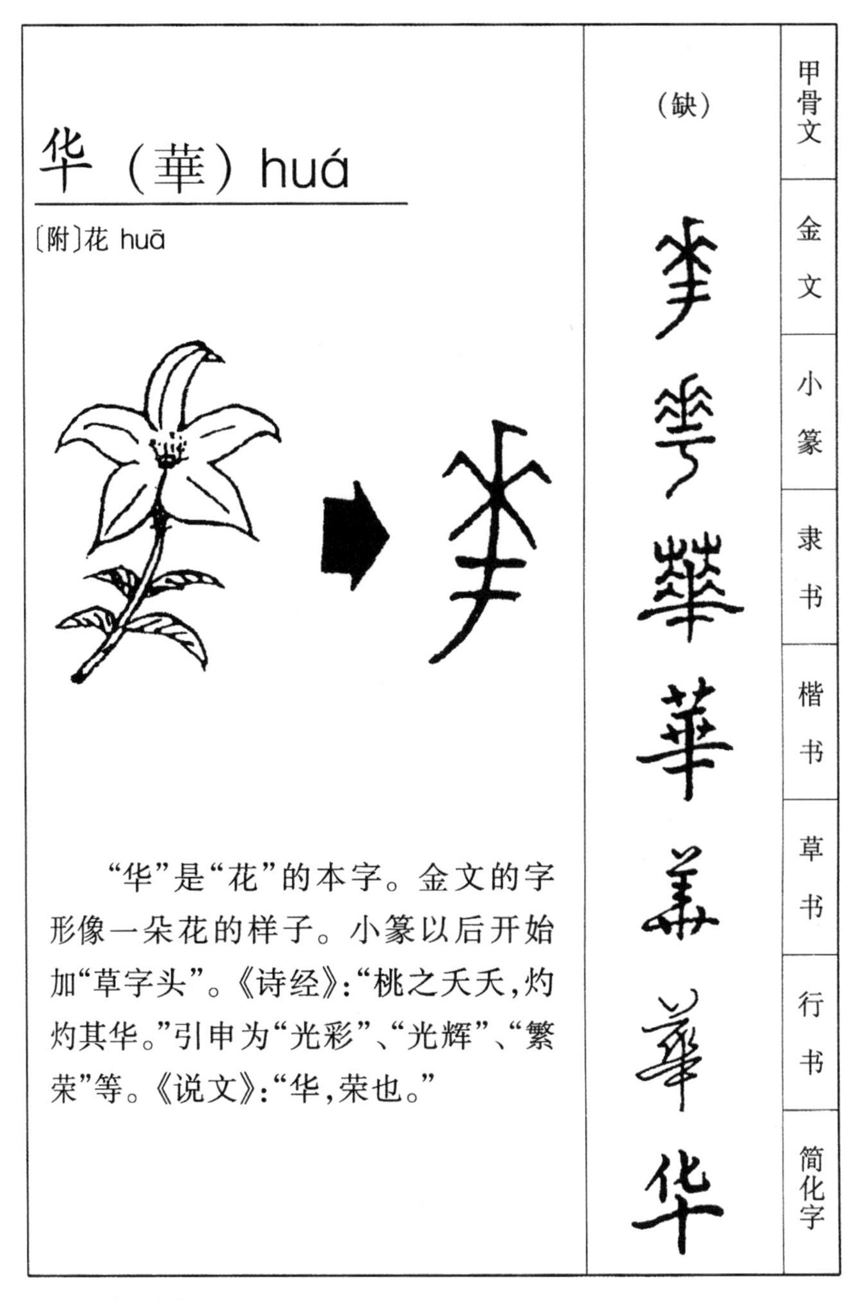

图1　汉字"华"的演变

"华"，草本开花叫做"荣"。《说文》的意思是说"华"的本义就是指"花"。今之"花"字古文作"蘤"字（wei，音委），如汉代张衡《思玄赋》："天地烟煴，百卉含蘤。"注："张揖《字诘》曰：'蘤'，古花字也。"

花卉是大自然恩赐给人类的"尤物"（南宋范成大语），我们的先祖以"中华"做为

我们国家的古称，而“华”就是“花”的古字，“中华”其意思就是喻指盛产花卉的、像花一样美丽的、位于世界中央地带的国家。这充分体现了中华先民的爱花、爱美、爱国之情！中华民族自古就是热爱花卉的民族：先秦少男少女互赠芍药，春秋孔子以松柏比德，楚国诗人屈原颂橘咏兰，汉代江南少女欢歌采莲，东晋陶潜采菊东篱，唐代大诗人李白醉卧牡丹花丛，北宋哲学家周敦颐痴爱莲花，南宋名士张镃造园品梅，元代隐士郑思肖绘无根墨兰以寄爱国之志，明朝文人袁宏道著写瓶花史，明代学者高谦撰《遵生八笺》将赏花视为养生之道，清初郑元勋力邀挚友计成营建影园赏花怡情，清代奇才郑板桥擅画竹石……中华民族热爱花卉，有着源远流长的造园、种花、养花、赏花、品花、艺花、插花、咏花、画花、食花的优良民族赏花审美传统，深入研究中国古代赏花审美实践活动中所体现出的赏花审美智慧，我们会发现这些代表东方自然审美的精华结晶对于中国现代园林建设来说仍然有着深刻的启发意义和积极的可取价值。

笔者认为中国古代赏花审美传统及其民族特色主要体现为：第一，在人与花的交流中修身养性、与花交友、陶冶情操、升华人格，这是儒家；第二，在清新自然的赏花审美环境中，赏花人动用五官和肺腑，全身心投入与花融为一体，人的身心均获得了自然美的滋补、疗养与慰藉，实现了天人合一、花人合一的最高自然审美境界，这是道家；第三，将自我之身融入到自然万象之中，人在同情万物、观照自然的过程中，可以感受自然万物的生命气息，体悟自然的博大永恒，明心见性，契悟宇宙本体的空相，获得生生不息之美的纯真体验，从一花一叶的纯真生机去“妙悟”、去把握大千世界生生不息的生命本体，这是佛家禅宗；第四，上述儒释道互补的赏花审美思想及其蔚为大观的诗文书画园成果，凝聚成中华传统花文化的智慧结晶，是东方自然美学的精华，理应深入挖掘、继承发扬。中国古代赏花雅文化凝练着儒释道易等深刻隽永的哲学、美学意蕴和中华传统文化遗产所特有的审美智慧，积聚着中华民族高层次的文化品位与艺术化生活的高雅追求。在奔流曲回的中华传统文化的历史发展脉络中，它是一片积淀深厚的湛蓝耀眼的“智慧海”。

吸纳先贤智慧、回归赏花传统，是为了提高当代中国人的赏花品位与生活质量，增进当代中国人的人生乐趣与幸福感，实现中华民族物质文明与精神文明的平衡发展。本篇将深入研究、系统阐述中华儒释道互补的赏花审美思想对于中国古代赏花审美传统所形成的深远影响及其现实意义。

1. 与花比德 以美储善——赏花与儒家君子比德*

儒家的自然审美观主张从伦理道德（善）的角度来体验自然美，提出了“比德说”。如同对于中国传统文化具有主导作用的儒家文化一样，儒家的与花比德、以美储善的自然

* 本文原文发表于《北京林业大学学报》2010年2月增刊2。

审美传统已经普遍渗透于中国人赏花的自然审美意识之中，积淀很深。这一优良的中华花文化传统，可以为安顿当代中国人浮躁空虚的心灵提供丰富而深刻的智慧资源，理应继承借鉴并使之发扬光大。

儒家自然审美观“与花比德”

儒家思想统治中国长达两千余年，对中华民族的文化传统、对陶冶中华民族自强不息的奋斗精神，都起着决定性的影响（图2）；儒家传统重视道德修养，具有高尚道德情操的君子人格的培养，一直是儒家人文教化的核心内容；儒家的自然审美观主张从伦理道德（善）的角度来体验自然美，提出了“比德说”：大自然的山水花木、鸟兽鱼虫等，之所以能够引起欣赏者的美感，在于他们的自然形象表现出与人（君子）的高尚品德相类似的特征；所谓“比德”就是作为审美主体的人（君子）可以与审美客体的山水花木“比德”，亦即从山水花木的欣赏中可以体会到某种人格美，并从山水花木的审美观中汲取令君子自立自强、自我完善的人生真谛。

君子比德思想兴起于春秋战国时期，其直接出处是孔子《论语·雍也篇》：“知者乐水；仁者乐山；知者动，仁者静；知者乐，仁者寿。”同样体现孔子“比德说”的，还有

图2 孔子——中国的圣人

图3 明末清初画家所作《屈子行吟图》

《论语·子罕篇》：“岁寒，然后知松柏之后凋也。”孔子论松柏显然也是将松柏人格化，后来《荀子》说得更透彻：“岁不寒无以知松柏，事不难无以知君子。”这当然也是在“比德”：鼓励有远大志向的君子要像抗寒斗雪的松柏那样，经受生活艰难困苦的种种严峻考验。

“江山如此多娇，引无数英雄竞折腰！”（毛泽东《沁园春·雪》）大自然是人类永恒的人生导师，自然审美的价值就在于人类可以得江山之助，从大自然山水花木之美的启迪中获得生存智慧！儒家典籍《周易》中就谈到：“天行健，君子以自强不息”；“地势坤，君子以厚德载物”。意思是说：天道运行周而复始，永无止息，谁也不能阻挡，君子应效法天道之健，自立自强，不停息地奋斗下去；坤象征大地，君子应效法宽厚博大、养育万物的大地，胸怀宽广，包容万物。显然，这也是在以天之阳刚之美与地之阴柔之美来与君子应具备的两种美德相“比德”。对中国古人来说，大自然之所以魅力无穷，根本原因就在于大自然中蕴藏着取之不竭的人生真谛，东晋田园诗人陶渊明在赏菊时就发出了类似的感叹：“采菊东篱下，悠然见南山。山气日夕佳，飞鸟相与还。此中有真意，欲辨已忘言！”（陶渊明《饮酒·其二》）

确实，中国人赏花审美更多地受中国古代天人合一思想的影响，注重在自然审美之中把握乐生恋世、生生不息的生命情趣。特别是在儒家比德思想的熏陶之下，中国古代文人赏花重视花格与人格的比照，从自然花木的身上汲取自立自强的营养，在比德情趣的激发之下，借赏花审美提升积极向上的人格精神、培养人们高尚的道德情操、净化赏花者的心灵，促使心灵趋善，这就叫“以美储善”！

例如：战国时代楚国杰出的爱国主义诗人屈原将君子比德的自然审美触角深入到人的情感净化和人格升华的道德层面，拓展了花木自然审美的深层意蕴（图3）。他亲手种植兰蕙与香草：“余既滋兰之九畹兮，又树蕙之百亩。畦留夷与揭车兮，杂杜衡与芳芷”；他博采众芳：“朝饮木兰之坠露兮，夕餐秋菊之落英”；他以芬芳的荷花荷叶为衣裳：“制芰荷以为衣兮，集芙蓉以为裳。不吾知其亦已兮，苟余情其信芳”；他喜好用花饰装扮自己：“佩缤纷其繁饰兮，芳菲菲其弥章，民生各有所乐兮，余独好修以为常”；他既爱好以芳兰香草装扮外貌，更重视内在品德与才能的修养：“纷吾既有此内美兮，又重之以修能，扈江离与辟芷兮，纫秋兰以为佩”（屈原《离骚》）。他热情歌颂美橘之“廓其无求”“秉德无私”“精色内白”的芬芳资质和“深固南徙”“苏世独立”“淑离不淫”（屈原《九章·橘颂》）的坚贞节操，与自己遭谗被废却不改操守的君子品行相“比德”，对香草嘉木的情感体验达到了崇高的人生境界。

屈原作品经常引用的兰、芷、桂、若、蕙、菊、荷等香草嘉木，并不只是楚地特产的自然花木，更重要的是诗人在这些楚地的香草嘉木身上，找到了可以寄托自己情感与人格的载体。在诗人不能施展自己的“美政”理想和报国之志时，他心目中最美好的情趣就只能寄托在楚地无处不在的香草嘉木和诗人面前悠悠的汨罗江水之上。当秦将白起攻破楚国郢都，预示着楚国危亡在即，屈原眼看着自己的祖国已经无力挽救，也曾认真地考虑过出走他国，但终因自己强烈的爱国忠贞人格而不愿离开故土，于悲愤交加之中，自沉于汨罗江水。投水以明志，不然活着会更加痛苦！那就洁身自好，决不与污浊同流，就以长存《离骚》之中的楚地芷兰之香来抵御世俗污秽之臭吧！

图4　宋末元初画家郑思肖所作《墨兰图》

在中国古代第一伟大诗人屈原的楚辞中，借以“比德”的花格同诗人正直爱国的人格是一致的，长存《离骚》之中的芳兰香草比德之情趣一直熏陶着中国无数的文人墨客，元代郑思肖有画为证（图4）。郑思肖（1239—1316），字所南，福州人。工画墨兰，亦善诗文，宋末元初著名诗画家。宋亡后隐居苏州寺庙，终身不仕，晚年生活清贫。现存《墨兰图》，长卷，纸本，纵25. 7厘米，横42. 4厘米，藏日本大阪市立美术馆。

郑思肖的墨兰，紧密结合身世之感，因此具有深沉的思想感情和鲜明的时代气息。他经历了宗邦沦覆之变，对宋室深怀着眷恋之情。取字“所南”，日常坐必南向，逢年过节，必至郊外朝南方哭拜。他满腔悲愤，寄于诗画，所作墨兰，亦高雅脱俗，寓“故国之思”。《墨兰图》是他唯一的存世珍迹，也是反映他创作思想和艺术造诣的代表作。此图用水墨绘兰一株，不着地，不画根，构思寓有深意。据记载，宋亡后，郑思肖所作兰花，常露根，不培土，人问其故，他回答：“土为番人夺，忍著耶？”此幅无根兰即其思想、意识的反映。画面几片兰叶，两朵花蕊，布局简洁舒展。所撇兰叶，运笔流畅婉转，简逸中具粗细顿挫变化，恰当表达了兰叶挺拔而又富韧性的刚柔相兼之质。短茎小蕊的兰花，借助舒展之姿和浓重水墨，不仅传达出清幽的色香，而且洋溢着不凋的活力，与叶互映交辉。画右自题诗一首：“向来俯首问羲皇，汝是何人到此乡；未有画前开鼻孔，满天浮动古馨香。”画家着意通过笔势和墨气来体现兰的刚劲清雅之质，既继承发展了北宋以来的文人水墨写意画，也是对墨兰形象的新创，故前人评述：赵孟坚绘兰之姿，郑思肖传兰之质。

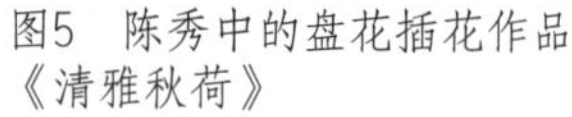

图5 陈秀中的盘花插花作品《清雅秋荷》

图6 北京著名盆景艺术家罗维佳2005年个人盆景展作品《长寿歌》

本幅所钤“求则不得，不求或与，老眼空阔，清风万古”印一方，亦反映了画家耿直不阿的为人品格[1]。

从先秦屈原咏兰到元代郑思肖画兰，显然这种与花比德、以美储善的自然审美传统是一脉相承的，如同对于中国传统文化具有主导作用的儒家文化一样，“比德”传统已经普遍渗透于中国人赏花的自然审美意识之中，积淀很深，其“比德”的某些花木形象已经发展成为一种约定俗成、普遍认可的自然审美意象，诸如松竹梅“岁寒三友”、梅兰竹菊“四君子”、莲出淤泥而不染（图5）、梧桐栖凤、松鹤延年（图6）等等，都是将自然花木“比德”为某种人格意蕴的定格，是为人生价值而赏花的高层次的自然审美。[2]

“与花比德、以美储善”的运用及现实意义

我国当代美学家薛富兴在《美育论》中说得极为精辟：“人始终是自然之子，当代人若面对大自然麻木不仁，其包括艺术在内的人文创造恐怕最终底气不足，境界难开。请不要小看了自然审美的赏花惜草、游山玩水，以自然审美精神提升人类整个审美活动之精神品格，拓展人类审美活动之精神境界，这正是自然审美的普遍意义。自然审美应当成为当代社会大众审美活动的最基本形式，它始之以自然对象的声色之美，继之以对自然生命的崇拜，终之以对大自然的精神依恋，具有极为丰富深厚的人文价值。”的确，当今世界人们对物质利益的盲目追求导致生活信念、道德情操的滑坡，社会上普遍存在心浮气躁、内心空虚的不良风气，而儒家自然审美思想中的比德传统重视在赏花审美中培育人文教养，强化人的道德自律，起到了借自然审美教人向善的积极美育功能，这一优良的中华花文化

传统，可以为安顿当代中国人浮躁空虚的心灵提供丰富而深刻的智慧资源。

今天，我们把中国古代赏花理论立为科研课题，对中国古代赏花审美实践活动进行深入研究，这并不是为了满足研究者个人的怀旧癖好，而是为了给社会现实问题、给中国当代的园林建设提供有益的借鉴。吸纳先贤智慧、回归赏花传统，是为了提高当代中国人的赏花品位与生活质量，增进当代中国人的人生乐趣与幸福感，实现中华民族物质文明与精神文明的平衡发展。下面，再让我们全面了解一下中国古人在欣赏梅花时是怎样运用“与花比德、以美储善”的儒家人文教养传统的吧。

南宋爱国诗人陆游平生痴迷梅花：“当年走马锦城西，曾为梅花醉似泥。二十里中香不断，青阳宫到浣花溪”。（《梅花绝句》）大诗人陆游醉心赏梅，全身心陶醉在成都西门外二十里梅花香阵之中。他把如雪的梅花纷乱地插戴在桐帽（古代的一种便帽）上，驴鞍上斜挂着满满一壶酒，心想着能有高明的丹青画师来为自己画一幅骑驴赏梅夜归图：“乱簪桐帽花如雪，斜挂驴鞍酒满壶。安得丹青如顾陆（指东晋画家顾恺之与南朝画家陆探微），凭渠画我夜归图。”（《梅花绝句》）

在放翁的眼中，梅花画品远胜牡丹：“月中疏影雪中香，只为无言更断肠。曾与诗翁定花品，一丘一壑过姚黄。”（《梅花绝句》）牡丹为国色天香、百花之王，“姚黄”为牡丹极品，而在放翁心目中的梅花，其花品远胜“姚黄”。“幽香淡淡影疏疏，雪虐风饕亦自如。正是花中巢许辈，人间富贵不关渠。”（《雪中寻梅》其二）诗人赞美梅花坚贞高洁、不慕富贵的气节品格，在风雪肆虐的严寒中，梅花依然以清幽的香气和稀疏的花影傲霜斗雪、无所畏惧，真好比花中的巢父和许由，是值得称颂的高士君子！

“驿外断桥边，寂寞开无主。已是黄昏独自愁，更著风和雨。”当陆游面对驿外断桥边的一株野梅，其恶劣、孤独的生长环境使诗人联想到自己作为抗金爱国的大臣屡遭贬官去职的痛苦经历。诗人借梅言志，通过对梅花的礼赞自勉自励，坚定自己的人生态度，即使自己的爱国才智不能施展，也要像梅花那样保持高洁清香的精神：“无意苦争春，一任群芳妒。零落成泥碾作尘，只有香如故。”（《卜算子·咏梅》）在这里，赏花者借梅花的傲骨香心寄托了自己的人格理想，梅花的花格香品转而成为了赏梅者追求的人格与气节。大诗人陆游在与梅花“比德”的赏花审美观照之中，受到了潜移默化的高雅花品的感染，自己的人品也自觉不自觉地变得高尚起来（图7）。

这里必须强调：中国古人“与花比德、以美储善”的优良花文化传统，又是与中国儒家文化的诗教传统紧密结合在一起的。用诗歌进行道德教化作用是我国儒家教育的优良传统，孔子十分看重诗教，有时甚至把它放到教育的首要地位。儒学经典《礼记》中有一篇《经解》，就记载了孔子的几段很值得玩味的话：“入其国，其教可知也，其为人也温柔敦厚，诗教也。”“温柔敦厚而不愚，则深于《诗》者也。”意思是凡亲身到一个地方，那里的教育情况就可以看出来，凡是老百姓温柔敦厚的，那便是诗教的结果；老百姓不仅温柔敦厚而且很聪明，那便是学《诗经》学得很深入了。这就是说学诗的作用在怡情，在改变人的性情，使人心走上正道。《论语》里也记叙了孔子谈论诗歌的很多趣事。有一次，他看到自己的独生子匆匆走过庭院，便叫住他问，诗学得怎么样了，并教训他“不学诗无以言”。不学诗连讲话都讲不好。他还一再强调诗歌的作用“可以兴，可以观，可以群，可以怨”。也就是通过诗歌观察社会，了解社会，沟通交流，表现自我，调节心理。诗教在古代又叫风教，就是说诗歌教育人就像风吹动万物一样自然亲切，是“随风潜入夜，润物细无声”式的，是个潜移默化的教育感化过程（图8）。

受中国古代诗教与科举考试的影响，中国古代文人个个能写诗。他们在赏花过程当中，也每每借诗词创作将其赏花审美的情感体验细腻地记录下来，于是当我们今天翻开清代康熙年间编成的《御制佩文斋<广群芳谱>》一书时，我们惊叹两千余年中国文人咏花诗词文曲赋的积累竟也凝聚成了蔚为壮观的中华花文化的百科全书式的鸿篇巨制！[3]“文章千古事，得失寸心知。”翻开《广群芳谱》，静心品味中国古人的赏花审美体验，我们会真切地感受到这是诗人与花卉的一种接近纯自然的、不假修饰的交流与感悟，是诗人在赏花审美的佳境当中借诗词创作所激发起来的诗人灵性与悟性的集合。恰如叶嘉莹女士在《迦陵文集》中所说：“事实上在中国古典诗歌之传统中，都还有另外一项更为微妙的感发作用，甚至比前面的几种感发作用更为值得注意。那就是孔子与弟子的问答中，所显示的兴发感动之重点，主要乃在于进德修身方面的修养，而这也就形成中国所谓‘诗教’的一个重要传统。这种兴发感动之本质与作用，就作者而言，乃是产生于其对自然界及人事界之宇宙万物的一种‘情动于中’的关怀之情；而就读者而言，则正是透过诗歌的感发，要使这种‘情动于中’的关怀之情，得到一种生生不已的延续。”

中国古代文人赏花时必须咏花，并进而画花、歌花、插花等等，如南宋文人张镃在其赏梅专著《玉照堂梅品》里就总结归纳了南宋赏梅者的各种高雅脱俗的主体欣赏活动方式——铜瓶、纸帐、林间吹笛、膝上横琴、石坪下棋、扫雪煎茶、美人淡妆簪戴、王公旦

图7　当代画家曹天舒《陆游咏梅词意》

图8　当代画家陈染池《太白咏梅》

夕留盼、诗人搁笔评量、妙妓淡妆雅歌等[4-5]，也就是说观赏花卉时赏花人不单单用眼睛看看，更重要的是运用各种艺术创造活动使花（审美对象）与人（审美主体）双向交流、彼此沟通；赏花者与花结友、与花比德，进而将自己真挚高洁的情感注入自己创造的花卉艺术形象之中，形成最浓郁的赏花美趣，潜移默化地滋润、净化赏花人的心田。这种自然美育的效力绝非空洞的道德说教所能代替，这就叫“与花比德、以美储善”！这是中国古代儒家特色的赏花审美传统，实有其可以被汲取借鉴并发扬光大的合理内核。

中国古代文人赏花还特别重视仪式感。仪式，多指典礼的秩序形式，如升旗仪式等，仪式感是对生活的重视，把一件单调普通的事变得不一样。这些仪式感不是做作，不是俗气，是平淡生活里总要有的调味品，留一个仪式的时间感受日常生活里的珍贵。而咱们泱泱天朝其实也有接地气的仪式感，比如过年了要有红包压岁钱的仪式感，祭天祭地祭祖宗的仪式感……说到底，中国传统文化本身就是讲究要“以礼服人”。例如，我国唐代就有唐风宫廷插花“花九锡”赏花仪式，那是在牡丹、梅花、兰花、荷花等中国古代传统名花盛开之时，宫廷内赏花要隆重地举行花九锡插花仪式，“锡”同“赐”，即赐予的意思。“九锡”是古代天子赐给尊礼大臣的九件器物，表示至高无上的宠幸和荣耀。唐代诗人罗虬把当时宫廷内插花时的九条礼仪规则与“九锡”相比，以显示皇家宫廷内赏花的隆重和豪华，《花九锡》九条如下：

一，重顶帷（障风）；二，金剪刀（剪折）；三，甘泉（浸）；四，玉缸（贮）；五，雕文台座（安置）；六，画图；七，翻曲；八，美醑（赏）；九，新诗（咏）。

通过唐风宫廷插花花九锡赏花仪式，我们可以体会到中国古代赏花特别重视高雅的情趣和浓郁的花文化内涵，讲究赏花与插花、诗词、绘画、歌咏等高雅脱俗的艺术创作活动结合起来，使花（审美对象）与人（审美主体）双向交流、彼此沟通。唐风宫廷插花花九锡赏花仪式极具中国古代花文化的民族特色，这种传统赏花仪式应该在中国当代的各种赏花节（例如各地举办的梅花节、牡丹节、荷花节等）中得到继承与发扬，促使“与花比德、以美储善”的中国古代儒家特色的赏花审美传统，得以发扬光大！

梅园设计及与花比德

图9是笔者为山西某酒店绿地设计的一个袖珍梅园——梅香园。梅香园是该酒店绿地一个组成部分，占地仅400余平方米，酒店负责人希望将这块原来纯封闭的绿地改造成一个既有园林精品可赏，同时又可品酒喝茶的露天吧座。由于立地的小气候非常好，背风向阳，笔者在考虑这块绿地时，有意将它设计为一处小小的袖珍梅园。

之所以考虑设计成梅园，是因为梅花是我国的传统名花，梅花文化源远流长、博大精深，蕴含着中华民族热爱梅花、与梅比德的深厚的民族赏花文化情结。在梅香园的设计构思中笔者立意：在梅花、蜡梅的植物配置中要融入更多的梅文化的艺术情趣及意境气氛，借助这个露天茶座的优美园林环境，不时举办各种赏梅、养梅、艺梅、插梅、咏梅、

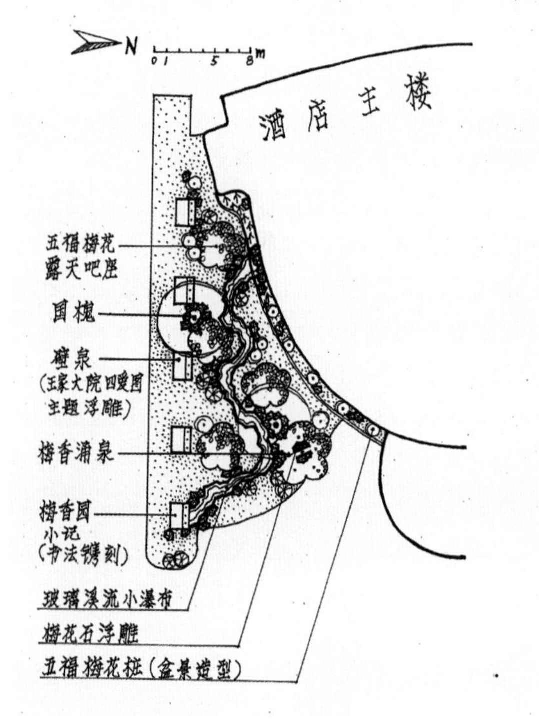

图9　梅香园绿地景观设计平面图

画梅、品梅、食梅等赏花审美活动，意在加强人与梅花的交流，在与梅比德的花文化气氛中修身养性、陶冶情操、升华人格、以美储善。

该梅园要设计出可赏花品茶的露天吧座，而露天吧座必须有铺装地坪，所以想到了梅花五瓣的形状。用一条自然式溪流将5朵梅花铺装串联起来，沿溪流布置梅花及蜡梅品种，溪流上部覆盖强力玻璃，晚上打出蓝色灯光，既是一条可以串联5个梅花地坪的道路，又是漂亮迷人的玻璃花溪。溪流源头位于酒店主楼南墙的花台，可形成0.5米高差的小瀑布，瀑布的壁山及瀑流景观一定要自然、逼真、神似，以突出自然美的气氛。沿南墙的花台西部布置竹石，东部则突出梅石景观，布置5棵形神俱佳的梅花盆景老桩子，并以梅花五福文化的内涵将5个梅花露天吧座与5个梅花桩盆景造型巧妙联系起来。

为创造出经久耐看的梅花景观文化精品，并突出山西特色，笔者特选用了王家大院四爱图壁雕，将它做成壁泉形式融入梅园景观之中，渲染出了梅兰竹菊四君子的“君子比德”思想。为突出梅花“疏影暗香”的神韵，笔者在东北角最大一块梅花铺地中心设置一对峡谷状山石，山石表面雕刻出喜鹊登梅的浮雕、透雕图案，山石周边设计间歇式跳泉，山石上镌刻泉名：梅香涌泉。

考虑到本块绿地的实用功能是品酒喝茶的吧座，故草坪一律以“草坪格”方式来处理，极耐践踏；植两株树冠丰满、姿态优美、树形高大的山西省省树槐以遮阴纳凉。为使赏景者更准确地把握本园立意的梅花文化情趣，笔者特撰写《梅香园小记》，点明设计者的创作理念及创意思想，并将其镌刻在东边第一块壁泉石壁之上，这是园林题咏的点景手法。《梅香园小记》碑刻如下：

梅花——冰中孕蕾，雪里开花，不畏严寒，独步早春，是刚强意志与崇高品格的象征，故我国人民把梅兰竹菊合称“四君子”。本园将山西王家大院四爱图变形为“梅兰竹菊”主题浮雕壁泉，以歌颂梅花傲霜斗雪的君子品格。

梅花五瓣象征五福：快乐、幸运、长寿、顺利、和平，喜鹊登梅、五福临门。本园特设计五福梅花露天吧座及五福梅花桩盆景造型以渲染梅花的吉祥福意。

梅花的香味沁人肺腑，赏梅者常借梅花的傲骨香心寄托自己的情趣，梅花的花格香品转而成为了赏梅者追求的人格与气节，正所谓“不要人夸颜色好，只流清气满乾坤！”（元·王冕）“零落成泥碾作尘，只有香如故。”（宋·陆游）本园设计“梅香泉涌”，并沿玻璃花溪重点配植蜡梅及香品梅花，以创造赏梅香境。

梅香园占地仅400余平方米，论面积恐怕是全国最小的袖珍型梅园；然而本园造景重视提炼梅花文化的艺术品位与诗情画意的意境趣味，恰如郑板桥联曰：“室雅何须大，花香不在多。”

通过梅香园的设计实践笔者体会到：要想把抽象的梅花文化情趣转化为具体可感的梅花景观，必须擅长于运用各种园林造景要素，诸如铺地图案、山水小品、植物寓意、山石镌刻与浮雕、雕塑、园林建筑设施及装饰小品象征、园林题咏的各种形式（镌刻景名、园记、景诗、楹联、匾额）等等，巧妙地将园林造景要素符号变形、夸张、寓意、组合，达到外在的园林景观形象与内在的思想文化趣味、境（景）与意（情）的有机融合，从而创造出耐人寻味的园林意境氛围——这是一种诗化的、高文化品位的园林艺术！

如果能在这个充满诗情画意的袖珍梅园之中不时地举办各种梅花观赏的花事活动，赏花、艺花、插花、咏花、画花、品花（图10），让每一个赏花者在通俗的、和谐的感性审美直观之中感受梅花生命对于人类生存意义与人格价值的深刻启迪，也许那颗被当代物欲大潮所拖累的疲乏、浮躁的心灵会在这赏花审美体验之中获得几许宁静、几许慰藉、几许净化……

参考文献

[1] 周建忠. 兰文化[M]. 北京：中国农业出版社，2001.

[2] 陈载舸. 传统自然审美三维结构的建立及其意义[J]. 广东社会科学，2005(4)：139-144.

[3] （清）汪灏等，著. 张虎刚，点校. 广群芳谱（全四册）[M]. 石家庄：河北人民出版社，1989.

[4] 陈秀中.《梅品》——南宋梅文化的一朵奇葩[J]. 北京林业大学学报，1995(s1)：12-15.

[5] 陈秀中.《梅品》校勘、注释及今译[J]. 北京林业大学学报，1995(s1)：16-22.

图10 当代画家华海镜《君子雅集图》

2. 花人同化 畅神乐生——赏花与道家养生*

道家的畅神自然审美观主张赏花人在清新自然的赏花审美环境中，动用五官和肺腑，全身心投入地与花融为一体，人的身心均获得了自然美的滋补、疗养与慰藉，实现了天人合一、花人合一的最高自然审美境界——这正是道家赏花审美所追求的在天地大化中寻求"畅神"的自由境界！道家在中国古代赏花审美实践中所体现出的以赏花审美为畅神之情、养生之艺、乐生之趣的民族花文化传统精华，理应继承借鉴并使之发扬光大。

道家的自然审美观——"畅神说"

儒家赏花重视"比德"，道家赏花则强调"畅神"。道家主张人对自然要采取顺应、尊崇的态度，人要与自然建立起一种亲密和谐的关系。庄子曰："山林与！皋壤与！使我欣欣然而乐与！"（《庄子・知北游》）追求的是"天地与我并生，而万物与我为一"（《庄子・齐物论》）的人生境界，获得的是人与大自然亲善融合的那种愉悦享受。老子曰："人法地，地法天，天法道，道法自然。"（《老子・道篇》）认为人取法地，地取法天，天取法道，道取法自然，把人与自然的关系看成是一种和谐有序的统一体。道家的畅神自然审美观与这种天人合一的老庄哲学思想相一致，表现为内在精神上的领悟，人的内在精神完全浸润于自然美的欣赏之中，与自然天地相融注，神与物游合于大道，人在其中感受到自身与自然的内在交融，获得直抵生命本源的周流六虚、上天入地的生命体验，或者大智若愚、返璞归真的澄明境界；在对自然万物的审美观照中，感受自身与自然的内在交融，在自然山水之中放松形骸，提升精神，从赏玩自然山水花木之象中直觉地把握自然如人生一样的生命律动，从而悟解天地人生之道，并由此而获得精神的畅快与自适。

《庄子・秋水篇》中有一段著名的"濠上观鱼知乐"寓言。庄子与惠子游于濠梁之上。庄子曰："鲦鱼出游从容，是鱼之乐也。"惠子曰："子非鱼，安知鱼之乐？"庄子曰："子非我，安知我不知鱼之乐？"惠子曰："我非子，固不知子矣；子固非鱼也，子之不知鱼之乐，全矣！"庄子曰："子曰：'汝安知鱼乐'云者，既已知吾知之而问我。我知之濠上也。"

这正是：观鱼知乐，与鱼为侣；物我两忘，畅神怡情！在庄子看来，大自然万物绝不是一种外在的异己力量，也不是一种可以无限索取的资源宝藏，而是有灵有情有个性、可以进行欣赏和精神交流的对象，是可以抚慰人类心灵疲惫、疗治人类心灵与精神创伤的一个温馨的家园，一个诗意的栖息地（图11）。

东晋永和九年三月初三日的王羲之，也正是在这种神与物游、物我两忘的畅神境界中，陶醉了！挥毫写就了号称"天下第一行书"的《兰亭集序》："是日也，天朗气清，惠风和畅，仰观宇宙之大，俯察品类之盛，所以游目骋怀，足以极视听之娱，信可乐

---

* 本文原文发表于《北京林业大学学报》2010年2月增刊2。

也！” 这确实是一种人生的极品享受。王羲之邀请当地的文人墨客来到山清水秀、风景如画的兰亭，在自然山水的自由王国中“骋怀味象”“应会感神”，放松形骸、游心于物，体验“神与物游”“物我两忘”的美妙，寻找畅神情调的浪漫与精神诗意栖息的绿洲。面对大自然，文人们追求的是一种“仰观宇宙之大，俯察品类之盛”的审美感受，临清风，席芳草，镜溪流，观鱼鸟，面修竹，览花木，登山泛水，肆意酣歌，审美主体在自然山水的万趣中畅然遨游所获得的是与天地相感应、与自然相交融的生命愉悦。这是一种完全意义上的自然审美，它使浸润在宇宙自然之中的人，能从更高层次上超越是非、物我、生死，在天地大化中寻求“畅神”的自由境界！

“畅神说”是南朝著名的中国山水画家宗炳提出的。宗炳是南朝著名的佛学思想家，又有浓厚的道家思想底蕴，其思想倾向是佛道并举，并有限度地保留了儒家，《明佛论》和《画山水序》分别是宗炳的佛学思想与美学思想的代表作。在《画山水序》中宗炳认为：“山水质有而趣灵。”正是“畅神”的对象，“神本无端；栖形感类，理入影迹，诚能妙写，亦诚尽矣”。于是“闲居理气，拂觞鸣琴，披图幽对，坐究四荒，不违天励之丛，独应无人之野。峰岫峣嶷，云林森眇，圣贤映于绝代，万趣融其神思。余复何为哉，畅神而已。”面对自然界中具体有形的山水“万趣”，心有所感，情有所动，于是“万趣融其神思”，神思飞扬，人在自然的山水之中忘情游乐，获得了生命的激情和超然的心境，这完

图11　八大山人笔下的鸟与鱼倒有几分“濠上观鱼知乐”的生命律动

图12　晚清画家吴徵的山水画：山中一夜雨，树杪百重泉

全是一种心与物之间的交流往复，在物我两忘的自然审美体验中，实现超然物我、倏然往来的审美境界，获得了“畅神”的自由与欢娱[1]。

“畅神说”典型地表现了人心与自然的默契与沟通，反映出古代道家尊崇自然、热爱自然，把顺应和融于自然看作满足天性的审美情趣（图12），并以此得到抚慰的强烈愿望。如同老庄哲学思想在中华传统文化中所占重要地位一样，道家的畅神自然审美观也早已渗透于中国人赏花的自然审美意识之中，使“畅神说”这种审美思维方式成为中华民族赏花审美的传统定势。当翻开宋元明清著名的中国古代赏花专著时，我们会发现中国古代先哲们自觉不自觉地在运用这种思维方式来进行赏花审美。

明代袁宏道《瓶史》——“胆瓶置花，可以自乐”

明代文人袁宏道的《瓶史》是中国古代插花艺术的经典之作，细品《瓶史·序》我们可以清晰地体会出道家的畅神自然审美观的思想脉络。袁宏道一生钟情山水花竹，酷爱插花，与之日夜为伍，取其斋名为“瓶花斋”。袁宏道在《瓶史序》中非常清楚地点明了中国文人喜好插花艺术的审美心态及其形成背景：有高雅情趣的文人最大的乐趣是纵情于大自然的怀抱、饱赏大自然的山水花竹之美，但是受现实生活条件的种种限制往往无法实现，只好选择一种最便捷的自然美审美方式——“以胆瓶置花，随时插换”（图13）。袁中郎的《瓶史》、沈复的《浮生六记》都谈到，贫寒的文人，家无园圃养花种竹，退而求其次，最方便可行的方法就是随季节变化采折花草插在花瓶之中，于是“幽人韵士”一年四季便可在自己的书房案头，欣赏到活生生的、有真实生命的自然美！插花是一种赏花审美活动，插花者在大自然中选择最中意的花草采折回来，将大自然花木美的最精彩片断在花瓶之中重新组合，插花创作者在组合清新高雅的花姿造型之时，寄托爱花者的情趣，花与人彼此交流，神与物相互感应，审美主体插花创作者在自然花木的造型趣味中畅然遨游，所获得的是与天地相感应、与自然相交融的生命愉悦。因为人类与大自然里的花草树木同命运共生存，自有其彼此潜在的灵通（图14），能品赏瓶花的一花一枝、一草一叶之美者，自能斟酌自然生命律动中的点点滴滴——这其中的“畅神”乐趣恰如袁宏道在《瓶史·序》中所言：

“夫幽人韵士者，处于不争之地，而以一切让天下之人者也。惟山水花竹，欲以让人而人未必乐受，故居之也安，而踞之也无祸……遂欲欹笠高岩，濯缨流水，又为卑官所绊，仅有栽花莳竹一事可以自乐。而邸居湫隘，迁徙无常，不得已，乃以胆瓶置花，随时插换，京师人家所有名卉，一旦遂为余案头物，无扦剔浇顿之苦，而有赏咏之乐，取者不贪，遇者不争，是可述也。噫！此暂时快心事也，无狃以为常，而忘山水之大乐。”意思是说：“有高雅情趣的人与世无争，把一切身外之物都让给别人。只有山水花竹，想要让给别人，人家也未必乐于接受，所以生活在山水花竹之中也心安，占有它们也不会招来祸事……于是我平生盼望和羡慕着能够幽居高山，头戴草帽，纵情于山水之间，超脱世俗的功名利禄之累。可是又因为当着小官而办不到，迫于生活条件的限制无法置身于大自然的山水之间，只有栽花养竹一事可以自得其乐。然而家居住所狭窄低矮，又经常搬家，事

图13 中国古代瓶花《梅花山茶图》

图14 八大山人画的瓶花，精炼简洁的几笔便能传达出菊花生命力的那种自然灵动

不得已，才用花瓶插花，可以随时插换，京城人家所有名花异卉，当天就可以成为我案头的赏玩之物，既可免去栽培浇灌的劳顿之苦，又有赏花咏诗的乐趣。取用人家的花枝不会贪多，无意中遇见的人也不会相争，诚然是一大赏心乐事。但这只是暂时性的欢愉，不可习以为常，而忘却了自然山水的大乐趣哟！”[2]

宋代张镃《赏心乐事》——“花鸟泉石，领会无余”

南宋著名赏梅诗人张镃[3]，因是名门贵胄之后，财力甚丰，他无意功名，酷爱园林营

造。桂隐林泉是张镃宅园的总称，该园位于南宋临安的南湖之滨，张镃筑造经营14年才完成，其间一切筹划施工，不论园林建筑与花木配置，都是他亲自指挥督导，达到了较高的园林艺术水平，当时人夸桂隐林泉“在钱塘为最胜”。园内各处都极擅园林之胜，有山有水，本属天成，又构筑亭台楼阁轩堂庵庄桥池等达百余处之多，园中所植花木也极为丰富，次第行来，美不胜收。我国园林学者汤忠皓根据张镃自撰的《桂隐百课》和《赏心乐事》所记的桂隐林泉概貌，将其园林布局及种植的花木概述如下：

“**东寺**（广寿惠云寺），有真如轩，种竹。

西宅，是新购土地，建筑了全家的生活居室，西宅是相对东寺而言。现乐堂是中堂，堂前种有瑞香、菊花、牡丹等。安闲堂为后堂，也种有牡丹。丛奎阁种山茶、花石榴。柳塘花院种水仙、兰花、紫牡丹、月季、桃、柳等。绮互亭周有千叶茶花、千叶木樨、大笑花（当时牡丹品种之一）、檀香蜡梅。瀛峦胜处种山茶。应铉斋东面种葡萄，约斋种夏菊。

北园，是举办家宴和宴请宾客饮酒的地方。位于住宅之北，北园的北门便是桂隐林泉的入口，入门有群仙绘幅楼，登楼可尽见江湖诸山，楼周围种植丹桂五六十株，楼前并有芍药、玫瑰，题匾‘桂隐’于楼下，作为园的总名。然后次第为清夏堂，面南临锦池，池中种荷花及养鱼，堂侧种杨梅、荔枝。玉照堂种古梅及江梅四百株，其西厢院种千叶缃梅（即黄香梅），东厢院种红梅。园内还有苍寒堂，植青松二百株，间植南天竺，堂后小池种碧莲，堂西种绯碧桃。艳香馆种杂春花如海棠、蜜林檎（即苹果）等二百株，还种有月月红月季。碧宇种竹十亩。芳草亭种吉祥草、沿阶草等。味空亭种蜡梅。揽月桥旁植柳。蕊珠湖畔荼蘼廿五株。芙蓉池红莲十亩，四面种五色芙蓉。珍林（杂果园）有枣、梨、柿、栗、银杏、木瓜等。涉趣门为入松径去众妙峰山的总门。前行有安乐泉，为竹间之井。杏花庄是村酒店，周围种杏花、鸡冠、黄葵等。水北书院水中有苹（俗称田字草）。

众妙峰山，由涉趣门登山，可在此畅怀林泉，吟咏长啸。诗禅堂前有盆栽山丹，绿昼轩种桂花，景全轩种金橘。书味轩有柿十株。俯巢轩旁有高桧。摘星轩周种枇杷。餐霞轩有樱桃三十余株，楚佩亭周围种兰草（菊科，秋开红花）。宜雨亭种千叶海棠二十株，亭北有黄蔷薇。满霜亭种香橙五十余株，亭北种植棣棠。菖蒲涧上有小石桥，涧中种菖蒲。

南湖，在住宅之南，可信步闲游及泛舟湖上，湖边植萱草、野菜，斗春堂种牡丹、芍药，鸥渚亭种五色罂粟、五色蜀葵，把菊亭种菊，烟波观外种碧芦。

由上可见在桂隐林泉中，无论楼堂等大型建筑或轩亭等建筑小品，无不掩映于可餐可赏的果木花卉之中，真是一年四季花果飘香。”[4]

笔者曾于1995年在北京图书馆查找到张镃《梅品》原文的若干种古籍版本，经过校勘，整理出了一个《梅品》最新校定本[5]。《梅品》文中提到的“玉照堂”是张镃“桂隐林泉”当中的一个梅园。为了更全面地了解与分析南宋文人赏花审美的思想脉络，笔者于2009年又多次出入首都图书馆，在张镃的个人专著《南湖集》之中找到了张镃自撰的《桂隐百课》和《赏心乐事》，现将《赏心乐事》原文附录于文后，待日后有时间再进行详细的注释、今译与赏析。

全面翻阅张镃《梅品》《桂隐百课》《赏心乐事》以及他的《南湖集》，细心梳理其中赏花审美的思想脉络，我们可以发现南宋文人赏花审美除了受儒家比德思想影响，体现为“突出花品与人品”与“追求雅趣与脱俗”之外，更多的是受道家畅神思想的影响，具体体现为以下两点：

① 花人同化，物我两忘

桂隐林泉本属天成，极擅湖山之美，再加上张镃筑造经营园林景观十余年，其园林艺术水平在当时已是誉满临安。张镃本人又特别嗜好花草树木，其植物配置要求四季有花、花讯不断。张镃在绮互亭种檀香蜡梅，玉照堂种梅花，在餐霞轩种樱桃花，苍寒堂植碧桃，在瀛峦胜处植山茶花，斗春堂植牡丹芍药，在南湖亭种萱草，芙蓉池种荷花，在群仙绘幅楼下种玫瑰，在鸥渚亭观五色蜀葵，在丛奎阁前赏石榴花，在现乐堂赏秋菊，在众妙峰赏木樨（桂花），在景全轩尝金橘，在摘星轩观枇杷花，在湖山探梅，在花院观兰花……

图15　明代画家唐寅《高山奇树图》。高山瀑布、怪石奇树、山溪茅舍，在天地大化中寻求“畅神”的自由境界

赏花人张镃在清新自然的赏花审美环境中，动用五官和肺腑，全身心投入地与花融为一体，身心均获得了自然美的滋补、疗养与慰藉，实现了天人合一、花人合一的最高自然审美境界——这正是道家赏花审美所追求的在天地大化中寻求“畅神”的自由境界（图15）！看看咏梅诗人张镃赏梅时的“畅神”境界吧：

“阵阵翻空回旋飞，缀巾沾袖却横吹；东风秘授看花诀，不在开时在落时。”这是张镃在观赏玉照堂梅花飘落如雪的美景时的赏花心得。

“山际楼台水际村，见梅常是动吟魂；全身此日清芬里，篱落疏斜不喜论。”这是张镃赏梅咏梅时全身心投入的痴迷状态，诗人在动用各种感觉器官，视觉观花、嗅觉闻香、大脑想着诗情画意，正所谓“圣人含道映物，贤者澄怀味象”（宗炳语）。

“纵横遥衬碧云端，林下铺毡坐卧看；不但归家因桂好，为梅亦合早休官。”全方位的赏花审美感受获得的是全身心的审美愉悦，坐卧林下，听松涛鸟语，嗅桂香梅香，悠悠白云，浩浩长空，赏花人放松形骸，游心于物，超越自身，体验神与物游的美妙，寻找赏花情调的浪漫和精神解脱的绿洲，于是动了辞官归隐田园的念头……

② 良辰美景，四时相依

张镃在《赏心乐事》自序中也谈到物我两忘的“畅神”境界其实是受益于四季有花、花讯不断的桂隐林泉园林环境：“余扫轨林扃，不知衰老。节物迁变，花鸟泉石，领会无余。每适意时，相羊小园，殆觉风景与人为一。闲引客携觞，或幅巾曳杖，啸歌往

来，澹然忘归。因排比十有二月燕游次序，名之曰《四并集》，授小庵主人以备遗忘，非有故当力行之。”意思是说：“我居住于林木葱郁的桂隐林泉，身心愉悦，不知衰老。大自然的季节及景物变迁、花鸟泉石的生命律动，我都静心品味、领会无遗。我徜徉徘徊在宅园的小路上，每每于神与物游的惬意之时，几乎体会到了风景与人融为一体的畅神境界。我闲暇时经常邀请客人，带着酒食，提着拐杖，吟咏唱和，啸歌林中，恬淡自得，终日忘归。这种放浪形骸于大自然山水花木之中的审美享受，真是令我们陶醉其中、流连忘返。于是我按照在桂隐林泉四季十二个月不同的游赏宴饮内容，以时间为顺序编排出一本书，名之曰《赏心乐事四并集》，并将此书传授给小庵主人（可能是桂隐林泉的管家），叮嘱他除非有不可抗拒的缘由，一定要努力安排好桂隐林泉四季十二个月不同的游赏宴饮活动。”

古人常把良辰、美景、赏心、乐事相提并论，认为四者兼而得之实乃人生一大幸事。唐代文学家王勃在其名篇《滕王阁序》中有“四美具，二难并”的感叹，“四美”指的是“良辰、美景、赏心、乐事”，“二难”是指“贤主、嘉宾”。唐代诗人王勃未能实现的人生感叹，在南宋赏花诗人张镃的桂隐林泉中得以实现了。张镃《赏心乐事四并集》之中精心安排的桂隐林泉四季十二个月游赏宴饮的赏花次序，正是道家赏花审美思想一次极其精彩的物质化体现，堪称古今中外难得一见的独具中国特色的赏花审美实践活动。

张镃在《赏心乐事四并集》正文介绍桂隐林泉四季十二个月游赏宴饮内容之前，特撰自序，强调赏花人要抓住良辰美景，动用各种感觉器官，全身心投入地与花融为一体，陶冶沉醉于花鸟泉石之中，使主客体之间在生命本源上求得同化和融合，审美主体以微妙之心去体悟大自然中活泼的生命律动，与自然万物生生不息的生命元气融为一体，物我相亲而相忘，最终进入“天地与我并生，而万物与我为一”（《庄子·齐物论》）的“畅神”境界。这正是中国人独特的花卉欣赏文化，恰如梅花院士陈俊愉所说：“西方人赏花，主要用眼睛，注重花的形状大小和颜色；而国人赏花，则动用五官和肺腑，全身心投入与花儿融为一体，综合地欣赏，注重诗情画意和鸟语花香。因此西方人的赏花是表层的，低层次的；而中国人的欣赏是精神性的，深入的，是真正与花的交流。”[6]

清代沈复《浮生六记》——“清净明了，养生逍遥”

中国的养生哲学，一般认为始自老子，《史记·老子列传》就说，“盖老子百有六十余岁，或言二百余岁，以其修导而养寿也”。道家重养生，特别重视在山水花木、良辰美景中调养生息。道教全真派的创始人丘处机曾著有《摄生消息论》，介绍四时摄养的养生经验，十分强调养生者要使身心与大自然的真气相互通畅、毫无阻隔，这对维持身心健康、抗御病邪、消烦除忧、延年益寿，是极为有利的。

清代文人沈三白的《浮生六记》是晚清著名的闲情小品文，作者以简洁生动的文笔真实描述了他个人生活的方方面面，其中就有盆景、插花、造园、养花等有关园林休闲生活的记述。第六卷《养生记逍》是后人伪造的，有人发现原文与曾国藩的《曾文正公全集》中己未到辛未间的十余条日记一字不差，但它毕竟还是出自晚清文人之手，其中不乏赏花审美、修身益寿的闪光火花。

《养生记道》里有一段文字谈的是最有益于人类身心健康的生活方式，其中就包括园艺疗法：

“洁一室，开南牖，八窗通明，勿多陈列玩器，引乱心目。设广榻长几各一，笔砚楚楚。旁设小几一，挂字画一幅，频换。几上置得意书一二部，古帖一本，古琴一张。心目间常要一尘不染。晨入园林种植蔬果，芟草，灌花，莳药，归来入室，闭目定神。时读快书，怡悦神气，时吟好诗，畅发幽情。临古帖，抚古琴，倦即止。知己聚谈，勿及时事，勿及权势，勿臧否人物，勿争辩是非。或约闲行，不衫不履，勿以劳苦徇礼节。小饮勿醉，陶然而已。诚能如是，亦堪乐志。”

《养生记道》里谈到什么是养生之道：“养生之道，只‘清净明了’四字，内觉身心空，外觉万物空，破诸妄想，一无执著，是曰‘清净明了’。”作者还为这“清净明了”开了一记“清凉散”药方，而这药方同样也少不了园林游赏、鸟语花香（图16）。

图16 明代画家唐寅《杏花茅屋图》。绿水红桥夹杏花，数间茅屋是渔家。主人莫拒看花客，囊有青钱酒不赊

“世事茫茫，光阴有限，算来何必奔忙。人生碌碌，竞短论长，却不道荣枯有数，得失难量。看那秋风金谷，夜月乌江，阿房宫冷，铜雀台荒，荣华花上露，富贵草头霜，机关参透，万虑皆忘。夸甚么龙楼凤阁，说甚么利锁名缰，闲来静处，且将诗酒猖狂，唱一曲归来未晚，歌一调湖海茫茫。逢时遇景，拾翠寻芳，约几个知心密友，到野外溪旁，或琴棋适性，或曲水流觞，或说些善因果报，或论些今古兴亡，看花枝堆锦绣，听鸟语弄笙簧，一任他人情反复，世态炎凉，优游闲岁月，潇洒度时光。”此不知为谁氏所作，读之而若大梦之得醒，热火世界一帖清凉散也。

沈三白一生穷困潦倒，但他“那种善处忧患的活泼快乐”正体现了“那中国文化最特色的知足常乐恬淡自适的天性”[7]。穷有穷的玩法，沈三白没钱，但他同样执著地去追求穷人所能享受得到的风花雪月、鸟语花香：

“吴下有石琢堂先生之城南老屋，屋有五柳园，颇具泉石之胜，城市之中而有郊野之观，诚养神之胜地也。有天然之声籁，抑扬顿挫，荡漾余之耳边：群鸟嘤鸣林间时所发之断断续续声，微风振动树叶时所发之沙沙簌簌声，和清溪细流流出时所发之潺潺淙淙声。余泰然仰卧于青葱可爱之草地上，眼望蔚蓝澄澈之穹苍，真是一幅绝妙画图也……圃翁拟一联，将悬之草堂中：'富贵贫贱，总难称意，知足即为称意；山水花竹，无恒主人，得闲便是主人。'其语虽俚，却有至理。天下佳山胜水、名花美竹无限，大约富贵人役于名利，贫贱人役于饥寒，总鲜领略及此者。能知足，能得闲，斯为自得其乐，斯为善于摄生也。"

中国现代著名作家林语堂特别推崇沈复夫妇这种"布衣菜饭，可乐终身"的平民休闲生活，他称赞道："两位平常的雅人，在世上并没有特殊的建树，只是欣爱宇宙间的良辰美景，山林泉石，同几位知心友过他们恬淡自适的生活——蹭蹬不遂，而仍不改其乐。"[7]

林语堂进一步将沈复夫妇这种"布衣菜饭，可乐终身"的平民休闲生活上升到生活哲学的高度："美国人是闻名的伟大的劳碌者，中国人是闻名的伟大的悠闲者。因为相反者必是互相钦佩的，所以我想美国劳碌者之钦佩中国悠闲者，是跟中国悠闲者之钦佩美国劳碌者一样的。这就是所谓民族性格上的优点……中国人之爱悠闲，有着很多交织着的原因。中国人的性情，是经过了文学的熏陶和哲学的认可的。这种爱悠闲的性情是由于酷爱人生而产生，并受了历代浪漫文学潜流的激荡，最后又由一种人生哲学——大体上可称它为道家哲学——承认它为合理近情的态度。中国人能囫囵地接受这种道家的人生观，可见他们的血液中原有着道家哲学的种子。"[8]

林语堂认为："没有金钱也能享受悠闲的生活。有钱的人不一定能真真领略悠闲生活的乐趣，那些轻视钱财的人才真真懂得此中的乐趣。他须有丰富的心灵，有俭朴生活的爱好，对于生财之道不大在心，这样的人，才有资格享受悠闲的生活。"的确，穷有穷的玩法，沈三白没钱，但他在苏州古城那仅可容膝的居所照样能寻出风花雪月的恬淡自适：

"余之所居，仅可容膝，寒则温室拥杂花，暑则垂帘对高槐，所自适于天壤间者止此耳。然退一步想，我所得于天者已多，因此心平气和，无歆羡，亦无怨尤，此余晚年自得之乐也。"

林语堂先生评论道："要享受悠闲的生活只要有一种艺术家的性情，在一种全然悠闲的情绪中，去消遣一个闲暇无事的下午……笼统说来，中国的浪漫主义者都具有敏锐的感觉和爱好漂泊的天性，虽然在物质生活上露着穷苦的样子，但情感却很丰富。他们深切爱好人生，所以宁愿辞官弃禄，不愿心为形役。"[7]确实，沈三白是这样性情的人，袁中郎、苏东坡、陶渊明都是这样性情的人。沈复的上述几段赏花闲情小品，倒使我又一次联想到了陶渊明《饮酒诗》中的赏菊名篇：

结庐在人境，而无车马喧。
问君何能尔，心远地自偏。
采菊东篱下，悠然见南山。
山气日夕佳，飞鸟相与还。
此中有真意，欲辨已忘言。

细察陶渊明的田园诗文，处处流露着一种归隐田园、怡然自得的悠闲气息，诗人对于生命的安置有着自己独特的追求，尽管生活艰辛、贫穷煎熬，仍不改其“诗意栖居”的浪漫情怀，在颠沛流离之中寻找属于自己的那个诗意的“桃花源”。陶渊明作为诗人的生命情调在“贫困”面前非但没有削弱，反而恬淡自然地从他的咏菊诗中散发出来，幻化出一片“闲”意，而这“闲”意的基调就是道家逍遥畅神的自由闲适，再辅以“酒”与“菊”，生成一团诗意的氤氲之气，陶冶出陶公那诗性的人格[9]——这也是喜爱悠闲的中国古代赏花文人们的诗性品格（图17）。

结语

道家的畅神自然审美观主张赏花人在清新自然的赏花审美环境中，动用五官和肺腑，全身心投入地与花融为一体，人的身心均获得了自然美的滋补、疗养与慰藉，实现了天人合一、花人合一的最高自然审美境界——这正是道家赏花审美所追求的在天地大化中寻求“畅神”的自由境界！

道家在中国古代赏花审美实践中所体现出的以赏花审美为畅神之情、养生之艺、乐生之趣的民族花文化传统精华，可以为安顿当代中国人浮躁空虚的心灵提供丰富而深刻的智慧资源，理应继承借鉴并使之发扬光大。吸纳先贤智慧、回归赏花传统，是为了提高当代

图17　壁挂式小菊山水盆景《陶渊明笔意》
作者：陈秀中
作品说明：陶渊明咏菊诗《饮酒·结庐在人境》：“采菊东篱下，悠然见南山。山气日夕佳，飞鸟相与还。此中有真意，欲辨已忘言。”假如观赏者能够从《陶渊明笔意》的这几株小菊老桩的雅姿之中，品味、领悟出陶渊明咏菊诗所蕴含的那种悠闲自得、超凡脱俗的畅神之趣，我们的目的也就达到了……

中国人的赏花品位与生活质量，增进当代中国人的人生乐趣与幸福感，实现中华民族物质文明与精神文明的平衡发展。当今园林花卉专类园的设计与建造应当吸纳中华传统赏花智慧，为当代中国百姓享受花人合一、畅神乐生的最佳赏花审美境界提供最佳赏花场所。

参考文献

[1] 卓娜. “畅神”说与中国古代美学精神[J]. 内蒙古农业大学学报(社会科学版)，2002，4(4)：72-74.

[2] 王莲英，秦魁杰. 中国古典插花名著名品赏析[M]. 合肥：安徽科学技术出版社，2002.

[3] 陈秀中.《梅品》——南宋梅文化的一朵奇葩[J]. 北京林业大学学报，1995(s1)：12-15.

[4] 汤忠皓. 从张镃的桂隐林泉看南宋园林的植物景观[J]. 中国园林，2001, 17(6)：75-76.

[5] 陈秀中.《梅品》校勘、注释及今译[J]. 北京林业大学学报，1995(s1)：16-22.

[6] 陈俊愉，马吉. 梅花：中国花文化的秘境[J]. 园林，2008(12)：52-57.

[7] （清）沈复，著. 林语堂，译. 浮生六记[M]. 北京：外语教学与研究出版社，1999.

[8] 林语堂. 生活的艺术[M]. 武汉：长江文艺出版社，2009.

[9] 彭晓芸. 诗人何以“居”？——试论陶渊明的诗意栖居[J]. 佛山科学技术学院学报(社会科学版)，2006，24(2)：22-25.

附录

《賞心樂事》並序

南宋·張鎡

余掃軌林扃，不知衰老。節物遷變，花鳥泉石，領會無餘。每適意時，相羊小園，殆覺風景與人為一。閒引客攜觴，或幅巾曳杖，嘯歌往來，澹然忘歸。因排比十有二月燕遊次序，名之曰“四並集”，授小庵主人以備遺忘，非有故當力行之。然為具眞率，毋致勞費及暴殄沈湎，則天之所以與我者，為無負無褻。昔賢有雲:不為俗情所染，方能說法度，入蓋光明藏中。孰非遊戲，若心常清淨，離諸取著於有差別境中，而能常入無差別。定則窯房酒肆，徧曆道場，鼓樂音聲，皆談般若。倘情生智隔，境逐源移，如鳥黐離，動傷軀命，又烏知所謂說法度人者哉!聖朝中興七十餘載，故家風流，淪落幾盡。有聞前輩典刑，識南湖之清狂者，必長哦曰:“人生不滿百，常懷千歲憂。晝短苦夜長，何不秉燭遊。”一旦相逢，不為生客。嘉泰元年歲次辛酉十有二月約齋居士書。

正月孟春

歲節家宴，立春日迎春春盤，人日煎餅會，玉照堂賞梅，天街觀燈，諸館賞燈，叢奎閣賞山茶，湖山尋梅，攬月橋觀新柳，安閒堂掃雪。

二月仲春

現樂堂賞瑞雪，社日社飯，玉照堂西賞緗梅，南湖挑菜，玉照堂東賞紅梅，餐霞軒看櫻桃花，杏花莊賞杏花，群仙繪幅樓前打毬，南湖泛舟，綺互亭賞千葉茶花，馬塍看花。

三月季春

生朝家宴，曲水修禊，花院觀月季，花院觀桃柳，寒食祭先掃松，清明踏青郊行，蒼寒堂西賞緋碧桃，碧宇觀筍，鬬春堂賞牡丹芍藥，芳草亭觀草，宜雨亭賞千葉海棠，花苑蹴秋千，宜雨亭北觀黄薔薇，花院賞紫牡丹，豔香館觀林檎花，現樂堂觀大花，花院嘗煮酒，瀛巒勝處賞山茶，經寮鬬新茶，群仙繪幅樓下賞芍藥。

四月孟夏

初八日亦庵早齋隨詣南湖放生食糕糜，芳草亭鬬草，芙蓉池賞新荷，蕊珠洞賞荼䕷，滿霜亭觀橘花，玉照堂賞青梅，豔香館賞長春花，安閒堂觀紫笑，群仙繪幅樓下觀玫瑰，詩禪堂觀盆子山丹，餐霞軒賞櫻桃，南湖觀雜花，鷗渚亭觀五色鶯粟花。

五月仲夏

清夏堂觀魚，聽鶯亭摘瓜，安閒堂解粽，重午節泛蒲家宴，煙波觀碧蘆，夏至日鵝炙，綺互亭觀大笑花，南湖亭觀萱草，鷗渚亭觀五色蜀葵，水北書院採蘋，清夏堂賞楊梅，叢奎閣前賞榴花，豔香館嘗蜜林檎，摘星軒賞枇杷。

六月季夏

西湖泛舟，現樂堂嘗花白酒，樓下避暑，蒼寒堂後碧蓮，碧宇竹林避暑，南湖湖心亭納涼，芙蓉池賞荷花，約齋賞夏菊，霞川食桃，清夏堂賞新荔枝。

七月孟秋

叢奎閣上乞巧家宴，餐霞軒觀五色鳳兒，立秋日秋葉宴，玉照堂賞荷，西湖荷花泛舟，南湖觀稼，應鉉齋東賞葡萄，霞川觀雲，珍林剝棗。

八月仲秋

湖山尋桂，現樂堂賞秋菊，社日糕會，衆妙峰賞木樨，中秋摘星樓賞月家宴，霞川觀野菊，綺互亭賞千葉木樨，浙江亭觀潮，群仙繪幅樓觀月，桂隱攀桂，杏花莊觀雞冠黄葵。

九月季秋

重九家宴，九日登高把萸，把菊亭採菊，蘇堤上翫芙蓉，珍林嘗時果，芙蓉池賞五色拒霜，景全軒嘗金橘，杏花莊篘新酒，滿霜亭嘗巨螯香橙。

十月孟冬

旦日開爐家宴，立冬日家宴，現樂堂煖爐，滿霜亭賞蚤霜，煙波觀買市，賞小春花，杏花莊挑薺，詩禪堂試香，繪幅樓慶煖閣。

十一月仲冬

摘星軒觀枇杷花，冬至節家宴，繪幅樓食餛飩，味空亭賞蠟梅，孤山探梅，蒼寒堂賞南天竺，花院賞水仙，繪幅樓削雪煎茶，繪幅樓前賞雪。

十二月季冬

綺互亭賞檀香蠟梅，天街閲市，南湖賞雪，家宴試燈，湖山探梅，花院觀蘭花，瀛巒勝處賞雪，二十四夜賜果食，玉照堂賞梅，除夜守歲家宴，起建新歲集福功德。

3. 拈花微笑 妙悟生命——赏花与佛家禅思

“一花一世界，一叶一菩提。”佛家禅宗以“妙悟”的眼光静心观照自然与生命，追求的就是这种静心观照自然、适意而为的心灵体验，拈花微笑、妙悟生命。佛家禅宗将自我之身融入到自然万象之中，佛教“万物同情”的审美智慧，引导我们体验到人与自然界的一切事物都可以在精神领域相互交流、同情同构。人在同情万物、观照自然的过程中，可以感受自然万物的生命气息，体悟自然的博大永恒，明心见性，契悟宇宙本体的空相，获得生生不息之美的纯真体验，从一花一叶的纯真生机去“妙悟”、去把握大千世界生生不息的生命本体（图18）。这是古代东方生命整体世界观的生动体现，是中华传统花文化的智慧结晶，也是东方自然美学的精华。

佛家的自然审美观——“妙悟说”

儒家赏花重视“比德”，道家赏花强调“畅神”，佛家禅宗赏花则讲究“禅思妙悟”。佛家禅宗在中国文人的心目中，与其说是一种宗教，毋宁说是一门人生智慧之学。这种智慧引导我们静心观照自然与生命，从观赏自然花木中领悟到适意与安宁的乐趣，进而达到清心乃至以空灵为特征的开心或禅悦境界。

“妙悟说”本是中国古代一个重要的文学理论及美学理论的范畴。“妙悟”二字出《涅槃无名论》，是指超越寻常的、特别颖慧的觉悟、悟性。南宋文学家严羽的《沧浪诗话》将这一禅学理念引入诗论，认为“大抵禅道唯在妙悟，诗道亦在妙悟”，只有“妙悟”是“当行”“本色”，不过悟的程度“有深浅，有分限，有透彻之悟，有但得一知半解之悟”而已。所谓“妙悟”，照字面讲，它是心领神会、彻头彻尾的理解的意思；从文学思维的角度看，“妙悟”其实就是一种艺术直觉或一种直觉的心理机制。从妙悟得来的诗作“透澈玲珑，不可凑泊，如空中之音、相中之色、水中之月、镜中之象，言有尽而意无穷”。严羽的这几句话借助禅趣以说明诗歌意象的多义性和丰富性，也是对作为一种审美趣味的诗境的生动描绘。

唐代“诗佛”王维以禅思妙悟的眼光静心观照自然与生命，其晚年的自然山水诗清幽淡远、禅味十足。

鹿柴

空山不见人，但闻人语响。
返景入深林，复照青苔上。

空山无人，夕阳青苔，一派空寂幽深的山林中，人声不知从何处飘来，给人一种空灵静谧的美感。这诗境没有俗世里的忧虑彷徨，没有凡尘中的功名利禄，只有一片空明平和、生机无限的禅趣。诗人在自然山林的禅光佛影中悠然散步，厌倦了尘世，于是回归自

图18 王雪涛《荷塘清趣图》——“自然是多么美啊，它似乎与人世毫不相干，花开花落，鸟鸣春涧，然而就在这对自然的片刻顿悟中，你却感到了那不朽者的存在。”（李泽厚语）

图19 南宋画家马远《对月图》——山间明月、崖畔松风，得之于自然，又归之于自然，我们在这种静美之中感受到了自然本色之静以及生命的永恒运动，恬淡的禅美正在意趣超然的闲逸景色之中禅光熠熠，它充满了大自然的永恒活力

然，常独行空谷幽涧，寄情于一缕斜阳……

鸟鸣涧

人闲桂花落，夜静春山空。
月出惊山鸟，时鸣春涧中。

此诗描绘山间春夜中幽静而美丽的景色，侧重于表现夜间春山的宁静幽美。全诗紧扣一“静”字着笔，极似一幅风景写生画。诗人用花落、月出、鸟鸣等活动着的景物，突出显示了月夜春山的幽静，取得了以动衬静的艺术效果，生动地勾勒出一幅“鸟鸣山更幽”的诗情画意图。全诗旨在写静，却以动景处理，这种反衬的手法极见诗人的禅心与禅趣。

诗中花落、月出、鸟鸣等动态的自然景物，都非常平凡，非常写实，但是经过诗佛禅心的改造，重新组合的自然景观，它所传达出来的禅思意味，却是永恒的静，本体的静！ 著名美学家李泽厚赞叹道："在这里，动乃静，实却虚，色即空。而且，也无所谓动静、实虚、色空，本体是超越它们的。在本体中，它们都合为一体，而不可分割了。这便是在'动'中得到的'静'，在实景中得到的虚境，在纷繁现象中获得的本体，在瞬刻的直感领域中获得的永恒。自然是多么美啊，它似乎与人世毫不相干，花开花落，鸟鸣春涧，然而就在这对自然的片刻顿悟中，你却感到了那不朽者的存在。"[1]

王维的诗集《辋川集》是王维与好友裴迪同住在终南山蓝田辋川别墅时互相唱和的诗篇，钟南山静美的自然风光淡化了诗人官场的忧烦，他写下了不少景语禅心、融浑无间的著名诗篇，其中《辛夷坞》竟被奉为入禅之作。

辛夷坞

木末芙蓉花，山中发红萼。
涧户寂无人，纷纷开且落。

诗人写那山中辛夷，原是生机勃发的，但在寂寥无人的深涧里，花儿只是纷纷的开，纷纷的落，无人知晓，无人毁誉，且开且落，不生也不灭，全在默默中，它得之于自然，又归之于自然，一切都在圆足中，和谐而空静。我们在静美之中感受到了生命的永恒运动，花开、花落以及自然本色之静。恬淡的禅美正在意趣超然的闲逸之景色中禅光熠熠，它充满了大自然的依依之情、永恒活力（图19）。

李泽厚评道："禅宗非常喜欢与大自然打交道，它所追求的那种淡远心境和瞬间永恒，经常假借大自然来使人感受或领悟。禅之所以多半在大自然的观赏中来获得对所谓宇宙目的性从而似乎是对神的了悟，也正在于自然界事物本身是无目的性的。花开水流，鸟飞叶落，它们本身都是无意识、无目的、无忧虑、无计划的。也就是说，是'无心'的。但就在这'无心'中，却似乎可以窥见那个使这一切所以然的大心、大目的性——而这就是'神'。并且只有在这'无心'、无目的性中，才可能感受到它。一切有心、有目的、有意识、有计划的事物、作为、思念，比起它来，就毫不足道，只妨碍它的展露。不是说经说的顽石也点头，而是在未说之前，顽石即已点头了。就是说，并不待人为，自然已是佛性。在禅宗公案中，用以比喻、暗示、寓意的种种自然事物及其情感内蕴，就并非都是枯冷、衰颓、寂灭的东西，相反，经常倒是花开草长，鸢飞鱼跃，活泼而富有生命的对象，它所诉诸人们感受的似乎是：你看那大自然！生命之树常青啊，不要去干扰破坏它！

禅宗强调感性即超越，瞬间可永恒，因之更着重就在这个动的普通现象中去领悟、去达到那永恒不动的静的本体，从而飞跃地进入佛我同一、物己双忘、宇宙与心灵融合一体的那异常奇妙、美丽、愉快、神秘的精神境界。这，也就是所谓的'禅意'……在大量的日常生活的偶然中，却可以随时启悟而接触'道'。这个通由妙悟而得到的'道'，常常只能顷刻抓住，难以久存；所以，它并非僧人的生活或教义本身，毋宁更是某种高层次的心灵意境或人生境界。这也是有禅味的诗胜过许多禅诗的原因所在。它'非关书也’‘非关理也’‘一味妙悟而已’。‘悟’是某种无意识的突然释放和升华。这里的重点是在其突然释放和升华，即顿悟，即‘蓦然回首，那人却在灯火阑珊处’。它非常普通，非常平凡，非常自然，却又因参透本体而那么韵味深长，盎然禅意。”[1]

简言之，佛家的自然审美观“妙悟说”主张山水皆真如，触目皆菩提，强调在对自然花木的直觉观照之中，明心见性，契悟宇宙本体的空相，从一花一叶的纯真生机去“妙悟”、去把握大千世界生生不息的生命本体。禅者在观赏自然花木时，直觉顿悟自然、生命的本来真意；其创意的落脚点不在于我看到了什么，而在于我由此“妙悟”到了什么；其审美趣味所在是追求个体生命的悠然自得和自我精神的自由超越；它不是激发人们内心世界强烈的外向活动，而是让赏花者安静下来，恬淡、逍遥、自在、禅悦。

妙悟自然，明心见性

“天下名山僧占多。”中国四大佛教名山峨眉山、五台山、普陀山、九华山，无一不是山清水秀、生机葱茏的自然风景宝地。“峨眉天下秀”，四川峨眉山色彩葱绿、柔美凝秀、恬静空灵，其禅宗寺庙以散点式的布局，因宜山水、自然布置，给人以柳暗花明、渐入佳境之感，既有雄秀的报国寺，又有清幽的伏虎寺、幽深的洪椿坪、凝秀的清音阁等，游人香客一路步移景异、迂回曲折，最后攀达金顶，豁然开朗，期待着观赏到“佛光”“云海”等奇妙的峨眉景象，全身心都沉醉于秀美天下、灵动西南的天然风景交响曲的静美旋律之中，如痴如醉……

我国的寺庙园林与禅宗在生命的本真深处是契合的，一如大自然的青山、绿水、清风、白云，任他世态炎凉、人情沉浮，禅家只站定在“我”的清静本心之内，追求蓝天白云般的本然圆满，因此我国的寺庙园林总是以其清幽纯净的本真天趣来启示参禅悟道者妙悟自然、明心见性、悟觉禅机。恰如白居易有一首诗《僧院花》所咏：“欲悟色空为佛事，故栽芳树在僧家。细看便是华严偈，方便风开智慧花。”极富禅趣，其空灵隽永之韵，不言而喻。

因此禅家的生活是离不开大自然的，一种准泛神论的观念，使他们把自然万物看作是佛性的显现，自然界一切美的形象都被认为是佛性的体现。“他们热爱自然是如此深切，以至于他们觉得同自然是一体的。他们感觉到自然血脉中跳动的每根脉搏，在每一片花瓣上都见到生命或存在的最深神秘……这种爱延伸至宇宙生命的最深深渊。”[2]

“一天的春色寄托在数点桃花，二三水鸟启示着自然的无限生机。”[3]禅家在一丘一壑、一花一鸟中发现了永恒的宇宙生机，因此他们的心情是悠然自得的、安宁自适的。例如王维的自然山水诗就体现了这种天人合一、禅境与生境融合的妙悟境界；

斤竹岭

檀栾映空曲，青翠漾涟漪。
暗入商山路，樵人不可知。

山岭、林木、蓝天、翠竹、溪水、山路、樵者等，它们是一个个单独的自然景物，合起来又仿佛是一个生命整体，永远宁静、自足，洋溢着无限生机。山、水、花、树、鸟、月、竹、人……一切都是具象的自然美景，同时又与更博大的更深远的生命本体联系着，因此显得那么淡然超脱、空灵静远，这是生命境界，也是妙悟禅悦的境界！

再如，东方花道的禅意花，要求插花者在观照花的纯真奇特的个性形象中，直觉妙悟自然、生命的本来真意；其创意的落脚点在于我由此妙悟到了什么；其审美趣味所在是追求个体生命的悠然自得和自我精神的自由超越。禅是一枝花，空灵且悠远；花与禅，总有一种不解之缘。“明心”是发现自己的真心；“见性”是见到自己本来的真性。花用自己的天生丽质闪现出生命的光辉，人类在心灵的深处珍惜并热爱自己的生命，人和花的生命都是短暂而美丽的，在东方禅意花的创作过程中他们萍水相逢了，从一花一叶的纯真生机与独特身姿中插花者“妙悟”到生命的活力，品味阵阵宇宙自然生机律动的清香气息，不知不觉中我们会产生一种生命的欣喜（图20）。源自佛教的东方禅意插花，让我们在自由创作的插花过程中，体会源自心底的愉悦、宁静与安详。禅意，油然而生……

禅意插花仅仅一两枝，便芬芳满室，清雅的枝影惊鸿一瞥，若绽放的仙子淡然出尘，花是滋养双目的一道美景，花是拂过心湖的一缕凉风，与花相伴，品性怡然。无论在凛冽的北方，还是春暖如花的江南，插一道禅意的花在室内，一切随缘聚缘散，心境臻于清远与恬淡（图21）。东方禅意插花正是人们需要拥有的一片诗意栖居的生命家园！

图20　禅意茶席花《梅与山茶》
作者：王国忠
东方禅意花从一花一叶的纯真生机与独特身姿中去“妙悟”生命的活力

图21　瓶花《禅荷图》
作者：陈秀中

图22　禅意茶席花
作者：陈秀中
东方禅意花要求在极精炼的花材中塑造最传神的几笔，与花对话，感悟大自然的脉动与风兴

图23　南宋画家马远《梅石溪凫图》——那梅树、那凫鸭、那山溪，不再是与人疏离的纯自在之物，而是充满佛理真如、人生旨趣的诗意性、审美化的存在，它直指人心，活泼生动，生生不息。禅宗要求从青山绿水中体察禅味，从有限的自然景物里直悟到无限的生命境界，在充满活力的自然生命中去体验禅悦

当今的中国物欲横流，人与自然严重对立，使人类在这个物质极大丰富的社会上却倍感精神的空虚与痛苦。中国禅宗的“自然观”无疑会给人类走出困境提供一些有益的启示，她引导人们摆脱人类中心主义的桎梏，摆脱人类的妄念和妄执，摆脱主客二元对立的思维，以自然的、物态化的心灵观照万物，在自然的审美观照中，实现人与自然的和谐，人之身心的彼此和谐。在大自然的审美观照中，参禅修道、亲近自然、妙悟自然，在自然的万象生机与独特身姿里直觉体悟生命的本真，领略人生的真谛，达到精神的圆满与禅悦。禅宗能使人的心灵安宁净化，在物欲横流、钩心斗角的社会生活里，到大自然的恬静清幽的生态环境中，参禅悟道，同时做一些花草种植、禅意插花、盆景修剪的园艺活动，亲近自然、妙悟自然、明心见性、悟觉禅机，无疑也是一种放松身心、消除紧张的行之有效的办法（图22）。

“色即是空，空即是色”

儒家的自然审美观认为自然美景与人类道德之间有可比性，试图在人与自然的关联中寻找蕴含道德与审美的依据，主张“仁者乐山，智者乐水”的“比德”自然观。道家主张人对自然要采取顺应、尊崇的态度，人要与自然建立起一种亲密和谐的关系，道家赏花审美试图在天地大化中寻求神与物游的逍遥适意与“畅神”境界。佛家眼中的自然美景则是被禅者纳入自身清静虚空之心中加以整体呈现，山川草木自然造化，经过“妙悟”的因心造境，于天地之外别构一种灵奇！禅者的直觉顿悟在拈花微笑里领悟自然色相中微妙至深的禅境，由“丰满的色相达到最高心灵境界”[3]，这就是禅家赏花审美所追求的禅境，毋宁说更是某种高层次的心灵意境或人生境界（图23）。

直觉顿悟、境由心造、即色悟空，禅家借直观生动的自然景色，即色悟空、明心见性，充分发挥心灵“妙悟”的能动性，在具体景物的设置与组合之中，总是尽可能多地酿造成一种心理氛围或者说情韵氛围，使人涉足成趣，从有限的自然景物里直悟到无限的生

命境界，正所谓“片山多致，寸石生情”！

“行到水穷处，坐看云起时”，“山光悦鸟性，潭影空人心”，“水流心不竞，云在意俱迟”，“我见青山多妩媚，料青山见我应如是”……禅家妙悟的乐趣在于观赏者的心灵与自然风景的交流，以及与之同在的俯仰自得的心灵体验。

独坐敬亭山

众鸟高飞尽，孤云独去闲。
相看两不厌，唯有敬亭山。

敬亭山在安徽宣城，李白一生七游宣城，这首五绝写诗人独坐敬亭山时的观景情趣，正是诗人李白带着怀才不遇而产生的孤独与寂寞的情感，到大自然怀抱中寻求慰藉的生活写照。天上几只鸟儿高飞远去，直至无影无踪；寥廓的长空还有一片白云，却也不愿意停留慢慢地越飘越远，似乎世间万物都在厌弃诗人。诗的后两句写诗人对敬亭山的喜爱。鸟飞云去之后，静悄悄地只剩下诗人和敬亭山了。诗人凝视着秀丽的敬亭山，而敬亭山似乎也在一动不动地看着诗人。这使诗人很动情——世界上大概只有它还愿意和我做伴吧？“相看两不厌”表达了诗人与敬亭山之间的彼此信任与亲近。结句中“唯有”两字也是经过精心锤炼的，更突出诗人对敬亭山的喜爱。“人生得一知己足矣”，鸟飞云去又何足挂齿呢！这后两句所创造出来的意境仍然是“静”的，写诗人与敬亭山静静地相对而视，脉脉含情。这首平淡恬静的绝句之所以如此动人，就在于诗人的思想感情与自然景物彼此交流、高度融合而创造出来的“寂静”的禅悦境界，无怪乎沈德潜在《唐诗别裁》中要夸这首诗是传“独坐”之神韵了。

西江月·遣兴

醉里且贪欢笑，要愁哪得工夫。近来始觉古人书，信着全无是处。
昨夜松边醉倒，问松“我醉何如”。只疑松动要来扶，以手推松曰：“去！”

词人辛弃疾借醉酒而大发牢骚，表达自己对现实社会和自身处境的不满，抒发了词人怀才不遇、壮志难酬的伤感和愤慨，呈现出词人的耿介、旷达的性格。

词人在词的上片说忙在喝酒贪欢笑。可是用了一个“且”字，就从字里行间流露出这“欢笑”比“痛哭”还要悲哀：词人是无法排解内心的苦闷和忧愁，姑且想借酒醉后的笑闹来忘却忧愁。这样，把词人内心的极度忧愁深刻地反映出来，比用山高水长来形容愁更深切、更形象、更可信。接着两句进一步抒写愤激的情绪。孟子曾说过：“尽信书，则不如无书。”说的是书上的话不能完全相信。而词人却说，最近领悟到古人书中的话都是不可信的，如果相信了它，自己便是全错了。表面上好像是否定一切古书。其实这只是词人发泄对现实的不满情绪而故意说的偏激话，是针对南宋朝廷中颠倒是非的状况而说的。辛弃疾主张抗战，反对投降，要求统一祖国，反对分裂，这些本来都是古书中说的正义事业和至理名言，可是被南宋朝廷中的当权派说得全无是处，这恰恰说明古书上的道理现在都行不通了。词人借醉后狂言，很清醒地从反面指出了南宋统治者完全违背了古圣贤的教训。

下片则完全是描绘一次醉态。先交代一句，时间发生在“昨夜”，地点是在“松边”。这次醉后竟与松树对话，问松树自己醉得如何，这是醉态之一。以松树为友，可见知音极少。自己醉后摇晃，却以为松树摆动，明明是自己扶着松树站起来，却说松树要扶他，这是醉态之二。最后是用手推开松树，命令它走开。表现独立不倚的倔强性格，这是醉态之三。这些醉态写得非常逼真，可谓惟妙惟肖。但这不拘形迹的醉态，实际上也都是表现对当时现实的一种反抗。题目曰“遣兴”，也说明这是抒写情怀，曲折地表达了自己的思想情绪。这正是借酒买醉，醉里看松，居然把这棵松树看作有生命活力的朋友知己，且与他一番对话。作为岁寒三友之首的松树正是诗人人格的寄托，人生如梦，是醉是醒？且借这醉卧松下、与松交流的禅机，挥笔为自己也为后人留下这个独特的与松对话的禅思禅悦，这不也正是“直觉顿悟、即色悟空”的“妙悟”之趣吗？

“色不异空，空不异色”“色即是空，空即是色”！佛祖借拈花之“色”，来直觉地传达佛道真性的“空”：“青青翠竹，尽是法身；郁郁黄花，无非般若。”在佛家的自然审美观照中，自然万物（“色”）皆是佛性真如（“空”）的体现，那一草一木、一山一水，不再是与人疏离的纯自在之物，而是充满佛理真如、人生旨趣的诗意性、审美化的存在，它直指人心，活泼生动，生生不息。禅宗要求从青山绿水中体察禅味，从有限的自然景物里直悟到无限的生命境界，在充满活力的自然生命中去体验禅悦，从而实现生命的超越与精神的自由。

正如李琳博士所言：“佛家此种整体直观中的感性觉知，在逼近自然物象的时候，需要抓住自然最有包蕴性的瞬间状态来加以艺术化的呈现，这与传统的感物方式相比有一定的困难性；但是它在捕捉自然刹那之美的同时，也传达出佛者对自然生命的敬畏与尊重，体现了在自然世界瞬间无蔽的状态中主体与客体间的亲和关系……佛家将自然纳入心灵来关照体认的意义就在于：人类身处自然环境之中，可以凭借心灵世界的深层内转来拓展自身的禅悟层次与想象空间，从而以全方位的身心状态，以整体性的思维视野去审视自然，参与审美，体验和谐，并由此进入物我如一、万物平等的圆融之境……此状态中的客观世界不再是审美对象，而是与主体在内心中融合为一、从来没有分离的世界，是董其昌‘诗以山川为境，山川亦以诗为境’的世界，是辛弃疾‘我看青山多妩媚，料青山看我应如是’的世界，是李白‘相看两不厌，唯有敬亭山’的世界……在这种大我境界里人类自身的焦躁紧张、忧虑烦恼、功名利禄、荣辱得失被全部抹除，剩下的只是与自然共感交融、身世两忘的自由审美状态。”[4]

南宋爱国将领辛弃疾也是著名的词人，其词作中不乏咏梅佳作，《临江仙·探梅》是辛弃疾创作的一首著名的咏梅诗词。辛弃疾是一位从年少时起就矢志收复河山、金戈铁马踏遍塞北江南的抗金豪杰，由于与当政的主和派政见不合，后被弹劾落职，退隐山居，大志难伸，只能与鸥鹭为伴，山水遣怀，只得从雪梅那里寻找到精神和人格的寄托，于醉酒和自然美景中求得花人共感、物己两忘的片刻陶醉与禅悦。

临江仙·探梅

老去惜花心已懒，爱梅犹绕江村。一枝先破玉溪春。更无花态度，全是雪精神。
剩向空山餐秀色，为渠著句清新。竹根流水带溪云。醉中浑不记，归路月黄昏。

图24　当代画家康巽《写意梅花》—— 梅枝飘逸下探，似乎在传递梅花的清香。禅家的生活是离不开大自然的，"他们热爱自然是如此深切，以至于他们觉得同自然是一体的。他们感觉到自然血脉中跳动的每根脉搏，在每一片花瓣上都见到生命或存在的最深神秘……这种爱延伸至宇宙生命的最深深渊。"（铃木大拙语）

辛弃疾酷爱梅花，上片强调梅花与众卉之不同。词人年事已高，无意赏花，乃人之常情，然而令词人不能忘情者，唯梅而已！以至于不顾年老力衰，绕着江村去寻觅探访梅花，终于在玉溪水畔找到了一枝迎冬怒放的早梅，它正在透露着春之消息！诗人凝神观照、与梅交心，花人共感、物己两忘，瞬间直觉顿悟到梅花精神："更无花态度，全是雪精神！"梅花没有丝毫其他花卉惯有的娇媚软弱的常态，在它的身上，有的全是冰雪一样纯洁、坚贞、刚强的性格。词人饱餐梅之秀色，为它写下新词佳句，沉吟细品，醉来与梅花晤对，惬意舒心，流连忘返，不知已到月黄昏。耳边溪水潺潺，鼻中梅花清香沁脾，一日清赏可抵十年尘梦，人间是非烦恼、荣辱得失，一时净尽，词人进入到与自然共感交融、物己两忘的自由审美状态，从有限的自然景物里直悟到无限的生命境界，在充满活力的梅花的自然生命中体验到了禅悦与解脱，身心获得了极大的滋补与疗养。

这就是妙悟自然，辛弃疾在这次漫不经心的探梅清赏中，"妙悟"到了梅花的真谛！（图24）"'悟'是某种无意识的突然释放和升华。这里的重点是在其突然释放和升华，即顿悟，即'蓦然回首，那人却在灯火阑珊处'。它非常普通，非常平凡，非常自然，却又因参透本体而那么韵味深长，盎然禅意。"[1]

"禅宗强调感性即超越，瞬间可永恒，因之更着重就在这个动的普通现象中去领悟、去达到那永恒不动的静的本体，从而飞跃地进入佛我同一、物己双忘、宇宙与心灵融合一体的那异常奇妙、美丽、愉快、神秘的精神境界。这，也就是所谓的'禅意'……在大量的日常生活的偶然中，却可以随时启悟而接触'道'。这个通由妙悟而得到的'道'，常常只能顷刻抓住，难以久存；所以，它并非僧人的生活或教义本身，毋宁更是某种高层次的心灵意境或人生境界。"[1]

参考文献

[1] 李泽厚. 华夏美学[M]. 天津：天津社会科学院出版社，2002.

[2] 铃木大拙，弗洛姆. 禅与心理分析[M]. 北京：中国民间文艺出版社，1986.

[3] 宗白华. 艺境[M]. 北京：北京大学出版社，1987.

[4] 李琳. 中国佛家艺术观的生态意蕴[J]. 社会科学辑刊，2010(1): 197-200.

中华民族传统赏花趣味十探

中国自古以来就是花文化高度发达的国家，花文化是中国花卉业的宝贵财富，中华民族的传统名花，如梅花、桂花、国兰、菊花、牡丹、荷花等等，其栽培、观赏、应用（指在造园及花艺中的应用）等无不与花文化息息相关、不可分割。然而，我们自己在这方面的研究工作还很薄弱。笔者认为：我们应该开展一项科研工作，即全面、深入、系统地研究中华民族传统赏花理论及其应用实践，并运用现代园艺欣赏理论加以分析，古为今用、洋为中用，逐步形成一套既富时代精神、有应用价值，又具中国特色的赏花理论。这项科研工作做好了，对于我国民族花卉业的健康发展将会产生积极和深远的影响。

本文围绕“中华民族传统赏花趣味”这个中华花文化的核心理论问题，深入系统地研究中华民族在赏花审美中所体现出来的各种自然审美观点和以赏花审美为乐生之情的花文化传统，力求在中国古代赏花审美实践方面深入挖掘出丰富的思想文化遗产，古为今用、推陈出新，促进当代园林美学理论的重新构建及中国特色的民族赏花理论的形成，使审美世俗化的中华赏花审美传统得以发扬光大。

1. 比德传统

“比德说”是儒家的自然审美观，它主张从伦理道德（善）的角度来体验自然美，大自然的山水花木、鸟兽鱼虫等，之所以能引起欣赏者的美感，在于它们的自然形象表现出与人（君子）的高尚品德相类似的特征。所谓“比德”就是作为审美客体的山水花木可以与审美主体的人（君子）“比德”，亦即从山水花木的欣赏中可以体会到某种人格美。

君子比德思想兴起于春秋战国时期，其直接出处是孔子《论语·雍也篇》："知者乐水，仁者乐山；知者动，仁者静；知者乐，仁者寿。"（知：古与"智"通用）同样体现孔子"比德说"的，还有《论语·子罕篇》："岁寒，然后知松柏之后凋也。"孔子论松柏显然也是将松柏人格化，后来《荀子》说得更透彻："岁不寒无以知松柏，事不难无以知君子。"这当然也是在"比德"：鼓励有远大志向的君子要像抗寒斗雪的松柏那样，经受生活艰难困苦的种种严峻考验（图1、图2）。

受君子比德思想的长期影响，中华民族传统的赏花趣味有一个突出的特点，即：植物配置、花木欣赏不只单纯从绿化功能（如遮阴、净化空气等）和造景功能（如组织视线、调节色彩等）着眼，也注重以花木言志，使花木人格化，讲究植物花草的"比德"情趣。诸如松竹梅"岁寒三友"、梅兰竹菊"四君子"、莲出淤泥而不染、秋叶凌霜色愈红等等，托物言志、借物写心（图3）。

"驿外断桥边，寂寞开无主。已是黄昏独自愁，更著风和雨。"当陆游面对驿外断桥边的一株野梅，其恶劣、孤独的生长环境使诗人联想到自己作为抗金爱国的大臣屡遭贬官去职的痛苦经历；诗人借梅言志，通过对梅花的礼赞自勉自励，坚定自己的人生态度，即使自己的爱国才智不能施展，也要像梅花那样保持高洁清香的精神："无意苦争春，一任群芳妒。零落成泥碾作尘，只有香如故。"（《卜算子·咏梅》）在这里，赏花者借梅花的傲骨香心寄托了自己的人格理想，梅花的花格香品转而成为了赏梅者追求的人格与气节。大诗人陆游在与梅花"比德"的赏花审美观照之中，受到了潜移默化的高雅花品的感染，自己的人品也自觉不自觉地变得高尚起来（图4）。

与花比德，以美储善。中国古代先贤从自然花木中看到自己所崇尚的人格美，进而有意倾心结好、携之为友、交之为朋、待之如宾，于是便出现了著名的"岁寒三友"、梅兰竹菊"四君子"、花中"六友""十友"以及花中"十二客""三十客""五十客"等种种说法，花木间充满了与花结友、君子比德的儒雅风范。

请看，明代杂剧《渔樵闲话》四折：

那松柏翠竹，皆比岁寒君子，到深秋之后，百花皆谢，惟有松、竹、梅花，岁寒三友。

清·俞樾《茶香室丛钞》卷二十二：

宋·刘戳《蒙川遗稿》有六友诗：静友，兰也；直友，竹也；净友，莲也；高友，松也；节友，菊也；清友，梅也。

明·都印《三馀赘笔》：宋·曾端伯以十花为十友，各为之词：荼蘼，韵友；茉莉，雅友；瑞香，殊友；荷花，浮友；岩桂，仙友；海棠，名友；菊花，佳友；芍药，艳友；梅花，清友；栀子，禅友。

张敏叔以十二花为十二客，各诗一章：牡丹，贵客；梅，清客；菊，寿客；瑞香，佳客；丁香，素客；兰，幽客；莲，净客；荼蘼，雅客；桂，仙客；蔷薇，野客；茉莉，远客；芍药，近客。

此外，还有花中"三十客""五十客"等种种说法，不再一一列举。花卉中如此众多的雅号，并非随意加封，许多雅号都经历过古人的反复推敲，并经受住许多代人的认可才确定下来，具有形迹可寻的传承。如梅花，是岁寒友、清友（客）；兰，为幽客；牡丹，

图1 黄山迎客松挺拔伟岸，仿佛堂堂正正的君子（陈秀中摄影）

图2 黄山松林生机蓬勃，恰似自强不息的君子（陈秀中摄影）

图3 无锡冯氏舍利干梅花盆景《铁骨香格调》

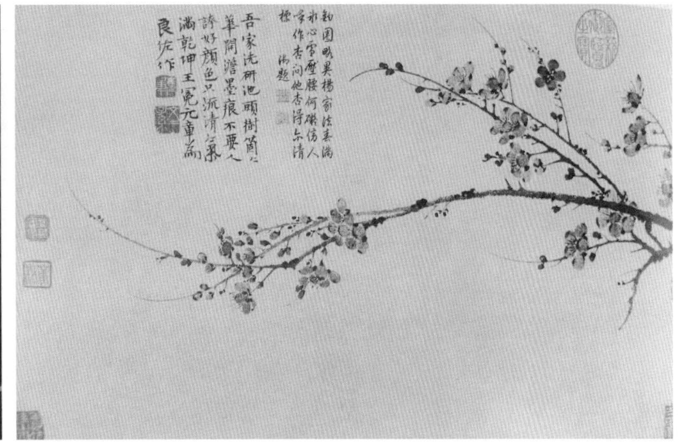

图4 元·王冕“不要人夸好颜色，只留清气满乾坤”

为贵客；莲，为净友（客）；菊为寿客，等等，多显一致。他们的根据是花木自身所禀赋的天然气质和本性，他们的理论则取自于孔子、老庄等先哲的自然审美思想。

花各有品，与德比馨！清·涨潮《幽梦影》更精彩地提到花品可提升人品：“梅令人高，兰令人幽，菊令人野，莲令人淡，春海棠令人艳，牡丹令人豪，蕉与竹令人韵，秋海棠令人媚，松令人逸，桐令人清，柳令人感。”赏花者与花结友、与花比德，进而将自己真挚高洁的情感注入自己创造的花卉艺术形象之中，形成最浓郁的赏花美趣，潜移默化地滋润、净化赏花人的心田。这种自然美育的效力绝非空洞的道德说教所能代替，这就叫“与花比德、以美储善”！这是中国古代儒家特色的赏花审美传统，实有其可以汲取借鉴并发扬光大的合理内核。

2. 比兴手法

如果说“比德”传统更多地侧重于通过花木形象寄托、推崇某种高尚的道德人格，那么“比兴”手法则更偏重于借花木形象含蓄地传达某种情趣、理趣。

“比兴”是中国古典美学中的一个重要范畴，主要是指中国诗画创作中运用形象思维的构思方法。比兴手法早在《诗经》中就已广泛运用。“比”是譬喻，“以彼物比此物也”（宋·朱熹），“索物以托情谓之比，情附物者也”（宋·李仲蒙）；“兴”是寄托，寄情于物、触物起情，“先言他物以引起所咏之词也”（宋·朱熹），“触物以起情谓之兴，物动情者也”（宋·李仲蒙）。

“比兴”手法可以使诗画艺术作品“言有尽而意无穷”，具有一种含蓄委婉、回味无穷的艺术韵致。我国古代优秀的咏花诗词也具有这种耐人寻味的艺术特色，如我国最早的一首咏梅诗《诗经·召南·摽有梅》：

[原诗]	[译文]
摽有梅，	梅子落地纷纷，
其实七兮。	树上还有七分。
求我庶士，	追求我的小伙子啊，
迨其吉兮	切莫放过了吉日良辰！
摽有梅，	梅子落地纷纷，
其实三兮。	树上只剩三成。
求我庶士，	追求我的小伙子啊，
迨其今兮！	就在今朝切莫再等！
摽有梅，	梅子落地纷纷，
顷筐塈之。	收拾到斜筐之中。
求我庶士，	追求我的小伙子啊，
迨其谓之！	你一开口我就答应！

显然，这是一首民间情歌，咏者是一位纯情少女，她徘徊在梅树旁，由梅果黄熟落地起兴，一唱三叹、真挚动人！赏梅者以梅果挂枝的数量越来越少作为比兴的喻体，把珍惜青春、追求爱情的永恒主题唱得那么荡气回肠、韵味隽永！[1]

“梅”字，古又写作“楳”，与“媒”字音谐形似，自古“梅子”又被视为“媒合之果”。以花为媒这种谐音比兴手法在我国民间花艺中经常运用。图5、图6是清初两幅民间年画上的插花作品，一为“竹报平安”、一为“福寿康宁”。前者图中画一童子手举竹

图5 竹报平安

图6 福寿康宁

枝，怀抱瓶花，另有两仕女手执如意或石榴闲赏玩乐，利用竹子和花瓶的谐音作为“竹报平安”的象征，祝愿外出旅行的亲友家人平安无恙。后者画面中瓶插的松枝、珊瑚、孔雀翎毛象征长寿吉祥，儿童手拿的折枝桃子代表“寿”，利用红蝠谐音“福”字，共同组成“福寿康宁”的命题，比喻居家福寿安康、新年万事如意等等[2]。

由此可见，中华民族传统的赏花趣味还有一个突出特点：善用比兴、巧借谐音，赋予花草树木以一定的象征寓意，其内涵多具有“福”“禄”“寿”“喜”“平安”“富贵”“如意”“丰收”“美满”等吉祥的祝愿之意。

3. 追求天趣

“天人合一”的思想传统是中国文化的基本精神之一，作为中国文化四大支脉的儒、道、佛、易四家都讲“天人合一”，主张人对自然要采取顺应、尊崇的态度，人要与自然建立起一种亲密和谐的关系。庄子曰：“山林与！皋壤与！使我欣欣然而乐与！”（《庄子·知北游》）追求的是“天地与我并生，而万物与我为一”（《庄子·齐物伦》）的人生境界，获得的是人与大自然亲善融合的那种愉悦享受。老子曰：“人法地，地法天，天法道，道法自然。”（《老子·道篇》）认为人取法地，地取法天，天取法道，道取法自然，把人与自然的关系看成是一种和谐有序的统一体。

这种“天人合一”的文化精神当然也反映到中国的传统艺术中来，特别是道家老庄哲学所推崇的“法天贵真”、抱朴返真的思想，更对中国艺术的审美趣味产生了深远影响。中国传统艺术历来追求天然浑成的本色美，特别珍重那种虽出自人工却无斧凿之痕、且能生动表现自然万物的生机与天趣的神来之笔，诸如“采菊东篱下，悠然见南山”（陶渊明《饮酒》），“明月松间照，清泉石上流”（王维《山居秋暝》），“细雨鱼儿出，微风

燕子斜”（杜甫《水槛遣心》），“鸡声茅店月，人迹板桥霜”（温庭筠《商山早行》），“疏影横斜水清浅，暗香浮动月黄昏”（林逋《山园小梅》），等等，无一不是自然天成的本色佳句，正所谓“一语天然万古新，豪华落尽见真淳”（元好问《论诗三十首》）。

中国传统艺术这种崇尚自然、追求天趣的本色美，在中国传统造园手法和花卉欣赏以及应用方式上也毫无二致。我国明代著名的造园家计成在《园冶》中明确提出了“虽由人作，宛自天开”的造园艺术宗旨，认为园林虽然出自造园与工匠的精巧之手，但它的景色却要表现出一种浑然天成的、生机盎然的、活泼的自然野趣。

中国的传统插花艺术与西方插花相比，具有鲜明的民族特色，其主要特点之一就是花材用量不多，却擅长利用自然花材的姿、质、线条来表现作品的本色美，构图简洁，色彩淡雅，格调清淳。中国插花的这一民族本色早在明代袁宏道的插花专著《瓶史》中就已有所论及，《瓶史·宜称》曰：“插花不可太繁，亦不可太瘦，多不过二种三种，高低疏密如画苑布置方妙……夫花之所谓整齐者，正以参差不伦，意态天然，如子瞻之文，随意断续，青莲之诗，不拘对偶，此真整齐也。”

图7是清代黄慎的《赏菊图》，仅见两枝菊花插于瓶内，简练的花材很注重线条的对比，一高一低、一正一斜，形姿颇具天然意态和自然本色，格调淡雅且韵味清淳[2]。

又如：图8是明代画家陆治所绘的《岁朝清供图》，表现的主题是“花国岁寒三友”梅花、山茶、水仙，水仙为盆栽，其左后方则是一瓶典型的明代瓶花。“花材多不过二种、三种”，梅花、山茶、枸杞果，花材组合既不过繁亦不太瘦；梅枝左边高耸、右边低垂；山茶居中稍偏左，压住重心；最妙是那衬枝枸杞果的位置，恰合了沈复强调衬枝重要性的几句话：“或绿竹一竿，配以枸杞数粒；几茎细草，伴以荆棘两枝；苟位置得宜，另有世外之趣。”梅花枝条的潇洒、山茶花朵的稳重，再配以枸杞衬枝三两杈，构图自然且入画，总体评价完全符合张谦德的品评标准：“取俯仰高下，疏密斜正，各具意态，全得画家折枝花景象，方有天趣。”

中国人赏花追求这种自然意趣，更推崇那种物我两忘、花人同化的赏花境界。有宋诗为证：“当年走马锦城西，曾为梅花醉似泥。二十里中香不断，青阳宫到浣花溪。”（陆游《梅花》）大诗人陆游已经陶醉在川蜀二十里梅花香阵之中，看到梅花漫山遍野迎风怒放，诗人突发“分身术”的奇想：有什么办法可以把自己化为千千万万个身子，让每一棵梅花树前都有一个陆放翁在醉心观赏呢？“闻道梅花坼晓风，雪堆遍满四山中。何方可化身千亿，一树梅前一放翁？”（陆游《梅花》）

4. 意境趣味

意境是在情景交融的基础上所形成的一种艺术境界、美的境界，它以意蕴、情趣取胜。意境是中国古典美学中最具民族特色的一个重要范畴，中国的传统艺术门类都很强调意境

图7 清代黄慎《赏菊图》

图8 明代画家陆治《岁朝清供图》

美，诗、书、画、园等等，莫不是以意境的高下来评判作品成败的。中国人的花卉欣赏也同样离不开意境趣味，强调意境——这是中华民族赏花传统的一个最突出的民族文化特质。

欧美人赏花只重视外形、花大、色艳等，而中国人赏花在注重姿、色、香的同时，更注重神、韵、品，正所谓“室雅何须大，花香不在多”（清·郑板桥联），关键在于品出意境的滋味来！

北宋诗人林逋一生不做官，隐居杭州西湖孤山，不婚娶，种梅养鹤以自娱，有“梅妻鹤子”之称。其咏梅诗作风格淡远、意境清淳，代表作《山园小梅》被公认为是“古今咏梅之冠”，从这首咏梅七律中我们体会一下中国人赏梅是如何品出意境的滋味来的：

众芳摇落独暄妍，
占尽风情向小园。
疏影横斜水清浅，
暗香浮动月黄昏。
霜禽欲下先偷眼，

粉蝶如知合断魂。
幸有微吟可相狎，
不须檀板共金樽。

首联写梅花凌霜傲雪、独领风骚的可贵生物学特性。大意是：冬天百花凋残，唯独梅花迎风斗雪率先开放，花色鲜艳明丽，占尽小园风光！

颔联写梅花的姿、色、香。“疏影”用“横斜”来描绘，再配上“水清浅”的淡雅环境；“暗香”用“浮动”来形容，再点上“月黄昏”的朦胧色调，细腻传神地描绘出了高洁淡雅、不染尘俗的梅花体态，俨然一幅淡雅朦胧的溪边月下梅花清赏图。颔联二句被誉为“咏梅千古绝唱”！大意是：梅枝稀疏横斜的影子倒映在清浅的溪水中，梅花清幽的香气在朦胧月色之中阵阵飘散。

颈联用拟人与映衬手法，以禽蝶爱梅销魂来反衬梅花高雅风姿的魅力。大意是：洁白的仙鹤爱梅之甚，它还未来得及飞落，就迫不及待地先偷看几眼；但如果粉蝶知道如此幽香醉人的梅花也一定会为之神魂颠倒、魂夺神消的（梅花寒冬开放，此时不会有夏季的蝴蝶）。

尾联着意点染梅花的神韵、品格。大意是：幸亏有吟诗风雅的清高文人可与梅花结伴亲近；最不宜富贵人家在欣赏梅时用酒宴金樽和乐檀板来附庸风雅。

有趣的现象是，林逋所着意点染的梅花品格是通过最宜相伴的高雅诗人与最不宜相伴的庸俗富人的对比而映衬出来的，用意在于强调诗人孤高清傲的性格与梅花不染尘俗的高雅品格是一脉相通的，含蓄地传达出了咏梅诗人不附流俗、洁身自好的生活情操。至此，梅花的姿、色、香（境）与神、韵、品（意）达到水乳交融的美的境界，梅花的外貌风姿（景）与梅花的内在品格（情）浑然一体，咏花（物）与抒怀（心）彼此交融，从而创造出了一种值得反复回味的意境趣味，引发出欣赏者丰富的文化联想与情感体验。林逋的这首咏梅名作说明中国人赏花追求的是意与境、情与景、心与物、品与貌的双向交流，即讲究意境趣味！《山园小梅》再恰当不过地反映出了中华民族赏花趣味的民族文化特质。

赏梅如此，赏盆景又何尝不是如此呢？例如苏州盆景艺术家汤坚、严雪春以唐诗《枫桥夜泊》立意，用旧城砖做桥，有意做得斑驳、缺损，以示古朴；以片状的澄泥石作石矶水岸，表现水之广阔；且在前景置一桅干小船以扣景题。植物是表现的另一主题，桥之左侧为主景，三两棵榆树曲折有致；右侧是陪衬，榆树、雀梅丛植成林，以示手法变化。纵观整体景观效果，树石处理到位，比例得当，画面恬静，直接借用唐诗《枫桥夜泊》题名，张继枫桥夜泊之诗画意境脱颖而出（图9）。

景因名增色，名因景生辉，相得益彰，寓意隽永。正如韦金笙先生在亚太地区第三届盆景雅石展览会（1995年新加坡）上的发言谈及“中国盆景艺术欣赏意境”时所说：“中国盆景与世界各国盆景（栽）主要区别，在于中国创作的盆景，源于自然，高于自然，不仅欣赏形象美，同时欣赏通过形象表现出来的境界和情调，诱发欣赏者思想的共鸣，进入作品境界的神游。故中国盆景创作都给予题名，通过题名，概括意境特征、神韵、表达主题，使欣赏者顾名思义，对景生情，寻意探胜。”

当然，中国盆景的意境创造，还不仅只靠题名点景，更主要的是制作过程中的构思

图9 汤坚、严雪春创作的水旱盆景《枫桥夜泊》

图10 张夷创作的砚式山水盆景《江头春水绿湾湾》

立意，所谓“作画必先立意，以定位置，意奇则奇，意高则高，意远则远，意深则深，意古则古，意庸则庸，意俗则俗矣。”（清·方薰《山静居画论》）一盆盆景的意境格调高不高，关键还要看作者能否借诗情立意、取画意造景，有诗为证：“雪月风花入小盆，点石化木铸诗魂。王维山水东坡画，剪地裁天自有神！”

例如，中国砚式山水盆景艺术大师张夷的“明四家画意系列”，构思取材于明代著名的四位画家的名画，并且将这组砚式盆景创作形成文化系列，即《仇英·江头春水绿湾湾》《唐寅·满地松荫六月凉》《文徵明·回首青天半是云》、《沈周·满堂烟霭坐来寒》。其中《江头春水绿湾湾》是张夷创作的砚式盆景当中少有的全景式丛林山水盆景（图10），该作品以一块不规则的长形汉白玉石板为盆器，盆长120厘米；在大小、高低有别的两个土坡上散植了十余株金钱松，有分有合，粗细有别，错落有致，疏密得当，山体左高为主、右矮为次，树冠构成的轮廓线随坡起伏，画面显然是一片清幽、静谧的春季山野风光。这块砚式白石板犹若一个碧波荡漾的湖面，而坡间的留白也就成了涓涓细流，坡面上低矮成丛的柏树，一两块小山石点缀其间；尤其是置于溪流边的陶质水阁，充分体现了盆景艺术"缩龙成寸""小中见大"的效果，那土坡成了蜿蜒的山丘，不足三五年的幼树就犹如参天大树，弯弯的溪水伸向林木深处，使人有身临其境之感。而作者的创意——作为明代崛起的吴门画派创始人之一的仇英画意"江头春水绿湾湾"之意境则呼之欲出，这盆成功的砚式盆景将中国盆景艺术"无声的诗，立体的画"的特点表现得淋漓尽致，堪称张夷砚式盆景的压卷之作！

中国盆景意境的艺术魅力就在于这种自然天趣与诗画情趣的妙合，正所谓"状难写之景如在目前，含不尽之意见于言外"（宋·梅尧臣），令欣赏者品味不尽、回味无穷。

5. 应时而赏

花卉是大自然的娇子，是联系人与自然的一条五彩的生态纽带。花卉既然是一种具有生命力的自然之物，其花开花落必受大自然的季节物候、阴晴雨雪的影响，因此欣赏花卉也是一种在特定的自然环境之中进行的高雅的审美活动。欣赏花卉与欣赏诗歌、绘画等审美欣赏活动相比，有一个最大的区别就是较多地受自然条件和天时景象的影响。

中国古代的文人常把良辰、美景、赏心、乐事相提并论，认为四者兼而得之实乃人生一大幸事。唐代王勃在他著名的风景园林文学佳作《滕王阁序》中就提出了"四美具，二难并"的慨叹，"四美"指的是"良辰、美景、赏心、乐事"，"二难"是指"贤主、嘉宾"。受"四美并"之说的影响，中国古代赏花特别重视应时而赏，例如南宋张镃在《梅品》中就提出：理想的赏梅活动应该"四美并"，因为"花艳并秀，非天时清美不宜"，只有在特定的天时良辰的烘托渲染之中，赏花才能获得梅花景观的最佳状态和最佳趣味。《梅品》对最适宜于赏梅的天时良辰归纳为：淡阴、晓日、薄寒、细雨、轻烟、佳月、夕阳、微雪、晚霞；反之，最不适宜赏梅的天时气候为：狂风、连雨、烈日、苦寒[3]。

并非巧合的是，明代袁宏道在《瓶史》里专门用"清赏"一节谈中国古代插花的欣赏，其大半文字谈的恰恰也是"应时而赏"："夫赏花有地有时，不得其时而漫然命客，皆为唐突。寒花：宜初雪，宜雪霁，宜新月，宜暖房；温花：宜晴日，宜轻寒，宜华堂；暑花：宜雨后，宜快风，宜佳木荫，宜竹下，宜水阁；凉花：宜爽月，宜夕阳，宜空阶，宜苔径，宜古藤巉石边。若不论风日，不择佳地，神气散缓，了不相属，此与妓舍酒馆中花何异哉？”[4]

自然界中的花卉随着一年四季时序的演进而呈现节律性的物候变化，其实我国古代很早就已将花期与一定的节气联系起来了，早在先秦战国时期就有“花信风”的说法，《吕氏春秋·上农篇》记载：“风不信，则其花不成。”南朝·梁人宗懔《荆楚岁时记》则有了“二十四番花信风”的记载，风应花期而来，故谓之“花信风”；我国农历自小寒至谷雨共四月八个节气，一百二十日，每五日为一候，计二十四候，每候应一种花信，即为“二十四番花信风”。据清代《广群芳谱》记载：“一月二气六候，自小寒至谷雨，四月八气二十四候。每候五日，以一花之风信应之。小寒一候梅花，二候山茶，三候水仙。大寒一候瑞香，二候兰花，三候山矾。立春一候迎春，二候樱桃，三候望春。雨水一候菜花，二候杏花，三候李花。惊蛰一候桃花，二候棣堂，三候蔷薇。春分一候海棠，二候梨花，三候木兰。清明一候桐花，二候麦花，三候柳花。谷雨一候牡丹，二候酴醾，三候楝花，楝花竟则立夏。”[5]

由此可见，“应时而赏”早已成为中华民族赏花活动中一条公认的准则，北宋欧阳修有诗为证：“浅深红白宜相间，先后仍须次第栽；我欲四时携酒去，莫教一日不花开。”

6. 高雅脱俗

“雅”也是中国古典美学中一个重要的审美范畴，用以品评人物风度、学识文章，或者鉴赏文艺作品的风格，成为中国古代士大夫阶层追求崇尚的一种审美趣味。雅文化是一种高品位的文化，它要求创作者与欣赏者均具备较高层次的文化修养与审美品位[6]。

唐代著名的诗论家司空图在《二十四诗品》中列举的二十四种诗歌风格，其中就有“典雅”一品：

玉壶买春，赏雨茅屋。
坐中佳士，左右修竹。
白云初晴，幽鸟相逐。
眠琴绿荫，上有飞瀑。
落花无言，人淡如菊。
书之岁华，其曰可读。

尽管司空图是以带有感性特征的形象来比喻描绘“典雅”，但从这幅画面里，我们可以体会到“雅”的涵义应该是一种古雅清峻、格调高尚、清逸高雅、超凡脱俗的艺术风格。

雅与俗是一对相反相成的概念，雅俗之辩也是中国文化史上一个重要的命题。中国古代的文人雅士历来是求雅避俗、崇雅贬俗、喜雅恶俗的，这似乎已积淀为中国古代士大夫阶层所特有的一种文化气质，而贯穿融汇在他们的各种艺术欣赏活动之中。画家画山水须求雅脱俗，如清代沈宗骞《芥舟学画编·山水》一卷就专有一章论《避俗》，提出俗与雅在画山水时各有五种表现："五俗"是格俗、韵俗、笔俗、图俗、气俗；"五雅"为高雅、典雅、隽雅、和雅、大雅。沈氏强调："画与诗者皆士人陶写性情之事；故凡可入诗者皆可入画。然则画俗如诗之恶，何可不急为去之耶……能去此五俗而后可入于雅矣。"

甚至文人雅士居住环境里的植物配置也追求这种清逸高雅、超凡脱俗的文化气质。据晋代《世说新语》记载："王子猷（徽之）尝暂寄人空宅住，便令种竹。或问：'暂住何烦尔？'王啸咏良久，直指竹曰：'何可一日无此君邪？'"苏东坡有诗为证："可使食无肉，不可居无竹。无肉令人瘦，无竹令人俗。人瘦尚可肥，俗士不可医。"

无独有偶，中国古代文人在欣赏花卉时，同样也追求这种高雅脱俗的审美趣味。如南宋文人张镃的《梅品》是我国第一部记载梅花欣赏趣味的奇书，为了不负梅花那疏影横斜、高洁清逸的姿韵与花格，特别是使那些"徒知梅花之贵而不能爱敬"的庸俗之辈"有所警省"，梅园主人张镃特列出品梅的五十八条标准，包括"花宜称"二十六条、"花憎嫉"十四条、"花荣宠"六条、"花屈辱"十二条，其中高雅的赏梅方式有：铜瓶、纸帐、林间吹笛、膝上横琴、石枰下棋、扫雪煎茶、美人淡妆簪戴、王公旦夕留盼、诗人搁笔评量、妙妓淡妆雅歌等；反之，赏梅者最应忌讳的庸俗之举是：俗子、恶诗、谈时事、论差除、花径喝道、花时张绯幕、赏花动鼓板、作诗用调羹驿使事、与粗婢命名、蟠结作屏、赏花命猥妓、青纸屏粉画等[3]。

赏梅如此，插花亦如此。有趣的现象是：当翻开明代袁宏道的《瓶史》这部东方插花体系的奠基作时，我们可以发现，张镃《梅品》的那种高雅脱俗的赏花趣味竟也直接影响了袁宏道的插花理论，《瓶史·监戒》写道："宋张功甫《梅品》，语极有致，余读而赏之，拟作数条，接于瓶花斋中。花快意凡十四条：明窗，净几，古鼎，宋砚，松涛，溪声，主人好事能诗，门僧解烹茶，苏州人送酒，座客工画，花卉盛开，快心友临门，手抄艺花书，夜深炉鸣、妻妾校花故实。花折辱凡二十三条：主人频拜客，俗子阑入，蟠枝，庸僧谈禅窗下，狗斗莲子，胡同歌童弋阳腔，丑女折戴，论升迁，强作怜爱，应酬诗债未了，盛开家人催算帐，检韵府押字，破书狼藉，福建牙人，吴中赝画，鼠矢，蜗涎，僮仆偃蹇，令初行酒尽，与酒馆为邻，案上有黄金白雪、中原紫气等诗，燕俗尤竞玩赏，每一花开、绯幕云集。"[4]

显然，"花快意"十四条即典型的"求雅"，而"花折辱"二十三条则是地道的"避俗"。由此可见，赏梅也好，插花也好，中国文人赏花时所追求的那种高雅脱俗的审美趣味和文化气质确是一脉相承、代代相传的！

中国古代赏花求雅，还特别讲究赏花环境的布置与安排，在室内赏花就要精心布置好琴棋书画、家具装修之类；在室外赏花则要设计好各类园林造景要素，通过赏花环境的刻意烘托与渲染，来提高赏花活动的高雅韵致和诗画情趣。例如张镃在《梅品》中就归纳出了各种有利于衬托出梅花清逸高雅花格的环境背景，包括：珍禽、孤鹤、清溪、小桥、竹边、松下、明窗、疏篱、苍崖、绿苔、烟尘不染、除地径净、落瓣不缁等等。

7. 感官滋味

“味”是中国古典美学的一个独具民族特色的审美范畴，也是中国传统艺术鉴赏理论中的一个核心概念。在中国古代，大凡与审美体验及审美鉴赏有关的活动，往往用“味”来揭示，动词诸如：品味、玩味、体味、寻味、咀味等，其含义是指主体的审美活动；名词诸如：滋味、韵味、趣味、余味、意味等，其含义是指客体的审美意蕴和美感力量。

孔子欣赏音乐，其美感体验原诉诸听觉，但孔老夫子要用“肉味”来比喻，《论语·述而》曰：“子在齐闻韶，三月不知肉味。”曹雪芹写《红楼梦》，寄托了深刻的审美意蕴，曹公也要拈出一个“味”字来比喻，《红楼梦》第一回自题五绝：“满纸荒唐言，一把辛酸泪！都云作者痴，谁解其中味？”

这是中国古代美学史上一个很有民族特色的审美现象。中国是一个美食大国，“民以食为天！”中国古人认为：美味的获得要靠整体把握、细细去体味领悟，只可意会，不可言传。《吕氏春秋·孝行览第二·本味篇》曰：“鼎中之变，精妙微纤，口弗能言，志弗能喻。”这种饮食品味中的味觉体验与审美活动中的美感体验十分相似——都讲究整体把握、要靠细细玩味，虽然难达于口，却又有会于心，体验甚深，具有浓厚的整体性、体悟性和模糊性。于是人们逐渐把“味美”的“美”用来借喻审美体验和艺术鉴赏的“美”，中国古代诗论“滋味说”中的“滋味”，指的就是审美主体在欣赏诗歌时所体验到的与味觉快感相似的那种只可意会而难以言传的审美感受，即所谓“言外之意、味外之旨”的韵味或滋味。这表明中国古代的饮食文化对中国人的审美意识的形成有深刻的影响[7]。

考证古汉字（甲骨文）形体，“美”的字源有如下解释：从羊从大，羊大为美，大羊为美。东汉许慎《说文解字》曰：“美，甘也。从羊从大，羊在六畜主给膳。美与善同意。”所谓“美善同意”，说明美的事物是与实用的社会功利（善）有关系的，羊作为驯养动物是远古人类生活资料的重要来源，羊肉吃起来美滋美味，特别是肥羊肉更是食味甘美，因此大羊、肥羊才被远古汉民族认为是美的。所谓“美，甘也”，说明“美”最初的本义是味甘、味美，“美”字最古老的含义是从肥羊的美滋美味中而来的，口之于味，由感官的味觉产生快感曰美，这说明远古的汉民族认为美感是与人的感官快感有联系的。

与中国传统美学恰恰相反，西方美学家贬斥人的味觉、嗅觉在审美体验中的作用，西方美学认为只有人的视觉和听觉才属于审美感官，因为它们是“思维”的器官。古希腊著名哲学家亚里士多德就认为视觉与听觉是审美感官，因为它们可以直接引起审美愉快；而嗅觉与味觉是非审美感官，因为它们只能引起吃喝等生理欲望满足的快感。审美愉快与生理快感的不同，在于审美愉快是通过包括感觉和思维活动在内的认识活动从对象形式上感受的和谐，而不是由于直接的物质欲望满足所引起的生理快感。

而中国古代的美学思想一开始就把美与主体所体验到的快感联系在一起，“羊大为美”“美善同意”，表明“美”即是于人有利、有益，适用于人的需要的东西，它能够满足人类感官快感的需要，包括味、嗅、触、视、听觉在内。中国的先哲学者认为：味、嗅、触、视、听五觉都是审美感官，特别对西方美学家所贬斥的味觉反而给予足够的重视，因为他们认为审美感官应当是“享受”的器官，美不能离开人的愉悦感而存在，美就是能引起人强烈的愉悦感和生命感的东西，审美活动既是一种体验、又是一种享受，需要全身心的投入，需要一切有助于体验和享受活动的感官参与其中，由味、嗅、触觉到视、听觉，凡是能引起愉快的享受器官都是审美感官[8]。

中国古代的美学从一开始就以美化现实、美化人生为主旨，认为美是与人的欲望、享受密切相关的，因而不但重视味、嗅觉等“享受”器官参与审美活动，还善于从人类的衣食住行等物质生活享受之中发掘出高雅的审美情趣，使世俗生活带上文化与审美的意义，从中获得精神上的愉悦与享受。诸如酒文化、茶文化、饮食文化、园林文化、花文化等等，只有在中国这样重视人的享受欲望的社会中才能出现并得以兴旺发达。这一点，我们完全可以从中国传统花文化的赏花趣味中找到确凿的例证。

中国古代对于插花艺术的欣赏就有“图赏”“酒赏”“香赏”“琴赏”“诗赏”“茗赏”“谈赏”等种种讲究，非常重视视、听、味、嗅觉的积极参与，力求使插花欣赏达到一种全身心投入的艺术享受。早在唐朝时，插花作品以悬挂名画作背景，将容器置于精美台座上，形成花画合一的布局，称之为“图花”（即“图赏”）；欣赏者盘坐室内一面饮美酒，一面赏花，一面吟诗鼓曲以助其兴，这种欣赏插花作品的方式称为“酒赏”，其风格高雅，自成特色，以后传入日本。至我国五代时又盛行“香赏”，即欣赏各种插花作品时常配以不同的香炉并分燃不同的香料，以便与插花花材的风味相和，更为尽兴。南唐韩熙载对此“香赏”方式十分称赞，他认为：“对花焚香有风味相和，其妙不可言者，木樨宜龙脑、酴醾（一曰木香二曰荼縻）宜沉水、兰宜四绝、含笑宜麝、薝蔔（栀子）宜檀。”北宋徽宗赵佶深谙花艺，曾为名画《听琴图》题字，该画作者不详，长期被误传为宋徽宗所作。画中描绘在苍劲古松下抚琴者面对锦石上的岩桂瓶插，于松烟飘渺之中，尽情拨弦，高雅清新，优美动听，赏心悦目，赏花者达到物我两忘的境界，这便是“琴赏”。南宋诗人杨万里有一首七绝，写的是春节家庭聚会上，全家人为梅花瓶插赋诗作乐的有趣场面：

昌荣知县叔作岁，坐上赋
瓶里梅花，时坐上九人

销冰作水旋成家，
犹似江头竹外斜。
试问坐中还几客？
九人而已更梅花！

头两句说气候转暖，冰雪融化了，梅花很快在瓶里安了家；疏枝横斜的瓶梅，仍然保持着它在江头水边枝条伸出竹丛的潇洒风姿。后两句突发奇想：请问坐中有几位客人？对方回答是“九人而已”，可是诗人纠正道：“还有梅花呢！”通过巧妙的一问一答，诗人把无性情的梅花也算在自己的家人之内，表现出诗人对梅花的酷爱之情；反之，座中九人也都像梅花一样芳洁高雅，没有一个是俗客，因为九人每人都要为瓶插梅花赋诗一首！这显然写的是“诗赏”。

明朝插花更别具一格，将插花与品茶结合在一起，注重“品味”，这种饮茶品花的欣赏方式调动味觉滋味参与插花欣赏，新颖别致、高雅脱俗，被称之为“茶花”或“茗赏”。袁宏道特别欣赏这种赏花方式，将“茗赏”列为“清赏”的最佳方式，《瓶史·清赏》曰：“茗赏者上也，谈赏者次也，酒赏者下也。若夫内酒越菜及一切庸秽凡俗之语，此花神之深恶痛斥者，宁闭口枯坐，勿遭花恼可也。”袁宏道不喜欢“酒赏”，将“谈赏”列于“酒赏”之前，但没有具体解释什么是“谈赏”，根据文意，应是指以文雅的语言、高雅的情趣品评鉴赏插花作品，即我们现在常说的“研讨、评论”之意。

袁宏道最反对“香赏”，认为韩熙载的那一套花下焚香之法实为“花祟”（即花的灾祸），“非雅士事也”。袁宏道还解释了为什么他反对花下焚香的做法：“花下不宜焚香，犹茶中不宜置果也。夫茶有真味，非甘苦也；花有真香，非烟燎也。味夺香损，俗子之过。且香气燥烈，一被其毒，旋即枯萎。故香为花之剑刃。”[4]其实，袁宏道反对的并不是真正的花香的“香赏”，而是指烟熏火燎的“焚香”之法。

由此不难看出，受中国传统美学思想“滋味说”的影响，中国古代赏花不仅动用视觉器官，还调动嗅觉、味觉、听觉等感觉器官，中国人赏花讲究眼耳舌鼻身五官协同、全身心投入，力求达到一种“澄怀味象”的多层次的美感享受，从而全方位地品味、体验到花卉美的色香韵姿。因此，我们说中国古代插花艺术欣赏中的“图赏”“酒赏”“香赏”“琴赏”“诗赏”“茗赏”“谈赏”等种种讲究，确实是中国人赏花独到的审美境界，堪称中国特色的“花道”！

中国人常常用“鸟语花香”来形容风景园林优美环境中所独具的那种生态美。所谓“花香”是指花卉所产生的具有芳香气味的化学物质，以分子状态飘浮在空气中，这些芳香气味能刺激人类的嗅觉细胞引起愉悦感。不同的花卉所含芳香物质不同，散发的香味也不一样，有的浓郁、有的淡雅、有的畅爽、有的清远……中国的传统名花，特别是中国的小花，如梅花、蜡梅、桂花、国兰、米兰等等，个个都是香肌馥体，芬芳醉人。

受中国古代“滋味说”的影响，中国人赏花重滋味、重香味、重韵味，“梅花枝上春如海，清香散作天下春。”（元·王冕）“清泉冷浸疏梅蕊，共领人间第一香。”（宋·陆游）“冰池照影何须月，雪岸闻香不见花。”（宋·戴复古）“梅须逊雪三分白，雪却输梅一段香。”（宋·卢梅坡）“随意影斜都入画，自来香好不须寻。”（清·况周颐）“小窗细嚼梅花蕊，吐出新诗字字香。”（宋·陈从古）这一句句充满诗情画意的咏梅佳句，其灵感都是来自于大自然中梅花那阵阵扑鼻的清香气味。“好花无香”，在中国古代文人眼中被视为人生一大憾事！据宋·陈思《海棠谱》记载，宋人彭渊材自言平生有五恨：“一恨鲥鱼多骨，二恨金橘太酸，三恨莼菜性冷，四恨海棠无香，五恨曾子固（即宋散文家曾巩）不能诗。”“恨海棠无香”，此言一出，遂引起宋代文人墨客的争论，似乎酿成一桩“赏花公案”了。如陆游就批评“恨海棠无香”持论不公，纯属苛刻严峻、求全责备：“蜀地名花擅古今，一枝气可压千林。讥弹更到无香处，常恨人言太刻深！”（宋·陆游《海棠》）尽管彭氏“恨海棠无香”只是对海棠的美中不足表示遗憾，并非真贬，但也足

以说明中国人赏花对花香的重视程度。

这里必须强调，“鸟语花香”所独具的是一种生态美，它与诗歌、绘画、音乐等艺术美最大的不同点就在于它是风景园林优美环境所具备的生态构成综合作用于人体的生理和心理所起的综合生态效应。早在唐代，白居易就是一位善于描述这种生态综合效应直接感受的诗人，他在《冷泉亭记》中写道：“春之日，吾爱其草薰薰，木欣欣，可以导和纳粹，畅人血气。”在《庐山草堂记》中他又写道：“仰观山、俯听泉、睨竹树云石，自辰及酉，应接不暇。俄而物诱气随，外适内和，一宿体宁，再宿心恬，三宿后颓然嗒然，不知其然而然。”这里，所谓“导和纳粹”“外适内和”就是这种综合的生态效应，可以使欣赏者的生理与心理得到谐调。

梅花的香味首先沁人肺腑、涤人心脾，使赏花者获得生理上的舒适感与愉悦感：“有梅花处惜无酒，三嗅清香当一杯。”（宋・戴复古）“一片疏花补雪痕，迷离香影动黄昏。欲藉春风狂士态，相依纸帐美人魂。”（清・龚渤）“当年走马锦城西，曾为梅花醉似泥。二十里中香不断，青阳宫到浣花溪！”（宋・陆游）大诗人纵马川蜀二十里梅花香阵之中，早已如醉如痴、香醉如泥！梅花的清醇气息使赏花者身心愉悦、心旷神怡，并进而浮想联翩、几入化境：“不是一番寒彻骨，哪得梅花扑鼻香？”（唐・黄蘖禅师）“零落成泥碾作尘，只有香如故！”（宋・陆游）“香非在蕊，香非在萼，骨中香彻！”（宋・晁补之）此时的赏花者已进入到物我两忘、花人同化的境界，梅花是清香的，于是赏花者的生命也是清香的、性情也是清香的。赏花者借梅花的傲骨香心寄托自己的理想情操，心理上也获得了极大的滋补与激励，梅花的花格香品转而成为赏梅者追求的人格与气节。正所谓“更无花态度，全是雪精神！”（宋・辛弃疾）“不要人夸好颜色，只流清气满乾坤！”（元・王冕）正是在这个意义上，我们说：香为花魂，最富魅力。

8. 天然图画

中国古代园林美学有一个独特的民族审美视角，就是在谈论园林美的创造和品评时常常同时提出两条审美评价标准作为衡量的尺度，即自然美标准——崇尚天趣，艺术美标准——崇尚画趣。造园、插花、盆景，莫不如此。

我们先看看造园的例子。与我国古代插花名著《瓶史》作者袁宏道同一时期的计成，是明代著名的造园家，他写作了我国历史上第一部造园学专著《园冶》，在《园冶・园说》一节中，计成重点提出了造园的这两条审美标准：“围墙隐约于萝间，架屋蜿蜒于木末。山楼凭远，纵目皆然；竹坞寻幽，醉心即是。轩盈高爽，窗户虚邻；纳千顷之汪洋，收四时之烂漫。梧阴匝地，槐荫当庭；插柳沿堤，栽梅绕屋。结茅竹里，浚一派之长源；障锦山屏，列千寻之耸翠。虽由人作，宛自天开。”意思是说：“围墙要隐约于藤萝之间，架屋若蜿蜒于树梢之上。山楼凭栏以眺远，放眼皆是烟云景色；竹林深处可寻幽，陶然沉醉于眼前的人间仙境。屋宇轩昂高爽，窗户通透而敞亮；可纳千顷汪洋水色于窗里，尽收四时烂漫风光于楼前。梧桐阴影覆盖遍地，槐树绿荫洒满闲庭；沿堤栽插杨柳，绕屋种植梅花；结茅舍于竹林，疏水引出一派长流；筑似锦的山屏，排列百丈的青翠。这些虽由人力所兴造，却看似天然开辟。”显然，这是谈的造园的自然美标准——园林虽出自人工之巧手，但它的景色却要表现出一种浑然天成的自然本色美。

图11　江南私家名园拙政园的“空心画”，又叫“景窗”或“花窗”，自倒影楼花窗观“与谁共坐轩”背影，及对面六角形的“宜两亭”，一幅清新自然的“空心画”

紧接着，计成又提出第二条标准：“刹宇隐环窗，仿佛片图小李；岩峦堆劈石，参差半壁大痴。萧寺可以卜邻，梵音到耳；远峰偏宜借景，秀色堪餐。紫气青霞，鹤声送来枕上；白苹红蓼，鸥盟同结矶边。看山上个篮舆，问水拖条枥杖。斜飞堞雉，横跨长虹。不羡摩诘辋川，何数季伦金谷。”意思是说：“环窗隐塔影，仿佛唐代小李将军所绘的金碧山水画；劈石堆成山崖，就好像元代画家黄公望所绘的半壁山水图。可以与佛寺为邻，诵经之声时传耳边；远峰最宜借景，秀媚的山色令人心旷神怡。遥望道观仙宫紫气青霞，恍惚听到鹤声送来枕上；近看水畔白蘋红蓼，愿与鸥鸟结盟拜友于江边石矶。想看山，就坐个竹轿代步；想玩水，就拖条枥杖随行。城垣雉堞斜飞于远空；长桥似虹横跨在水面。于此，不必羡慕唐朝王维的辋川别墅，也不必数晋代石崇的金谷芳园。”显然，这是说的造园的艺术美标准。造园一方面要师法自然，从自然美中获得精华与营养，另一方面又需要学习和借鉴绘画艺术的成功经验，特别是从中国历代山水画大师（这一段文字中计成提到了唐代的王维、李昭道和元代的黄公望）的作品中吸取艺术营养，来进一步创造“源于自然”又“高于自然”的“第二自然”。中国园林史的造园实践证明，中国的造园家往往具有很好的绘画修养，因而能使园林创作臻于“如画”的妙境（图11）。计成本人就是一个典型的例子，他之所以能够成为我国历史上卓越的造园家并写出不朽的造园理论名著，与他自幼喜好临摹师法中国山水画大师、培养了较高绘画审美眼光是分不开的。计成在《园冶·自序》开篇第一句话就是：“不佞少以绘名，性好搜奇，最喜关仝荆浩笔意，每宗之。”意思是：“我少年的时候就以绘画而知名，生性好遨游山水搜奇览胜，最喜爱五代山水画家关仝、荆浩的笔意，作画时常常师法他们。”

正如金学智先生所言：“计成、曹雪芹曾以‘天然图画’来品评园林，而圆明园中也有‘天然图画’‘西山如画’的题名，这都是把园林艺术一端和自然绾结起来，另一端和绘画绾结起来。这种三位一体的观点是中国园林美学的精华之一。它认为园林的艺术创

图12　江南私家名园瞻园的大假山，以真为假，做假成真，恰似一幅“天然图画”（陈秀中摄影）

造，一方面需要师法自然，有真为假；另一方面又需要向绘画吸取营养。诚然，绘画本身也需要‘外师造化’，才能生气灌注，然而绘画又能通过‘中得心源’和对自然的提炼加工，进而能动地超越自然，以假胜真”（图12）[9]。仔细研读明清文人插花专著，我们同样可以发现上述那种三位一体的中国古代园林美学的独特的民族审美视角，也再清晰不过地体现在明清文人的瓶花审美观之中。

袁宏道《瓶史・宜称》一节鲜明地提出了瓶花审美的“真整齐”观：“插花不可太繁，亦不可太瘦。多不过二种、三种，高低疏密如画苑布置方妙。置瓶忌两对，忌一律，忌成行列，忌以绳束缚。夫花之所谓整齐者，正以参差不伦，意态天然。如子瞻之文，随意断续；青莲之诗，不拘对偶，此真整齐也。若夫枝叶相当，红白相配，此省曹墀下树，墓门华表也，恶得为整齐哉？”意思是说：“插作瓶花，不可插得太繁杂，也不宜过于稀疏、瘦弱。使用花材至多不过两三种，花枝配置要高低错落、疏密有致，就像绘画中精彩的构图布局那样，才得妙趣。瓶花陈设忌讳两两相对，不宜大小、造型一致，不可成行成排摆放，也忌讳用绳捆绑。插花花材布局所说的‘整齐’，正是以长短、高低、大小不齐，没有一定的次序，而追求意韵姿态合乎天然之趣。就像苏东坡的文章，随意断续；李太白的诗句，不受对仗形式的限制，自然挥洒，这才是真正的整齐。如果枝叶大小相当、彼此对称，红白两色生硬搭配、等量齐观，这不就像衙门前台阶下栽的树木和坟墓前所立的华表一样了吗？呆板对称，毫无生气，这怎么能称得上是整齐呢？”可见，袁宏道所说的“真整齐”，是应该打破行列，解脱束缚，不拘对称，随意安排，体现出“参差不伦，意态天然”的天趣之美，同时还体现出“高低疏密如画苑布置”的画趣之妙。显然，三位一体的中国古代园林审美视角又一次出现在袁宏道瓶花审美的“真整齐”观之中，成为瓶花审美的两大评价尺度。

9. 简约之美

简约是中国文人艺术的重要准则，它有着悠久的思想文化渊源。儒家主张“大乐必易，大礼必简”，力求以最简练的形式发挥最佳的审美效果；道家以“少则得，多则惑”为处世原则，认为“大道至简”，简单之中蕴含复杂。中国的书法、写意画、诗词中的绝句小令，往往借洗练的几笔便能以一当十、出神入化。在中国盆景艺术中，有一个盆景品种最具简约之美，这就是文人树。文人树这种很东方的盆景艺术形式，在西方也颇受青睐，其实这完全是中国文人的审美取向所致，因为瘦中更见风骨，瘦中更见精神，瘦劲简洁的树形更能抒发作者的情怀。

简洁的风格在文人树上体现得最为突出，无论哪一种造型，其枝叶总是少之又少，直至不可再少，不仅主干下部分一大截无出枝，即便顶端，也较一般树木稀疏（图13）。简洁是一种洗练的方式，去粗存精，单刀直入。虽枝叶寥寥，却能以一当十，这样更有助于借物写心，以景抒情。简洁还含有抽象的因素，从景物中抽出一些线条，但这些线条不是单纯的线条，也不仅仅是表现形体的因素，还可以展示作者主观情感的运动规律。中国艺术是线的艺术，中国人喜欢将情感浓缩在线条之中。这一点在书法、舞蹈和绘画中尤其明显。文人树则与之一脉相通，它的外形虽然很简洁，然而那是经过了高度的提炼、抓住了本质、表现了情感，因而其内涵却非常丰富。文人树的造型简洁明了，无遮无掩，稍有不当之处便一目了然。故其制作难度较大，要创造出高品位的作品，不仅要掌握过硬的技术手段，更要具备敏锐的艺术眼光和深厚的文化修养。

文人树盆景主干讲究高瘦、古怪，枝片出姿要求简洁明快、飘逸潇洒，让造型画面留有较多的空白，以充分表达文人墨客孤高清傲、高雅脱俗的韵味。文人树的高雅表现在与俗相对立，在选择题材上，俗者多选材陈旧、老套和重复、随波逐流、毫无新意；雅者则追求清新、独特、别开生面；在表现手法上，俗者追求形似，一枝一叶都不遗漏，力求将所有内容全部显示出来，结果让人一览无余，毫无想象空间；雅者则求“不似之似”！抓住精神，以少胜多，达

图13　赵庆泉文人树《一枝独秀》

到景有尽而意无穷的效果（图14）。

文人树鼻祖素仁说得好：“多一枝嫌其多，少一枝嫌其少。”佛门生活修炼了素仁世物空净超脱的心境，素仁做树，更重“素”，三叶两枝，瘦骨清风，最需领悟的是佛家“拈花微笑”的禅趣，构图造景用的是大片留白，枝丫尽简，在少到不可再少的枝叶的前提下，以少总多，取一孕万，创作出最为宁静淡雅、超然物外的禅意文韵（图15）。

这就与八大山人的花鸟画有着异曲同工之妙！朱耷（1626—约1705），明末清初画家，中国画一代宗师，号八大山人。八大山人的花鸟画最突出的特点是“少”。一是描绘的对象少；二是塑造对象时用笔少。如康熙二十一年他曾经画了一幅《古梅图》，树的主干已空心，虬根露出，光秃的几枝杈椰，寥寥的点缀几个花朵，像是饱经风霜雷电劫后余生的样子。在八大山人那里，每每一条鱼、一只鸟、一只雏鸡、一棵树、一朵花、一个果，甚至一笔不画，只盖一方印章，便都可以构成一幅完整的画面，可以说少到不可再少了的程度。前人所云“惜墨如金”，又说“以少少许胜多多许”，只有八大山人才真正做到了这点，可谓前无古人，后难继者。

简约而不简单！“冗繁削尽留清瘦”，“一枝一叶总关情”，以最简约的构图、笔法，塑造出文化底蕴深厚的生态艺术形象，八大山人的这幅《古梅图》也是一棵形简意深、禅味十足的梅花文人树（图16）！

图14　韩学年文人树《探海》

图15　素仁树，形简艺不减

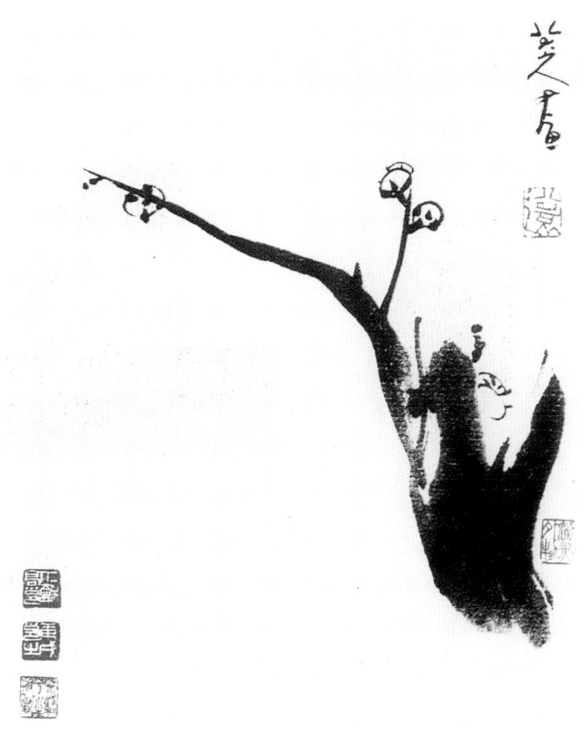

图16 明末清初画家八大山人《古梅图》

10. 辨证之美

阴阳五行学说是中国传统文化的重要体系之一，是中国古代解释自然界阴阳两种物质对立和相互消长的理论根据及说明世界万物的起源和多样性的哲学概念依据。老子说："道生一、一生二、二生三、三生万物，万物负阴而抱阳，冲气以为和。"中国哲学的本体论核心在于这样一个公式：天道（气）生阴阳，阴阳成五行，五行变化成万物，而万物的存在方式和相互关系一直在追求一种"和谐"。这是中国传统的宇宙观，也是中国古代美学思想的根本精神。这个以南方楚地发展起来的阴阳学说和北方殷人的五行思想相融合而成的阴阳五行学说所阐述的阴阳五行对立统一及相生相克的哲学思想对我国传统美学思想和艺术理论的形成，产生过十分重要的影响和巨大的推进作用。

受易经太极阴阳五行哲学的影响，中国古代传统插花及盆景艺术讲究阴阳五行、对立统一的辨证之美，作品布局结构上讲究"有天有地、虚实相生、盈亏相得、轻重相衡、疏密相间、聚散合理、动静结合、俯仰相依、奇正相存、巧拙并用、刚柔并济、雄秀结合、弛张互用、藏露有法、明暗相称、大小相比、长短相较、曲直相存、远近相适、高低相间、浓淡相和、冷暖互补、繁简互用、主宾相从、顾盼呼应"，以达到"阴阳互生、气韵生动、神形兼备、情景交融"的艺术境界，形成了独具中国文化特色的艺术辨证之美。

图17　台湾人文花道大师王国忠创作的中国式篮花

图18　中国盆景艺术大师唐吉青创作的树石山水盆景《听取蛙声一片》

图17是台湾人文花道大师王国忠创作的中国式篮花，其最突出的构图布局就是留白空间，做到了虚实相生，疏密相间，有天有地。梅花、水仙、山茶三种花材的搭配浓淡相和、冷暖互补；特别是红色醒目的蝴蝶结与植物花材在质感与色彩上的强烈对比，堪称阴阳辩证之美的成功案例！

图18是一盆树石山水盆景《听取蛙声一片》，作者唐吉青是山水盆景的高手，山石的组合与树桩的搭配堪称“气韵生动、神形兼备”，精彩之处是几株榆树的搭配，充满了虚实、疏密、高低、大小的艺术辩证对比之美，山林清泉、蛙声一片跃然纸上，是一盆富有诗情画意、气韵生动的树石盆景高品！

在这片生态艺术的天地里，我们可以体会到中国人独特的艺术辩证手法之下所跃动的生命情调；我们能够寻摸到中国文化血液中易经太极阴阳五行的清晰脉动。

11. 结语

中华民族传统的赏花趣味与理论体系同整个中国传统文化体系与审美趣味是一脉相承的，因为中国自古以来通行的是文人雅士提倡的花文化，中国古代文人士大夫阶层的思想志趣、思维方式与审美趣味，决定性地影响着中华传统花文化的民族风格与审美特色。

为了促进我国民族花卉业的健康发展，我们在开发利用中国丰富的自然花卉资源的同时，也应该重视深入研究并进而开发利用中华传统花文化资源的优秀遗产。我们研究中华民族传统赏花理论，就应该重点抓住中国小花、香花的这种民族文化特质，深入研究、大力弘扬，主动积极地向世界宣传中华传统花文化的优秀遗产，与此同时逐步把中国的小花、香花培养成最具中国特色的中华民族优质名花，将它们作为拳头产品打向世界！

“温故而知新！”既富时代精神、又具中国特色的民族赏花理论的新形态的构建，少不了古代传统赏花理论的参与。只有让古代赏花理论走出自我封闭的小圈子，面向现实的需求、面向时代的精神、面向世界的潮流，在古今中外的双向观照与双向阐释中建立自己通向新时代的生长点，才可能在开放变革的体系中逐步实现中华传统花文化遗产的推陈出新。只有做好这项古代传统赏花理论的现代转化工作，我们才能重新激活中华传统花文化资源中可能孕育的生机与价值！

陈俊愉院士在《梅花，中国花文化的秘境》一文里强调：“中国人赏花，动用五官和肺腑，综合地欣赏，注重诗情画意和鸟语花香，全身心地投入与花儿融为一体；中国古代文人对于梅花的形、色、味和人格意味的欣赏正是体现了中国花文化的奇妙境界！”“由于欧美人士赏花的局限性，给我们的小花、香花资源提供了‘历史性的专利’。在改革开放的今天，把中华名花之精英推向世界；把我们的小花、香花作为‘拳头产品’，拿到国际舞台上去。现在是我们扬长避短，弘扬中国优秀传统，为世界花文化和花卉业增添光彩的时候了！”

“梅花作为中国具有国际登录权的花卉，在今后的发展中所要带给世界的不仅仅是中国丰富的花卉自然种质资源，更重要的是要让中华花文化的意境给世界带来感染和影响！”

参考文献

[1] 周啸天. 诗经楚辞鉴赏辞典[M]. 北京：商务印书馆，2012.

[2] 王莲英，朱秀珍，等. 中国插花[M]. 北京：清华大学出版社，1994.

[3] 陈秀中.《梅品》——南宋梅文化的一朵奇葩[J]. 北京林业大学学报，1995(s1)：12–15.

[4] （明）袁宏道. 袁中郎随笔[M]. 北京: 作家出版社，1995.

[5] （清）汪灏等，著. 张虎刚，点校. 广群芳谱（全四册）[M]. 石家庄：河北人民出版社，1989.

[6] 孙克强. 雅文化[M]. 北京：中国经济出版社，1995.

[7] 皮朝纲. 论“味”——中国古代饮食文化与中国古代美学的本质特征[J]. 西南民族大学学报(人文社科版)，1991(1)：46–51.

[8] 王旭晓. “思维”的器官与“享受”的器官——中西方论审美感官[J]. 思想战线，1991(3)：34–41.

[9] 金学智. 中国园林美学[M]. 南京：江苏文艺出版社，1990.

第二编

赏花三境

——中华传统赏花理论的三大应用领域

第二编落足于古代赏花理论在插花、盆景、造园等赏花实践领域中的具体应用，从中国古代花文献中寻找上述应用领域内最典型的古典名篇，深入总结剖析，取其精华，去其糟粕，古为今用，推陈出新，使中华传统赏花理论遗产的研究既有理论遗产研究的深度，又有在现代园林应用中的可操作性。

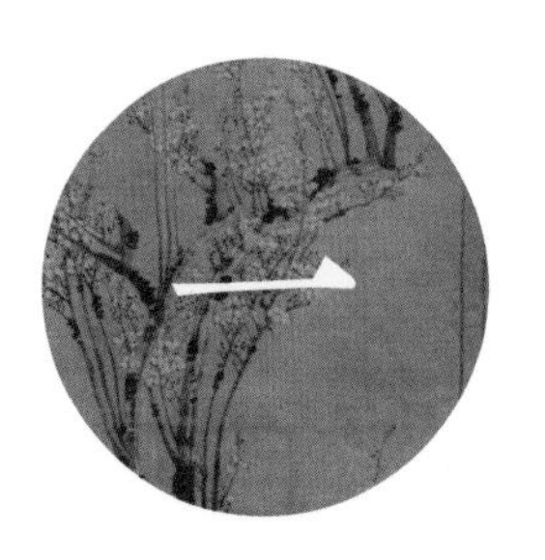

插花：
吃透珍品家底　把握民族个性
——明清文人插花艺术理论专著系列研究

陈秀中

中国古代插花艺术主要分为寺庙插花、民间插花、宫廷插花、文人插花四大类型，然而真正见诸文字、形成理论的只有文人插花。粗查中国古代插花艺术的文献专著，前三大类型，只有唐·罗虬《花九锡》介绍了唐朝宫廷插花的种种讲究，它是我国传统插花艺术的早期著作，是难得的珍品专著，可惜文字过于简略。

或许是由于文人喜好舞文弄墨，更由于文人墨客直接参与插花艺术活动，喜好将插花与诗文、书画相联系，借大自然的花朵来寄托文人对大自然与生命的热爱和体悟，因此他们一定要将插花这种清新脱俗、格高韵雅的生态审美创造活动记录下来，于是在中国古代插花史的艺术长廊中便多了几朵异常芬芳的奇葩——文人插花艺术理论的珍品佳作，如明·高濂《遵生八笺·燕闲清赏笺·瓶花三说》、明·张谦德《瓶花谱》、明·屠隆《考槃余事》、明·袁宏道《瓶史》、明·屠本畯《瓶史月表》、明末清初·李渔《闲情偶寄·器玩部·炉瓶》、清·沈复《浮生六记·闲情记趣》、清·陈淏子《花镜·养花插瓶法》等等。

静心仔细研读它们，我发现尽管这些文人插花专著具体插作的技法谈得不多，不够细致，但其独具匠心的瓶花审美思想却集中反映了中国古代插花艺术的民族审美特色，与中华民族传统赏花趣味及理论体系也是一脉相承、血脉相通的。在今人大张旗鼓地提倡建立中国特色的现代插花艺术体系之时，我们首先应该把老祖宗遗留下来的仅有的这几部中国古代插花艺术理论专著的审美思想精髓和可取营养价值吃深吃透，并以此为出发点和支撑点，“古为今用、洋为中用”，我们才真正能在创造中国特色的现代插花艺术体系时找到自己强烈的、鲜明的民族个性风格与民族文化底蕴。

“温故而知新！”我们要创建既富时代精神、又具中国特色的民族插花艺术理论新框架，首先要做的工作就是摸清我们自己的家底，梳理清楚中国古代插花理论的历史发展脉络，搞清楚中国古代插花艺术理论遗产的思想精华和代表性古典名篇究竟说了些什么、做了些什么。

如果连我们自己都没搞清楚中华民族传统插花理论遗产的家底，那么要创建中国特色的民族插花理论新框架就只会是一句空话，无源之水、无本之木是不可能长久的，也是没有任何学术价值的！

正如台湾中华花艺文教基金会创始人黄永川先生在《中国插花史研究》一书里指出的："从插花理论与艺术之建立言，中国插花在架构与发展上起步甚早，其后随着各代之需要与观念之形成，从而构建了中国插花扎实且独特的水准与风格。树立其东方插花艺术母邦之雅誉。总之，中国插花艺术是中国传统艺术中最优美最堪称道的表现形式之一，早在明代以前已开出一条宽阔的道路，树立了崇高的自我风格，其光荣历史与成就是值得自豪的。不料自清代中叶以后，渐呈衰微之势，与东邻日本相较，更是瞠乎其后。近二百年来日本人努力于'花道'之研究与推广，人才辈出，流派如雨后春笋，花道著作汗牛充栋，以插花为终身事业的职业插花家更是不可胜数。20世纪后，尤其极力提倡，插花已传遍世界各个角落，成为国际性最重要的艺术语言。在国内偶尔看到插花，每每标榜'池坊流''小原流'的，可见日本插花庞大势力之一斑，而在复兴中华文化的今天，实在值得吾人深省！一九一二以来，我国插花艺术在有心人士的提倡下已有老干回春之势，如中国插花学会、国际花友会等组织之成立，会员成千上百，相约每年举办插花展览数次，活动频仍，在国际上已有重要地位。只是所作插花风格，不乏日本插花之模仿，颇有贫乏之感。今观我国古今插花态势与今后复兴之道，首重如何从古代插花史中发展出一条更富现代精神，更富地域生命性的中国插花艺术可循之道，及如何从中国艺术正统的根本中再开出灿烂的花朵，实是严肃的课题，也是今后吾人必须努力的方向。"

本文正是希望沿着这一努力的方向，吃深吃透明清文人插花艺术理论的这几部珍品佳作，搞清楚中国古代插花艺术理论遗产的思想精华和代表性古典名篇究竟说了些什么、做了些什么；真正准确地把握住明清文人插花艺术理论遗产的鲜明的民族个性风格，以便从中国古代优秀的插花艺术理论遗产之沃土中，"发展出一条更富现代精神，更富地域生命性的中国插花艺术可循之道"，"从中国艺术正统的根本中再开出灿烂的花朵！"[1]

1. 山水花竹，可以自乐——中国古代文人插花的自然审美功能

插花是一种赏花活动，同时又是一种艺术创作活动，它与一般的赏花审美最大的不同点就在于：插花者不仅仅是一个被动的赏花人，他同时又是一个主动的插花艺术的创造者。正如高濂在《瓶花三说》中所说："插花有态，可供清赏。故插花、挂画二事，是诚好事者本身执役，岂可托之童仆为哉。"意思是说："插花只有造型姿态清新高雅，才可供欣赏；因此插花和挂画最好由喜爱这项雅事的主人亲自动手为好，哪能委托那些童仆来做呢？"

插花者在大自然中选择最中意的花草采折回来，将大自然花木美的最精彩片断在花

瓶之中重新组合，寄托了爱花者的情趣，增添了室内空间的自然美生机——这其中的乐趣恰如袁宏道在《瓶史》序中所言："夫幽人韵士者，处于不争之地，而以一切让天下之人者也。惟山水花竹，欲以让人而人未必乐受，故居之也安，而踞之也无祸……遂欲欹笠高岩，濯缨流水，又为卑官所绊，仅有栽花莳竹一事可以自乐。而邸居湫隘，迁徙无常，不得已，乃以胆瓶置花，随时插换，京师人家所有名卉，一旦遂为余案头物，无扦剔浇顿之苦，而有赏咏之乐，取者不贪，遇者不争，是可述也。噫！此暂时快心事也，无狃以为常，而忘山水之大乐。"意思是说："有高雅情趣的人与世无争，把一切身外之物都让给别人。只有山水花竹，想要让给别人，别人也未必乐于接受，所以生活在山水花竹之中也心安，占有它们也不会招来祸事……于是我平生盼望和羡慕着能够幽居高山，头戴草帽，纵情于山水之间，超脱世俗的功名利禄之累；可是又因为当着小官而办不到，迫于生活条件的限制无法置身于大自然的山水之间，只有栽花养竹一事可以自得其乐。然而家居住所狭窄低矮，又经常搬家，事不得已，才用花瓶插花，可以随时插换，京城人家所有名花异卉，当天就可以成为我案头的赏玩之物，既可免去栽培浇灌的劳顿之苦，又有赏花咏诗的乐趣。取用人家的花枝不会贪多，无意中遇见的人也不会相争，诚然是一大赏心乐事。但这只是暂时性的欢愉，不可习以为常，而忘却了自然山水的大乐趣哟！"

这段序言清楚地点明了中国文人喜好插花艺术的审美心态及其形成背景：有高雅情趣的文人最大的乐趣是纵情于大自然的怀抱、饱赏大自然的山水花竹之美，但是受现实生活条件的种种限制往往无法实现，只好选择一种最便捷的自然美审美方式——"以胆瓶置花，随时插换"。袁宏道的《瓶史》、沈复的《浮生六记》、陈淏子的《花镜·养花插瓶法》都谈到：贫寒的文人，家无园圃养花种竹，退而求其次，最方便可行的方法就是随季节变化采折花草插在花瓶之中，于是"幽人韵士"一年四季便可在自己的书房案头，欣赏到活生生的、有真实生命的自然美！——"聊借一枝，贫士之余芬可挹！"（陈淏子）这就是中国古代文人插花艺术的主要功能。

由此可见，借瓶花插作，以花怡情、以花寄情、以花娱人、以花育人的自然美审美思想已经在明清文人插花专著中论及，寓意深刻、底蕴深厚！

大自然充满了生机活力，生命的韵律广泛普遍地渗透在整个自然界的宏观世界和微观世界之中，而人类作为大自然的产物与骄子同样也是最富生机活力的高级动物。人类来源于大自然，人类更离不开大自然！人类需要大自然生机活力的不断滋补——包括身与心两方面的滋补；而赏花审美正是获得这种身心滋补的一个重要来源。自然美的审美领域无限广阔，风花雪月、鸟兽虫鱼、星辰云雨、草木水石……然而，从这无限广阔的自然美的审美领域之中，采折几枝花叶，重新组合，凝神品悟，静心把玩——这不能不说是中国古代文人墨客欣赏自然美的一绝！正如宋代文人张道洽《瓶梅》诗云："寒水一瓶春数枝，清香不剪小溪时。横斜竹底无人见，莫与微云淡月知。"明代文人谭元春的《瓶梅》诗则道出了明代文人喜好插花的乐趣与妙处："入瓶过十日，愁落幸开迟。不惜春风发，全无夜雨欺；香来清净里，韵在寂寥时。绝胜山中树，游人或未知。"

插花是一种赏花审美活动，插花者在大自然中选择最中意的花草采折回来，将大自然花木美的最精彩片断在花瓶之中重新组合，插花创作者在组合清新高雅的花姿造型之时，寄托爱花者的情趣，花与人彼此交流，神与物相互感应，审美主体插花创作者在自然花木的造型趣味中畅然遨游，所获得的是与天地相感应、与自然相交融的生命愉悦；因为人类既与大自然里的花草树木同命运共生存，自有其彼此潜在的灵通，能品赏瓶花的一花一枝、一草一叶之美者，自能斟酌自然生命律动中的点点滴滴[2]——这其中的“畅神”乐趣[3]，高濂、张谦德、袁宏道、沈复等明清文人体会到了，我们今人也应该能够体会到。

插花作品举例赏析之一

图1至图4是笔者在学习研读明清文人插花专著时动手练习插作的茶席小瓶花作品。花材很节省，随处可取；花瓶则是从潘家园旧货市场地摊淘到的几个精巧的小花瓶。

这时我体会到了茶席小瓶花的最大优势就是它的随意与精简，选取花材俯仰皆是，大自然中的一两枝花朵就可以构成一件别致的瓶花景观，不必像西式插花那样动辄就要一大堆花材，既不节省又很麻烦！图5则是王国忠老师随手插作的一个东方茶席小瓶花，花材是从楼边绿地里采摘来的喇叭花。

花材易取，关键是如何组合插作，我的体会是根据花材灵活选择花瓶，花材少而精，则花瓶宜取小口瓶器，让简单的花材组合成好像是一丛活生生的天然野花，“必如瓶口中的一丛怒起”（沈复《浮生六记·闲情记趣》），恰如高濂《瓶花三说·瓶花之宜》所言：“但小瓶插花，折枝宜瘦巧，不宜繁杂。宜一种，多者二种，须分高下合插，俨若一枝天生二色方美，或先凑簇像生，即以麻丝根下缚定插之；若彼此各向则不佳矣。”意思是说：“如果用小瓶插花，选择花材易稀疏瘦巧，不宜繁杂。花色以一种为宜，多则两种。如两种合插则须有高下之分，真的像一枝天生二色一样方觉自然美丽。或先将花枝凑聚在一起像天然生长的一样自然，然后用麻绳将花枝根部捆绑在一起，再插入瓶内；如果多枝朝向不同的方向，就显得散乱而不美了。”

这一段文字确实是经验之谈，要想使几种不同的花材组合成好像是一丛活生生的天然花朵，关键在固定住花材，不让多种花枝散乱杂向，使不同的花材有统一的表情。我的体会是：可以用绿铁丝缠绕花材根部，把它们组合固定成一丛花把，再以白木一次性筷子或花梗做楔子将花把固定在花瓶之内，令其在瓶口处“一丛怒起”，做到“起把宜紧，瓶口宜清”（沈复），既自然美观，又不伤花材。对于瓶口较大的花器，则可以采用做撒技法，以木条卡在瓶口并固定花材，图4与图6。

瓶花不在大小，关键在要有情趣！大自然中一些不起眼的野花、小草、花枝，采回家中经过自己的巧妙处理，随意挥洒插作竟也能产生无穷的妙趣。还是高濂《瓶花三说·瓶花之法》说得好：“幽人雅趣，随野草闲花，无不采插几案，以供清玩，但取自家生意，无一定成规，不必拘泥。”意思是说：“幽闲之人怀有高雅的情趣，虽然是野草闲花，也能随意挥洒插作产生无穷的妙趣与魅力，将它们插摆在书房茶席几案之上以供清赏。只要按照个人的喜好与情趣，可以随意采摘插摆，不必拘泥于一定的成规。”由此可见，明清文人插花的用途更多是在以花寄情、以花娱人，借瓶花制作取材广泛、简便易行、机动灵活、贴近生活的优点，既可装点室内环境，又可在与大自然的双向交流中寻求野趣诗意、生命律动的身心愉悦；寄情野草闲花，自得其乐！

图1 图2 图3 图4 图5 图6

插花作品举例赏析之二

图7是笔者在学习研读明清文人插花专著时动手练习插作的又一书房清供。花材也很节省，取自于我制作水仙盆景时剩余的花材，花瓶宜选取小口瓶器，这样在固定花材时只需用绿铁丝缠绕，再以白木一次性筷子做楔子将水仙花把固定在花瓶之内即

可。难度在花与叶的组合要能够体现出“参差不伦，意态天然”（袁宏道《瓶史》）的天趣之美；张谦德的《瓶花谱·折枝》一节也强调：“凡折花须择枝，或上茸下瘦；或左高右低，右高左低……取俯仰高下，疏密斜正，各具意态，全得画家折枝花景象，方有天趣。若直枝蓬头花朵，不入清供。”

在春节寒冬季节，这组瓶花给家中带来了花草的生命律动与清新自然的活力，还有那淡雅的水仙花香，正所谓“聊借一枝，贫士之余芬可挹！”（陈淏子《花镜·养花插瓶法》）

图7

插花作品举例赏析之三

图8是笔者在研习明清文人插花专著时动手练习插作的又一书房插花作品，主花器选用书房的白瓷笔筒，辅花器选用书房主人喝茶的白瓷茶杯，白色花器恰合清高淡雅的书斋文人花的基调。主花材选用朱红色的报岁兰，配两朵袖珍康乃馨的粉红花苞以加点儿亮色，兰花叶子突出国兰画意的线条美感；再搭配上两段枯树曲枝，以点染苍古高雅的气质。辅花材选用三两朵小菊，突出野草闲花之自然雅趣。

图8

图9

笔筒与茶杯里置剑山以固定花材，插作时一定要收紧花材根部，令其在瓶口处“一丛怒起”，达到“起把宜紧，瓶口宜清”（沈复）的东方式插花的花型特征。

图9是笔者东方花道教学课程时插作的一个典型的中国兰花花型，作品按照中国画写意兰花的笔法（图10华海镜绘写意兰花），做到“交凤眼、穿凤眼、添丁报子”，线条清雅简洁，颇具中国兰文化底蕴。

高濂最喜兰花，他在《遵生八笺·起居安乐笺·高子草花三品说》中评价各种草花时，把兰花列为“上乘高品”——“高子曰：上乘高品，若幽兰、建兰、蕙兰、朱兰……以上数种，色态悠闲，丰标雅淡，可堪盆架高斋，日供琴书清赏者也。” 高濂之所以爱兰花，是因为兰花那清闲淡雅的姿态，最适合摆放于书斋琴室供主人清赏。这瓶兰在文人画家的笔下则是畅神高远的几笔大写意，成为最能蕴含大自然生命律动的“幽香兰风远”的“清品图”（图11华海镜绘写意兰花）。

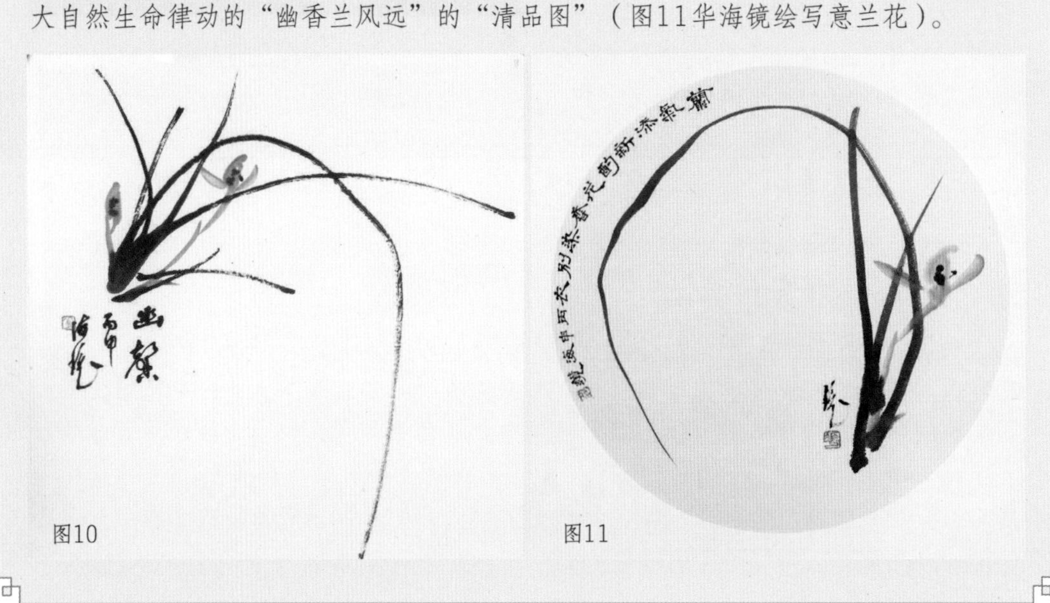

图10　　图11

插花作品举例赏析之四

图12、图13是东方式自由插花的两个插花习作，花材大体相同，但是组合插作的构成思路不同。前者插口分散、线条左右横向伸展；后者插口相对集中，线条向上倾斜伸展。大致相同的花材，组合构成的创作思路不同，于是便出现了两种截然不同的花的表情与趣味。这便是插花的乐趣——在与花对话的创作过程中，不同的作者，会有不同的体会、不同的想法，于是在组合技法上会随意挥洒、变幻无穷，在与花草的双向交流中寻求花趣诗意、生命律动的身心愉悦；寄情花草，自得其乐！

图12 图13

插花作品举例赏析之五

图14是台湾人文花道王国忠大师的一盆钵花，花材极其精炼，选材讲究花木品格，以梅花、山茶组成“主使绝配”，清标雅洁，格外精神！ 图15则是笔者东方花道教学课程时插作的一个典型的中国式篮花，花盟主（人枝）为白色马蹄莲，花使

图14

图15

令（天枝）为银芽柳，花客卿（地枝）有意省略，改以三枝春兰（“座”），朱蕉叶收住根部。整幅作品简洁清雅，生机盎然，纯真无限！袁宏道在《瓶史》里说；“花好在颜色，颜色人可效；花妙在精神，精神人莫造。”随着季节的变化，采撷时令花朵，精心组合，随意挥洒；此时此地、此情此景，静心体会花中纯真的神趣与生机，花神入化、天人合一，个中自有“韵外之致、味外之旨”的生命律动与自然意趣。

参考文献

[1] 黄永川. 中国插花史研究[M[. 杭州：西泠印社出版社，2012.

[2] 陈秀中，王琪. 钟情山水花鸟，感受自然律动——中国古代文人赏梅审美实践活动成功案例的美学分析[J]. 北京林业大学学报，2012(s1)：139−142.

[3] 陈秀中，王琪. 花人同化　畅神乐生[J]. 北京林业大学学报，2010(s2)：118−124.

2. 秉性高卑各自然——明清文人的插花选材观

选材一：择枝取态，四季常新

中国明清文人的插花创作是从室外大自然中选择花枝开始的：“折取花枝，须得家园邻圃，侵晨带露，择其半开者折供，则香色数日不减。若日高露晞折得者，不特香不全，色不鲜，且一两日即萎落矣。”（张濂德《瓶花谱》）意思是说：“折取花枝，要就近取材于自家或邻家园圃，在清晨带露水时，选花朵半开的花枝折下，插花陈设则花香和花色可得数日不减。如若在太阳高照、露水消失时折取花枝，不仅香气不浓，花色不鲜，而且一两天就萎蔫凋谢了。”

直接从大自然中选择花枝花材具有现代花艺从市场购买花材所无法比拟的优势：其一，花材新鲜、保鲜更长久；其二，可以选取花树上姿态最佳的花枝，从而在突出花材自然形态的美感方面掌握更大的主动权；其三，自然生长的花木之美千姿百态、千变万化，插花者在选择花枝时常常能获取创作上的灵感——这是大自然的恩赐，往往能使插花作品充满灵气！其四，可以通过四季花材的奇妙变换来体现大自然春夏秋冬的时令季节之律动与自然季相之美感，并借此来表达插花者对自然与生命的关注和热爱之情。

袁宏道在《瓶史・花目》一节中也说：“余于诸花取其近而易致者，入春为梅、为海棠；夏为牡丹、为芍药、为安石榴；秋为木樨、为莲、为菊；冬为蜡梅。一室之内荀香何粉迭为宾客！”意思是说：“选择花材，我也是就近取容易得到的为主。如春天选梅花、海棠；夏天以牡丹、芍药、石榴为主；秋天以桂花、荷花、菊花为主；冬天以蜡梅为主。这样，一年四季名花异卉在我的居室案头轮流插摆，奉为上宾，展露风姿秀色。”这段话强调的是选取花材要注重大自然季节的变化，把握时令转换的律动。“外师造化，中得心源。”中国古代画论的这句创作格言也同样适用于插花技艺的学习，只有热爱大自然，钟情花木，注重从大自然的四季花木、天成风韵的观察研习之中获取纯真的审美情趣和创作灵感，我们的插花艺术才能永远保持旺盛的艺术生命力！

国内有园林设计者为某个大型山水文化园林设计“二十四番花信风”花道园。所谓花信风，就是指在某种开花时吹过的风候。人们挑选一种花期最准确的花为代表，叫做这一节气中的花信风，意即带来开花音讯的风候。南朝宗懔《荆楚岁时记》中说：凡二十四番花信风，始梅花，终楝花。即指：自小寒至谷雨共八气，一百二十日，每五日为一候，计二十四候，每候应一种花信。二十四番花信风，就是每个月有两个节气，每一个节气，有三个候，每个候为五天。每五天中，有一个花信，也就是每五天有一种花绽蕾开放，即一月二气六候花信风。每一候花信风便是候花开放时期，到了谷雨前后，就百花盛开，万紫千红，四处飘香，春满大地。楝花排在最后，表明楝花开罢，花事已了。

在花道园里，按照二十四番花信风的“花信”，种植各种木本或草本花卉，插花艺术家可以在不同的节气到花道园采摘选择花材。“应时而赏”早已成为中华民族赏花活动中一条公认的准则，北宋欧阳修有诗为证：“浅深红白宜相间，先后仍须次第栽；我欲四时携酒去，莫教一日不花开。”择枝取态，四季常新。选取花材要注重大自然季节的变化，把握时令转换的律动，注重从大自然的四季花木、天成风韵的观察研习之中获取纯真的审美情趣和创作灵感，我们的中华传统花道才能永远保持旺盛的艺术生命力！而“二十四番花信风”花道园正是为我们研习纯正的中华传统花道提供了最佳花材与最佳景观环境。

袁宏道在《瓶史·清赏》一节中也特别强调：“夫赏花有地有时，不得其时，而漫然命客皆为唐突。寒花宜初雪，宜雪霁，宜新月，宜暖房。温花宜晴日，宜轻寒，宜华堂。暑花宜雨后，宜快风，宜佳木荫，宜竹下，宜水阁。凉花宜爽月，宜夕阳，宜空阶，宜苔径，宜古藤巉石边。若不论风日，不择佳地，神气散缓，了不相属，此与妓舍酒馆中花何异哉？”王莲英、秦魁杰主编的《中国古典插花名著名品赏析》评论此段时谈到，制作和欣赏插花作品，必须讲究时间和场合，不得其时，贸然请客人来欣赏是很唐突失礼的做法，也与赏花的高雅情趣格格不入。中国人赏花有独特的审美情趣与相当讲究的时令雅兴，既重视花的静态之美，也重视花材生长兴衰的内在季相动态变化之趣。在中国人心目中，植物萌动的新芽，含苞欲放的花蕾，绽放盛开的花朵，挂枝累累的果实，甚至枯萎凋谢的枯枝与落叶，都是一种生命律动的展现，是大自然生机活力的象征[1]。良辰美景，四季常新，赏心乐事，撩人情思，“应时而赏”可以使我们获得一种花与人彼此交流、神与物相互感应的身心滋补。

插花作品举例赏析之一

图16是笔者在北京市园林学校为韩国梨树插花协会驻中国代表金英爱女士来校而举办的中韩插花交流座谈会上插作的一个中国风格的插花作品，题名为“春回大地，万象更新”。在构思这个作品时，最初的想法就是要表达一个春暖花开的主题，但用什么样的花材、以什么样的插作方式来表达才能体现中国特色的插花风格呢？显然，花卉市场的花材过于一般化，特别是缺乏季节的时令感和生长状态时的风姿感。于是我在校园里走了一圈，专门看看春暖花开时节的花木生长的姿色，更主要的目的是为了寻找灵感。我看到：榆叶梅含苞待放的花枝很漂亮，紫荆花开时的枝条很苍劲，白丁香色调清纯、洁白淡雅，迎春花的绿色垂枝带几朵金黄的小花也很有风致；而给我春意的感觉触动最深的则是西府海棠的粉红色花朵与龙柳曲折多变的枝条及嫩绿的柳叶色调，无怪乎古人要赞叹“梅令人高，兰令人幽，菊令人野，莲令人淡，春海棠令人艳，牡丹令人豪，蕉与竹令人韵，秋海棠令人媚，松令人逸，桐令人清，柳令人感”（清·张潮《幽梦影》）呢！

主花材选定了，下一步就是如何组合插作，由于西府海棠与龙柳都是木本枝条，因此以剑山固定花材最为理想。将一枝粉红色鲜艳欲滴的西府海棠花枝倾斜状插于整幅作品的中心位置，左后方以不等边三角形插三枝黄色玫瑰，借鲜明的对比色反衬海棠花亮丽的粉红色彩，烘托“春海棠令人艳”的特色。再选两枝潇洒遒劲的龙柳枝条从花器的左后方一直甩到右前侧方，突出木本枝条的刚柔相济、动感十足的造型优势，同时让观者体会“柳令人感”的春意，最后选几片芒叶掌握好整个作品的动感平衡，所有花材的根部尽量靠拢于剑山的中心部位，以体现中国传统插花“起把宜紧，瓶口宜清”的插作要求。古色古香的几座左边放花器，右边摆两只木雕小象，借主花材海棠与龙柳扣“春回大地”，借两只木雕象的谐音扣“万象更新”，于是一幅具有中国文化特色和插花传统的应季插花作品便构思插作完成了。

图16

插花作品举例赏析之二

图17是一个瓶花小品《秋思》，陶制的小花瓶里，很随意地插着秋天时令的花材，带着黄叶的紫梨枯枝、几枝小黄菊，花瓶放在有些书卷韵味的黄麻垫布之上，花瓶边点缀着一杈带着柿子的枝条，于是一缕秋天的思绪涌上心头。

图17

插花作品举例赏析之三

图18则是我指导我校学生创作的东方式盘花《关关雎鸠》，创作之时正逢夏秋之交的九月，学校水景园中香蒲、千屈菜、慈姑叶等长得生机蓬勃，通过这应季花材的折取与巧妙组合，再配上两支鹤望兰，我们似乎隐约能够聆听到夏秋之交河心小沙洲上一对雎鸠水鸟的悦耳鸣叫。

图18

选材二：取花如友，韵雅格高

袁宏道在《瓶史》中谈花材选取主要有三节文字，即：花目、品第、使令三节。花目、品第两节重点谈的是“取花如取友”——选取花材一定要以韵雅格高的花材为首选对象；那些品味低下的花材，虽然可以近取，但终不敢滥用；即便手头缺乏名花，宁可插入竹、柏数枝来补缺，也不可让凡花鱼目混珠，混入名花名品之列。袁宏道在此三节文字中谈到的韵雅格高的名花有9种，即：梅、海棠、牡丹、芍药、安石榴、木樨、莲、菊、蜡梅。在“品第”一节，袁宏道还不厌其烦地把这9种韵雅格高的名花中的最佳品种罗列出来，认为可以用作花材上品，可见中国古代文人插花时对于花材品相的重视程度。

原文如下：“梅以重叶绿萼、玉蝶、百叶缃梅为上。海棠以西府、紫绵为上。牡丹以黄楼子、绿蝴蝶、西瓜瓤、大红舞青猊为上。芍药以冠群芳、御衣黄、宝粒成为上。榴花深红、重台为上。莲花碧台、锦边为上。木樨毬子、早黄为上。菊以诸色鹤翎、西施、剪绒为上。蜡梅馨口香为上。诸花皆名品，寒士斋中，理不得悉致，而余独叙此数种者，要以判断群菲，不欲使常闺艳质杂诸奇卉之间耳。夫一字之褒，荣于华衮。今以蕊宫之董狐，定华林之春秋，安得不严且慎哉。”意思是说：梅以‘重瓣绿萼’‘玉蝶’‘百叶缃梅’为上品；海棠以‘西府’‘紫绵’为上品；牡丹以‘黄楼子’‘绿蝴蝶’‘西瓜瓤’‘大红舞青猊’为上品；芍药以‘冠群芳’‘御衣黄’‘宝粒成’为上品；榴花以‘深红’‘重台’为上品；莲花以‘碧台’‘锦边’为上品；桂花以‘毬子’‘早黄’为上品；菊以诸色‘鹤翎’‘西施’‘剪绒’为上品；蜡梅以‘馨口香’为上品。以上都是各花的名品，寒苦文人的书斋里，按理来说不能全部得到，而我单独提出来这数种名花名品的缘故，在于用来作为判断众花品位高下的标准，不想使表面艳丽的一般花卉，鱼目混珠，夹杂于奇花异卉之中而已。譬如一字的褒奖，可以使一般的花卉荣列名卉之中。现在，我以春秋时期晋国优秀史官董狐正直公允的精神，来评定花卉的品第，怎能不严之又严、慎之再慎呢？

张谦德的《瓶花谱》则专列“品花”一节，将当时明朝常用的68种插花花材划分为9个等级，“以九品九命次第之”，这个花材名单，成为当时插花取材配花的基本依据：

一品九命：兰、牡丹、梅、蜡梅、各色细叶菊、水仙、滇茶、瑞香、菖阳；

二品八命：蕙、酴醾、西府海棠、宝珠、茉莉、黄白山茶、岩桂、白菱、松枝、含笑、茶花；

三品七命：芍药、各色千叶桃、莲、丁香、蜀茶、竹；

四品六命：山矾、夜合、赛兰、锦葵、蔷薇、秋海棠、杏、辛夷、各色千叶榴、佛桑、梨；

五品五命：玫瑰、薝蔔、紫薇、金萱、忘忧、豆蔻；

六品四命：玉兰、迎春、芙蓉、素馨、柳芽、茶梅；

七品三命：金雀、踯躅、枸杞、金凤、千叶李、枳壳、杜鹃；

八品二命：千叶戎葵、玉簪、鸡冠、洛阳、林檎、秋葵；

九品一命：剪春罗、剪秋罗、高良姜、石菊、牵牛、木瓜、淡竹叶。

插花作品举例赏析之四

图19

图19是一个典型的东方式瓶花，纯净洁白的白釉瓷瓶，简洁的兰花“于瓶口中一丛怒起”（沈复），展示出了中国文人瓶花插作的最鲜明突出的花形特征。花材选用韵雅格高的兰花，在白釉梅瓶里插出一片纯真。在此作品中，排名一品九命第一位的兰花功不可没、名不虚传！

在袁宏道看来：取花如取友，交友须慎重。“取之虽近，终不敢滥及凡卉。就使乏花，宁贮竹柏数枝以充之。虽无老成人，尚有典刑，岂可使市井庸儿混入贤社，贻皇甫氏充隐之嗤哉。”意思是说：择花取于近而易致，那是限于条件；但是为求花国中的良朋益友，我始终不会降低择花的品相标准；即便是使用竹枝、柏枝来代替，也不可让那些品味低下的凡花鱼目混珠，混入名花名品之列。虽然没有练达世事的长者在场，但还有作为基准的法则存在，怎么可以让品味低下的市井庸儿混进有德有才之士的圈子里，留下像晋代桓玄要让皇甫希之隐退的闹剧，而令后人所耻笑呢？

由此可见，袁宏道对于花材品相的重视程度！在他看来，那些品味低下的凡花俗卉，不过是些市井混混儿、庸脂俗粉，缺乏的是诸如梅花、兰花、莲花、菊花、牡丹、海棠、蜡梅、水仙等“上乘高品”花材的雅韵高格，缺乏的是可以正人衣冠、砺人节气、养人情调、发人意气的高雅风范，又怎能与花中之君子、林中之高士同日而语呢？

特别是在儒家比德思想的熏陶之下，中国古代文人赏花特别重视花格与人格的比照，从自然花木、花中君子的身上汲取自立自强的营养，在比德情趣的激发之下，借插花赏花审美提升积极向上的人格精神、培养人们高尚的道德情操、净化赏花者的心灵，促使心灵趋善，这就叫“以美储善”[2]！

插花作品举例赏析之五

图20

图片20是台湾中华人文花道协会会长王国忠先生在讲授中国传统插花时示范插作的文人兰，其插花构图遵循中国古代画兰“交凤眼”“破凤眼”的秘诀，那清雅脱俗的花格，令我们联想到了坚贞高洁、不染尘俗的君子屈原，有诗为证；“只合《离骚》一卷书，水仙相伴住清虚。诗人眼底花如海，除却寒梅尽不如。”（清·张问陶题兰绝句）在众多花卉之中只有水仙、梅花可以与兰花相匹配，其韵雅格高的君子风范就是诗人笔下的屈原。

张谦德的《瓶花谱》在“品花”一节，把兰花、水仙、梅花、蜡梅、牡丹、各色细叶菊、滇茶、瑞香、菖阳等列为一品九命，是花中君子；袁宏道的《瓶史》则在“花目”一节，提出“取花如取友”的选材原则，他插花常用的花材有9种，即：梅、海棠、牡丹、芍药、安石榴、木樨、莲、菊、蜡梅。必须是韵雅格高的“上乘高品”花材，始终不会降低择花的品相标准；即便是使用竹枝、柏枝来代替，也不可让那些品味低下的凡花俗卉，混入名花名品之列。

参考文献

[1] 王莲英，秦魁杰. 中国古典插花名著名品赏析[M]. 合肥：安徽科学技术出版社，2002.
[2] 陈秀中，王琪. 与花比德　以美储善[J]. 北京林业大学学报，2010(s2)：114-117.

3. 三才搭配，各具意态——中国传统插花最经典的造型形式

袁宏道在《瓶史·使令》中反复用花与人互喻的手法，强调插花时的花材搭配要有主副之分，要根据花材的形、姿、色、韵，协调搭配，巧妙组合：“梅花以迎春、瑞香、山茶为婢。海棠以苹婆、林檎、丁香为婢。牡丹以玫瑰、蔷薇、木香为婢。芍药以罂粟、蜀葵为婢。石榴以紫薇、大红、千叶、木槿为婢。莲花以山矾、玉簪为婢。木樨以芙蓉为婢。菊花以黄白山茶、秋海棠为婢。蜡梅以水仙为婢。”

受袁宏道的影响，同时代的屠本畯在《瓶史月表》中，将一年内12个月重要的插花

花材按品格高下进一步将同一花瓶内所用的花材划分出三种角色：花盟主、花客卿、花使命。花盟主是插花时选材的主角、主花；花客卿则是插花时选材的配角、是辅助主角的次要的宾客；花使命则是插花时选材的陪角，是受主客花材支配的、用于烘托陪衬主花和客花的附属衬材。《瓶史月表》的花材列表见表1。

对于这三个等级的插花材料如何在花瓶里布置，各自占据怎样的位置与比例，屠本畯并没有更细致地分析论述，然而花盟主、花客卿、花使命三类花材角色的划分与列表，已经暗示出了明代插花三主枝角色、主客搭配的理念，这是袁宏道与屠本畯对于中国传统插花艺术所做的巨大贡献！

黄永川先生在《中国插花史研究》一书里是这样评价的："这些花材的组合分盟主、客卿、使命，原理与中药配方法中之'君、臣、佐、使'相同。屠本畯所称的盟主，简称'主'与中药中的'君'相通；客卿简称'客'，与'臣''佐'相通；使命简称'使'，与中药中的'使'相同。盟主象征君主、领袖、权威、稳重；客卿象征佐相、侍臣或内助的妻子，有扶佐主枝成势的责任；使命有'派生'的性格，象征使者、武官、兵士或奴仆。组合的方法时而主客，时而主使，时而主客使，但不插无主之花，其间关系'须分高下合插，俨若一枝天生二色方美，或先凑簇像生，即以麻丝根下缚定插之；若彼此各向则不佳矣'；必须是'上茸下瘦；或左高右低，右高左低……取俯仰高下，疏密斜正，各具意态，全得画家折枝花景象，方有天趣'；'夫花之所谓整齐者，正以参差不伦，意态天然。如子瞻之文，随意断续；青莲之诗，不拘对偶，此真整齐也'。"[1]

也许，插花只是中国古代文人的闲情雅趣，具体的插作方法很少论及，插花三主枝

表1 《瓶史月表》花材列表

月次	花盟主	花客卿	花使命
正月	梅花、宝珠茶	山茶、铁杆海棠	瑞香、报春、木瓜
二月	西府海棠、玉兰、绯桃	绣球花、杏花	宝相花、种田红、木桃、李花、月季花、剪春罗
三月	牡丹、滇茶、兰花、碧桃	川鹃、梨花、木香、紫荆	木笔花、蔷薇、谢豹、丁香、七姊妹、郁李、长春
四月	芍药、薝蔔、夜合	石岩、罂粟、玫瑰	刺牡丹、粉团、龙爪、垂丝海棠、虞美人、楝树花
五月	石榴、番萱、夹竹桃	蜀葵、紫阳花、午时红	川荔枝、栀子花、火石榴、孩儿菊、一丈红、石竹花
六月	莲花、玉簪、茉莉	百合、山丹、山矾、水木樨	锦葵、锦灯笼、长鸡冠、仙人掌、赪桐、凤仙花
七月	紫薇、蕙	秋海棠、重台朱槿	波斯菊、水木香、矮鸡冠、向日葵
八月	丹桂、木樨、芙蓉	宝头鸡冠、杨妃槿	水红花、剪秋萝、秋牡丹、山杏花
九月	菊花、月桂	月桂	老来红、月下红
十月	白宝珠茶、梅	山茶花、甘菊花	野菊、寒菊、芭蕉花
十一月	红梅	杨妃茶	金盏花
十二月	蜡梅、独头兰	茗花、漳茶	枇杷花

角色的长短与角度、位置等始终没有规定一个精确的尺度。在明清文人插花艺术理论的经典著作里，只有高濂《瓶花三说》和张谦德《瓶花谱》的两小段文字谈到了花枝的尺寸问题，只可惜文字过于简略。

高濂《瓶花三说·瓶花之宜》曰："大率插花须要花与瓶称，花高于瓶四五寸则可。假若瓶高二尺、肚大下实者，花出瓶口二尺六七寸，须折斜冗花枝，铺散左右，覆瓶两旁之半则雅；若瓶高瘦，却宜一高一低，双枝或屈曲斜袅，较瓶身少短数寸乃佳。最忌花瘦于瓶，又忌繁杂如缚成把，殊无雅趣。若小瓶插花，花止六七寸方妙；若瓶矮者，花高于瓶二三寸亦可。插花有态，可供清赏。"

这段文字谈到了花枝的几种尺寸问题。

①花材与花瓶的比例尺度要相称得体，一般而论以花枝长度高于花瓶四五寸（13～17厘米）为宜。

②假如花瓶高二尺（约67厘米）且肚大下部敦实者，花枝应高出瓶口二尺六七寸（87～90厘米），这一比例关系稍不同于黄金分割率的比例；因为按照黄金分割率其花器与花材的高度之比应为1：1.5，即花枝应高出瓶口约100厘米。

③如果瓶器瘦高，花枝高度应比花瓶身高稍短数寸，花枝适宜插两枝以一高一低或屈曲斜飘为佳。也就是说，由于花瓶高瘦，花枝高度可酌情缩短，花器与花材的高度之比不再是1：1.5的黄金分割率，而是缩短版的1：1或1：0.9左右的比例了。

④插瓶花最忌讳的是花材的总体体量比花瓶还要瘦小；又忌讳花材过于繁杂，捆绑成把，雅趣全无。

⑤如果用小瓶插花，以花枝高出瓶六七寸（20～23厘米）为妙；如果花瓶较矮，以花枝高出瓶两三寸（7～10厘米）亦可。

⑥总之，花枝与花器的高度之比要视具体情况灵活变化，绝非一个固定的比例尺度模式。插花优美的姿态造型，取决于花枝尺度、比例、角度、高低、曲直的巧妙处理，才可供清赏。

张谦德《瓶花谱·插贮》曰："大率插花须花与瓶称，令花稍高于瓶。假如瓶高一尺，花出瓶口一尺三四寸；瓶高六七寸，花出瓶口八九寸乃佳。忌太高，太高瓶易仆；忌太低，太低雅趣失。"

这小段文字谈到了花枝与花瓶的比例尺度问题。大体而言，插花要花材与花瓶相称得体，使花枝稍高于花瓶。假如瓶高一尺（约33厘米），花枝要高出瓶口一尺三四寸（约44厘米）；瓶高六七寸（约20厘米），花枝要高出瓶口八九寸（约27厘米）乃佳。花材忌太高，太高时花瓶容易倾倒；花材也不可太低，太低会失去雅趣。其花器与花材的高度之比为1：1.3～1.4之间，略低于1：1.5的黄金分割率比例。

经过明清两代的发展，明代插花三主枝角色、主客搭配的理念进一步完善形成了中国传统插花最经典的造型形式——三才式，三才式由天、地、人三主枝构成，三主枝比例关系为7：5：3，可分为直立型、倾斜型、平出型、下垂型四种，通过控制主枝的方向与结构关系进行造型变化。在当代中国传统插花教学体系中，三才式的四种花型均有具体的尺寸、比例及角度的要求，但万变仍不离其宗，三主枝比例关系依然以黄金分割率为基准。详见图21。

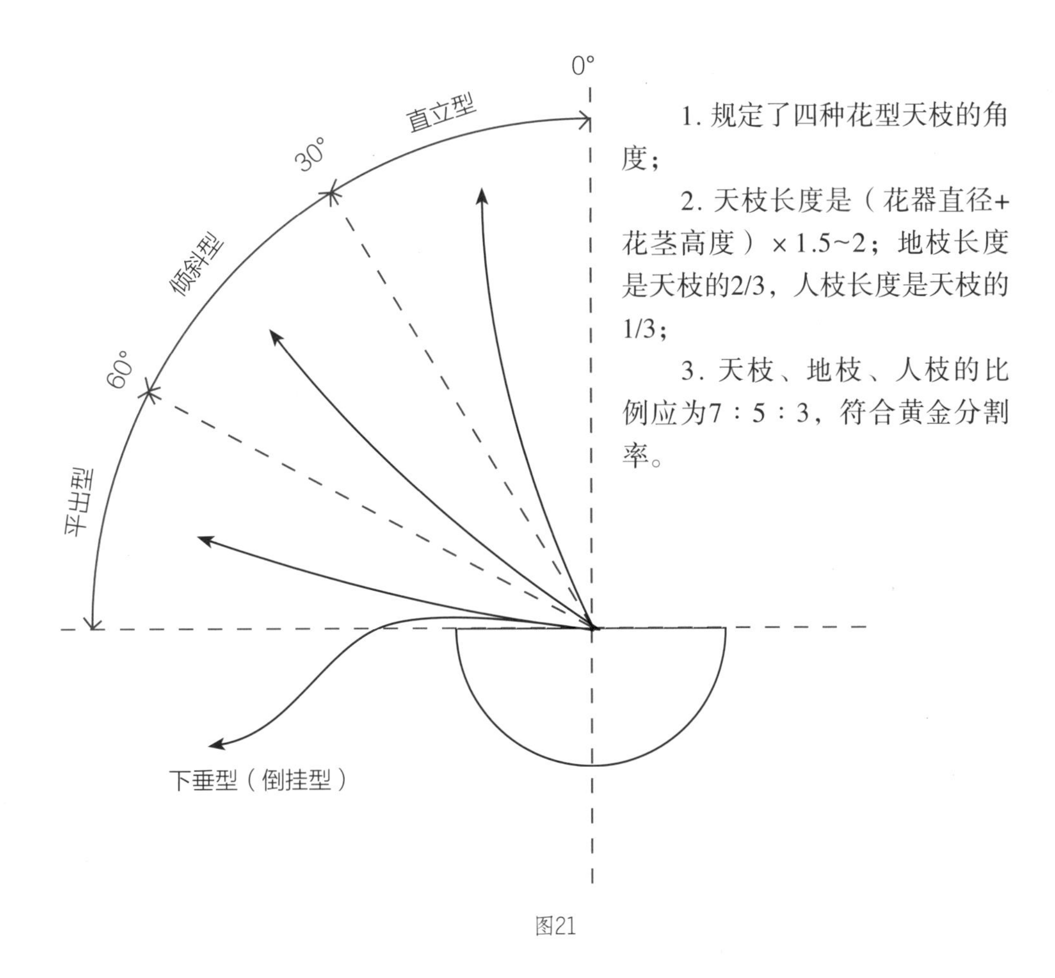
0°
直立型
30°
倾斜型
60°
平出型
下垂型（倒挂型）
1. 规定了四种花型天枝的角度；
2. 天枝长度是（花器直径+花茎高度）×1.5~2；地枝长度是天枝的2/3，人枝长度是天枝的1/3；
3. 天枝、地枝、人枝的比例应为7：5：3，符合黄金分割率。

图21

图22

插花作品举例赏析之一

图22是清代岁朝瓶花清供《百事如意》，瓶花的花盟主是梅花，月季、天竺为客使，插作形式是典型的直立型三才式；花瓶旁边配材百合谐音“百”、柿子谐音“事”、如意谐音“如意”，通过花材的谐音以切合岁朝清供、新春吉祥之主题。

图23 图24 图25 图26 图27 图28

插花作品举例赏析之二

图23与图24是三才式直立型，图25是三才式倾斜型，图26与图27是三才式平出型，图28是三才式下垂型。此组三才式插花作品均为笔者研习东方插花时的课堂习作。

图29 图30

插花作品举例赏析之三

池坊是日本最古老的东方式插花流派，图29是日本池坊的生花作品（逆胜手三种生），生花的基本花型也离不开东方式插花的三主枝原则，只不过名称叫“真、副、体”。真相当于天枝，副相当于地枝，体相当于人枝。真的高度大约是花器高度的2.5～3.5倍，副的高度是真的三分之二，体的高度是真的三分之一。体插在真的稍前方；副插在真的稍后方，副需要表现出向后方的深度，顺着真的弯曲处（腰）向侧后方伸出。

图30是日本池坊生花的二种生（本胜手二种生），真与副是相同的木本花材刺梅，最高的枝条是真，向左后方伸出的枝条是副；真的前方低矮的草本花材小菊则是体。整幅作品线条潇洒大气，色彩明亮醒目，表现出了东方式三主枝插花艺术的妙趣与魅力！

参考文献

[1] 黄永川. 中国插花史研究[M]. 杭州：西泠印社出版社，2012.

4. 意态天然，全得画趣——中国传统插花的审美评价标准 

中国古代园林美学有一个独特的民族审美视角，就是在谈论园林美的创造和品评时常常同时提出两条审美评价标准作为衡量的尺度，即自然美标准——崇尚天趣，和艺术美标准——崇尚画趣；造园、插花、盆景，莫不如此。

正如当代美学家金学智先生所言："计成、曹雪芹曾以'天然图画'来品评园林，而圆明园中也有'天然图画''西山如画'的题名，这都是把园林艺术一端和自然缩结起来，另一端和绘画缩结起来。这种三位一体的观点是中国园林美学的精华之一。它认为园林的艺术创造，一方面需要师法自然，有真为假，另一方面又需要向绘画吸取营养。诚然，绘画本身也需要'外师造化'，才能生气灌注，然而绘画又能通过'中得心源'和对自然的提炼加工，进而能动地超越自然，以假胜真。"

仔细研读明清文人插花专著，我们同样可以发现上述那种三位一体的中国古代园林美学的独特的民族审美视角，也再清晰不过地体现在明清文人的瓶花审美观之中。

张谦德的《瓶花谱·折枝》一节说："凡折花须择枝，或上茸下瘦；或左高右低，右高左低……取俯仰高下，疏密斜正，各具意态，全得画家折枝花景象，方有天趣。若直枝蓬头花朵，不入清供……惜花人亦须识得，若采折劲枝，尚易取巧，独草花最难摘取，非熟玩名人写生画迹，似难脱俗。"意思是说："一般折取花枝必须选择适宜的枝条，或选上部花繁叶茂，下部枝叶疏瘦者；或选左边高耸、右边低下，也可选右边高耸、左边底下者……追求花枝俯仰高下，疏密斜正，各自具有神妙的意趣姿态，完全展现出画家笔下所绘折枝花的形态和韵致，才有天然的意趣。如果是枝干直伸而花朵散乱的枝条，则不适宜选入瓶花花枝以供室内清赏……爱惜花的人也应该知道，采折强劲的枝干，还比较容易取巧，唯独草花最难折取，除非经常赏玩名人折枝花写生画真迹，否则似乎难以超凡脱俗。"显然，张谦德为瓶花选取花枝的审美标准也是这两条——"天趣"和"画意"。他特别提到草花花材的选取和组合难度最大，必须具备较高的绘画修养和经常品赏绘画美的艺术眼光，才能较好地解决这个难题。

袁宏道《瓶史·宜称》一节则鲜明地提出了瓶花审美的"真整齐"观，上文已经分析过袁宏道所说的"真整齐"，是应该打破行列，解脱束缚，不拘对称，随意安排，体现出"参差不伦，意态天然"的天趣之美，同时还体现出"高低疏密如画苑布置"的画趣之妙。显然，三位一体的中国古代园林审美视角又一次出现在袁宏道瓶花审美的"真整齐"观之中，成为瓶花审美的两大评价尺度。（参见本书p52、p53）

图31

插花作品举例赏析之一

图31是笔者插作的一个名为《丁香季》的东方式缸花作品，从作品类型来说属于缸花行型(天枝倾斜)。作品透着一股中国文人插花的东方审美情调，当我们在品评它的艺术特色时，自然而然地就会从三位一体的中国园林审美视角，提出两大审美标准：该作品以自然斜出一枝的丁香，令观者感觉到春天丁香怒放的勃勃生机，不等边三角形构图生动自然、颇具诗情画意！色彩搭配清新高雅，枝条布局疏密得当，充分体现出了中国文人插花追求的“参差不伦，意态天然”的天趣之美和“高低疏密如画苑布置”的画趣之妙。

插花作品举例赏析之二

图32是明代画家陆治所绘的《岁朝清供图》，表现的主题是“花国岁寒三友”梅花、山茶、水仙，水仙为盆栽，其左后方则是一瓶典型的明代瓶花。花材多不过二种、三种，梅花、山茶、枸杞果，花材组合既不过繁亦不太瘦；梅枝左边高耸、右边低垂；山茶居中稍偏左，压住重心；最妙是那衬枝枸杞果的位置，恰合了沈复强调衬枝重要性的几句话：“或绿竹一竿，配以枸杞数粒；几茎细草，伴以荆棘两枝；苟位置得宜，另有世外之趣。”梅花枝条的潇洒、山茶花朵的稳重，再配以枸杞衬枝三两杈，构图自然且入画，总体评价完全符合张谦德的品评标准：“取俯仰高下，疏密斜正，各具意态，全得画家折枝花景象，方有天趣。”

图32

图33

插花作品举例赏析之三

张谦德《瓶花谱·折枝》一节中还说道："花不论草木皆可供瓶中插贮。摘取有二法：取柔枝也，宜手摘；取劲干也，宜剪却。惜花人亦须识得，若采折劲枝，尚易取巧；独草花最难摘取，非熟玩名人写生画迹，似难脱俗。"意思是说：喜爱插花者也应该知道，采折强劲的木本枝干，还比较容易取巧；唯独草花最难折取插作，除非经常赏玩名人折枝花写生画真迹，否则似乎难以超凡脱俗。

笔者在2012年秋季参观杭州植物园举办的浙江省插花精品展时，看到了一盆很成功的以草本花材组合而成的东方写景式插花《荷塘菊色》（图33)，作品以黄紫白三种颜色的草花小菊为主花，配上几根狗尾草，左侧横斜地插上三两枝带红果的灌木枝条，颇有点儿名人折枝花写生画的天趣。仔细琢磨这个作品好在哪里，最后还是要拈出这两条中国文人独特的民族审美视角——意态天然，全得画趣！

插花作品举例赏析之四

图34是笔者执教的东方花道课堂上学员的写景式习作。主株客株组合自然，对比强烈，色彩清雅，造型飘逸，似一幅“参差不伦，意态天然”的秋意水景图。该作品的客株以浮花的形式映衬主株的高扬飘逸，颇具“天然图画”的意趣。

图34

5. 造型风格一：起把宜紧，瓶口宜清

这是清代沈复对于瓶花插作提出的基本造型要求，也是沈复对于中国传统插花艺术所做的巨大贡献！什么叫“起把宜紧”？什么叫“瓶口宜清”？沈复在《浮生六记·闲情记趣》当中写道：“自五七花至三四十花，必于瓶口中一丛怒起，以不散漫、不挤轧、

不靠瓶口为妙，所谓‘起把宜紧’也。或亭亭玉立，或飞舞横斜。花取参差，间以花蕊，以免飞钹耍盘之病。叶取不乱，梗取不强，用针宜藏，针长宁断之，勿令针针露梗，所谓‘瓶口宜清’也。”意思是说：“从五七枝花至三四十枝花，都必须有一丛花从瓶口处竖直向上挺起，以不松散、不互相挤轧、不靠在瓶口上为妙，这就是‘起把宜紧’的意思。或者花枝挺直，亭亭玉立；或者呈飞舞状横斜伸出。插入的花朵要有高有低、参差错落，其间点上几个含苞待放的花蕾，以避免像飞舞大钹、耍弄盘子似的弊病。叶片讲究不散乱，花梗要求不强直。如果用针固定枝条或造型，要将针掩藏起来，针太长宁可剪断，不要针针都显露在枝面上，这就是‘瓶口宜清’的意思。”

“起把宜紧”，我认为这是中国文人瓶花插作的最鲜明突出的花形特征，或者说是主要造型风格：它要求花材各枝条的基部应集中靠拢，从一“点”出发，向上再向外伸展，有如从花瓶中长出一棵活生生的花木，挺拔而立，自然潇洒，生动优雅，即沈复所提倡的“必于瓶口中一丛怒起”，“使观者疑一丛花生于瓶口”方妙！

“瓶口宜清”则是花枝挺拔玉立的艺术效果，花材茎干不靠瓶口，枝叶不覆盖瓶口，瓶口清清爽爽，花枝线条清晰流畅、干干净净，极易产生一种清雅淡疏、潇洒超凡的独特韵味！

这里必须强调，沈复在谈及“起把宜紧，瓶口宜清”的那段文字之前，还有一句话必须引起我们的注意：“瓶口取阔大，不取窄小，阔大者舒展不拘。”此句谈的是对花瓶花器的要求：花瓶的瓶口应该选取阔大者，不要窄小者，瓶口阔大才能使花材“不挤轧、不靠瓶口”，做到“瓶口宜清”；瓶口阔大者才能使花材“舒展不拘”，使“必于瓶口中一丛怒起”的东方式瓶花构图造型风格清晰流畅、潇洒超凡地展现出来！

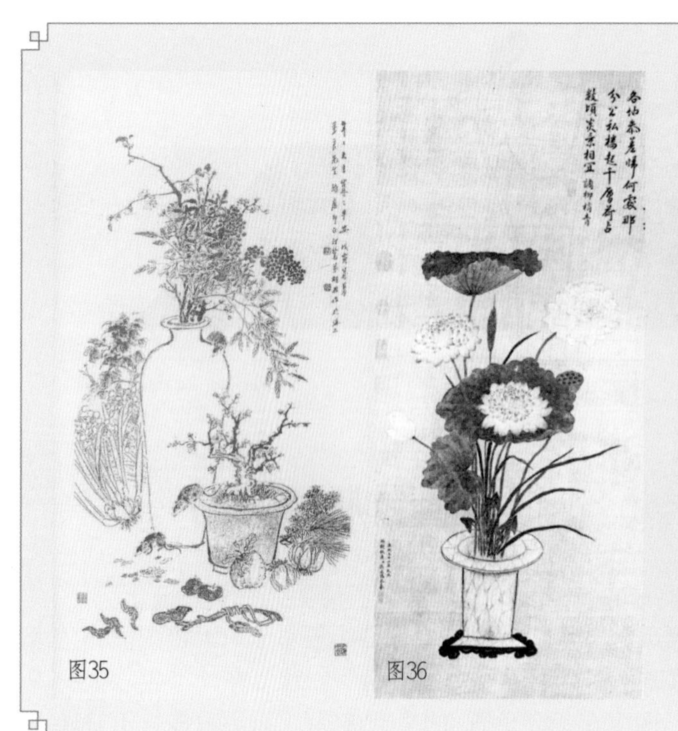
图35　图36

插花作品举例赏析之一

图35是晚清文人胡汀鹭笔下的《岁朝图》，画面前方是一盆梅花盆景，其左后方则是一瓶典型的清代瓶花；图36是清代画家蒋廷锡笔下的《瓶莲》，花瓶选用了“瓶口阔大者”，莲花、香蒲、太蔺、三角芋等花材的插作，依据“起把宜紧，瓶口宜清”的基本要求，取得了中国文人瓶花插作的最鲜明突出的花形特征——“必于瓶口中一丛怒起”，令人有“绿云一片全遮暑，十里荷风阵阵香”的真实美趣。

图37

图38

图39

插花作品举例赏析之二

图37、图38是日本池坊华道的两个“生花”作品。日本池坊的生花也是特别强调“点”的插法，生花的独特之处在于“水际”的处理。水际是指水面到花茎上第一片叶子之间的距离，约10厘米的高度，花材各茎秆插成前后整齐的一列而形成如同一株的花茎。重视“水际”之美，使生花花型格外的亭亭玉立、生机盎然。显然，这种插作技法与中国文人瓶花插作“起把宜紧”的技法要求是出自于同一理念——有如花器中长出一株活生生的花丛，挺拔玉立、自然潇洒！这是东方式插花追求自然美审美理念的集中体现。

图39生花作品所用的花器，则是改进型的花瓶，是日本池坊华道专门设计的练习花器。其特点有二：第一就是“瓶口取阔大”；第二则是距瓶口8厘米左右有一带洞的横隔板，其上放置剑山，水透过横隔板的洞孔流入花瓶的下部，直至水没过剑山，从而解决了花材的固定与保鲜问题。

插花作品举例赏析之三

“起把宜紧，瓶口宜清”，“必于瓶口中一丛怒起”，这是东方式插花追求自然美审美理念的集中体现，也是中国传统插花艺术的主要造型风格。瓶花要遵循这一造型风格。图40是小口花瓶，图41是大口花瓶，图42是碗花倾斜主使插，图43是缸花行型。图40是王国忠老师的佳作，其他三个都是笔者东方花道课程中师生的习作，其共同点都是在追求这一造型风格：要求花材各枝条的基部尽量集中靠拢，从一“点”出发，向上再向外伸展，有如从花瓶中长出一棵活生生的花木，挺拔而立，自然潇洒，生动优雅，即沈复所提倡的“必于瓶口中一丛怒起”，“使观者疑一丛花生于瓶口”方妙！

“起把宜紧，瓶口宜清”，“必于瓶口中一丛怒起”的东方式瓶花构图造型风格，就是我们中国传统插花的民族风格和历史传承，这一优良传统必须发扬光大，永远也不过时！

图40 图41 图42 图43

6. 造型风格二：重视木本，突出线条

插花是一件有生命的艺术作品，这种生命的特性需要花材来表现，故在插花制作过程中，首先要考虑花材，不同种类、不同质感、不同季节的花材，所表现出来的形象、内涵和意境也是不尽相同的。中国古代插花取舍花材，不偏重花色，而兼重枝叶。喜欢使用苍老、屈曲的木本花材，讲究老、瘦、劲、怪、曲、厚、皱的枝条造型；草本花材则喜用清新、娇嫩、明丽、婀娜多姿、半开欲放、花开耐久者为主。木本花材与草本花材讲究老嫩交生、刚柔兼济、曲直对比、明暗互搭。文人花、书斋花侧重姿态、线条与意趣。

明代高濂的《瓶花三说·瓶花之宜》一节说："凡折花须折大枝，或上茸下瘦；或左高右低，右高左低；或两蟠台接，偃亚偏曲；或挺露一干中出，上簇下蕃，铺盖瓶口。令俯仰高下，疏密斜正，各具意态，得画家写生折枝之妙，方有天趣。若直枝蓬头花朵，不入清供。"

又说："冬令插梅，必须龙泉大瓶、象窑敞瓶，厚铜汉壶，高三四尺以上，投以硫磺五六钱。砍大枝梅花插供，方快人意。"

清代陈淏子的《花镜·香炉花瓶》曰："梅采一枝，须择枝柯奇古，若二枝，须高下合宜。亦只可一二种，过多便如酒肆招牌矣。"

明清插花专著均明确提出插花"须折大枝"。清代沈复在《浮生六记》中则明确提出选择修剪木本花材的标准。修剪取舍木本花材是插花最重要的一环，"剪裁之法，必先执在手中，横斜以观其势，反侧以观其态，相定之后，剪去杂枝，以疏瘦古怪为佳。"

插花作品举例赏析之一

图44与图45是明代画家陈洪绶《女仙图轴》，仙女手捧花瓶，瓶中花材为梅花与山茶，一枝梅花"疏瘦古怪、偃亚偏曲"，是典型的苍老、屈曲的大枝木本花材。

图46、图47是台湾中华人文花道协会会长王国忠先生两个瓶花作品，造型古朴简练，所选取的梅花枝条讲究老、瘦、劲、怪、斜，颇具中国瓶花的民族风格！

图44

图45

图46

图47

图48

图49

图50

插花作品举例赏析之二

图48与图49是台湾中华人文花道协会参加西安某插花展览的作品，为了突出木本花材的苍劲、古朴、老到，有意加了老树疙瘩，以强化木本花材与草本花材老嫩交生、刚柔兼济对比效果。图50则是王国忠老师的一个碗花作品，花材极简，一根木本的龙柳枝条，一枝草本的袖珍康乃馨，然而却把苍老、屈曲、古怪的木本花材与清新、娇嫩、明丽的草本花材的绝佳对比效果做到了极致！

插花作品举例赏析之三

图51是笔者插作的一个清新淡雅的东方式倾斜主使插瓶花，花使令选用大枝山楂，突出木本枝条的粗壮以及绿叶、绿果。花盟主则选用明亮醒目的黄百合，再以两枝火龙珠收根，遮挡用来做撒的木棍，并添加一抹对比色，力求在陶色花瓶里插出夏日山楂绿叶绿果的一片纯真！

图51

7. 造型风格三：简洁精练，高雅脱俗

简约是中国文人艺术的重要准则，它有着悠久的思想文化渊源。儒家主张“大乐必易，大礼必简”，力求以最简练的形式发挥最佳的审美效果；道家以“少则得，多则惑”为处世原则，认为“大道至简”，简单之中蕴含复杂；佛家禅宗追求“一花一世界，一叶一菩提”的禅意佛心，禅画大师可以在少到不可再少的大写意折枝画里，以少总多，取一孕万，“拈花微笑，妙悟生命”。中国的书法、写意画、诗词中的绝句小令，往往借洗练的

几笔便能以一当十、出神入化。

中国传统插花以三主枝构成不等边三角形构图，简洁自然，用花量少，用色清雅；明清文人插花更是追求“多多许，不如少少许”的东方写意艺术手法，主张“花宜瘦巧，不取繁杂”，用减法插花。

明代高濂的《瓶花三说·瓶花之宜》一节说：“若书斋插花，瓶宜短小……小瓶插花，折枝宜瘦巧，不宜繁杂。宜一种，多者二种，须分高下合插，俨若一枝天生二色方美。”明代张谦德《瓶花谱·插贮》曰：“瓶中插花，只可一种、二种，稍过多，便冗杂可厌。”

清代陈淏子的《花镜·香炉花瓶》也强调文人插花易简不宜繁：“花宜瘦巧，不取繁杂；每采一枝，须择枝柯奇古，若二枝，须高下合宜。亦只可一二种，过多便如酒肆招牌矣。”

插花作品举例赏析之一

图52是明代禅画大师八大山人的《瓶梅图》，瓶中花材仅一枝“疏瘦古怪、偃亚偏曲”的梅花枝条，是典型的苍老、屈曲的大枝木本花材。瘦骨清风，禅意文韵，最需领悟的是佛家“拈花微笑”的禅趣，构图造景用的是大片留白，枝丫尽简，在少到不可再少的枝叶的前提下，以少总多，取一孕万，创作出最为宁静淡雅、超然物外的《瓶梅图》。

图53则是当代瓶花作品，所选取的梅花枝条仅一枝，讲究老、瘦、劲、怪、斜、曲、奇，是“以少少许胜多多许”的成功范例。

图52　图53

插花作品举例赏析之二

图54是笔者研习人文花道课程时插作的筒花，花材只有三种：龙柳、郁金香、春兰叶，简约而不简单，以倾斜主使插构图，三种花材的融合度很高，“俨若一枝天生”！

图55是笔者在2012年秋季参观杭州植物园举办的浙江省插花精品展时，看到了一盆很成功的以草本花材组合而成的书斋插花，其风格恰合高濂所语“若书斋插花，瓶宜短小；小瓶插花，折枝宜瘦巧，不宜繁杂”。再配以笔架、砚台、毛笔等文房用品，颇具高雅脱俗的文人花风韵。

图54 图55

插花作品举例赏析之三

图56是台湾中华人文花道协会会长王国忠先生一个东方茶席花作品，作品极为简练，垂柳与黄色油菜花，茶席的布置特有文化品味，摆放茶具的铺垫是一幅长卷书法作品，书法出自

图56

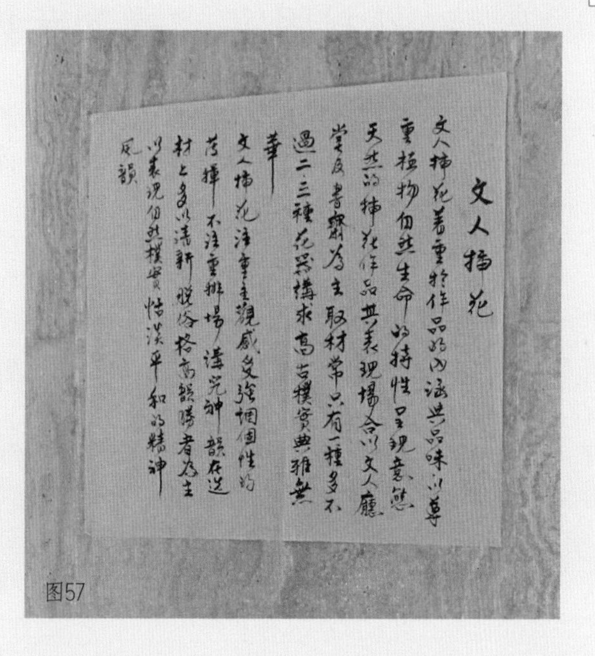

图57

王国忠老师本人；屏风上的挂画也是王老师自创的大写意禅画。整个茶席花的布置风格正是八个字：简洁精练，高雅脱俗！应该属于文人插花的格调，用王国忠老师本人自己写的书法文字（图57）来阐释就是："文人插花着重于作品的内涵与品味，以尊重植物自然生命的特性呈现意态天然的插花作品；其表现场合以文人厅堂及书斋为主。取材常只有一种，多不过两三种，花器讲究高古朴实、典雅无华。文人插花注重主观感受，强调个性的发挥；不注重排场，讲究神韵。在选材上多以清新脱俗、格高韵胜者为主，以表现自然朴实、恬淡平和的精神风韵。"

插花作品举例赏析之四

图58是笔者东方花道课程中学生的碗花习作，其特点就是在追求简洁清瘦、高雅脱俗的文人花风韵。即使是体量较大的缸花，也切不可用花材填满，没有透气的留白空间(图59)，显得过实过死，缺少灵气儿。图60是笔者创作的一个缸花作品《荷塘写意》，作品有意留出留白空间，不做得那么实那么死，尝试以充满灵动的大写意手法表现出夏日荷塘里荷花风吹叶动的精气神，力求在简洁传神的一花一叶的纯真生机中展示大自然生生不息的活力!

图58

图59

图60

 8. 花材固定:“撒”艺技法，独具特色 

中国古代插花的花材固定方法独具特色，不仅简洁方便，而且更具有环保价值。主要有以下几种。

①占景盘。图61是南唐后主在制作插花时发明的一种固定花材的器具，在铜质的盘中烙接铜管，使铜管直立，将花枝插入铜管内，使花枝直立。

②剑山。清代沈复《浮生六记·闲情记趣》中描写道：“若盆、碗、盘、洗，用漂青、松香、榆皮面和油，先熬以稻灰收成胶，以铜片按钉向上，将膏火化粘铜片于盆、碗、盘、洗中，俟冷，将花用铁丝扎把，插于钉上，宜偏斜取势，不可居中，更宜枝疏叶清，不可拥挤；然后加水，用碗沙少许掩铜片，使观者疑丛花生于碗底方妙。”这就是剑山的早期雏形。

清代时，沈复创造发明的固定器具是把铜针钉在一块铜板上，钉尖朝上，用胶将铜片粘在花器底部，把花材插在钉子上，然后加水，掩以净沙，使铜片不外露，宛如花丛由花器底部自然生出。后人又将其改造为剑山，这种剑山，可任意放置在不同的花器中，固定花材。

③瓶胆。古代花瓶用瓶胆，主要是为了防止冬天花瓶被冻裂。瓶胆是用锡制作的，盛水不怕冻裂；同时瓶胆缩小了花瓶瓶口空间，还起到了有利于卡住并固定花材的作用。

④撒。“撒”是清代李渔发明的中国古代插花独有的一种固定花材的手法。在插瓶花时因花材不好固定，因此在瓶口用一根木本枝条卡在瓶口，以便固定花材。分为一字撒、十字撒、井字撒、V字撒、Y字撒、丁字撒等。用撒来固定花材叫“做撒”。

要想取得理想的“起把宜紧，瓶口宜清”的艺术效果，关键在于要能将花材根基部集中于“一点”，并固定住。中国明清文人瓶花的花材固定主要靠做“撒”来实现。李渔在《闲情偶寄·器玩部·炉瓶》一节中写道：“磁瓶用胆，人皆知之，胆中着撒，人则未之行也。插花于瓶，必令中窾，其枝梗有画意者随手插入自然合宜，不则挪移布置之力不可少矣。有一种倔强花枝，不肯听人指使，我欲置左，彼偏向右，我欲使仰，彼偏好垂，须用一物制之。所谓撒也，以坚木为之，大小其形，勿拘一格，其中则或扁或方，或为三角，但须圆形其外，以便合瓶。此物多备数十，以俟相机取用。总之不费一钱，与桌撒一同拾取，弃于彼者复收于此。斯编一出，世间宁复有弃物乎？”意思是说：“瓷瓶安置瓶胆，人人都知道，但在瓶胆中放撒，却没有人做过。把花插到瓶里，一

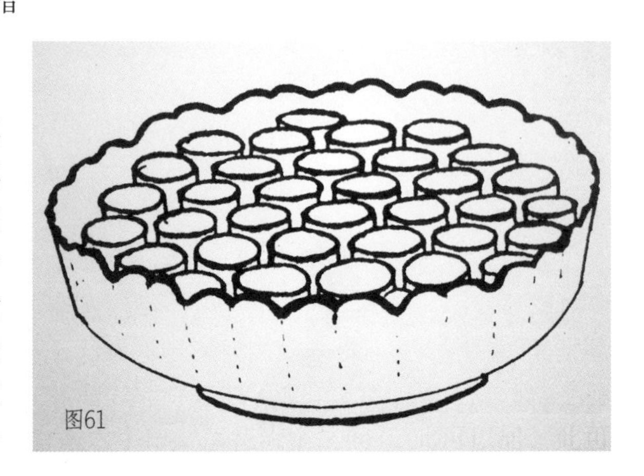
图61

定要叫它合乎章法，那些枝梗有画意的，随手插入，自然合宜，否则挪移布置的功夫就不可少了。有一种倔强花枝，不肯听人摆布，我想让它往左，它偏向右，我想让它仰头朝上，它偏要下垂，必须用一件东西来制服它们才行。所谓‘撒’，就是用坚木制作的小木块，大小形状不拘一格，中间或扁或方，或为三角，但外边必须是圆形的，以便与瓶相合。此物可以多准备几十个，随时选用。总之不费一文钱，与桌撒同时拾取，那边丢弃了这边收进来，废物利用。此书一出，世间哪里还会有废物呢？”

李渔笔下描写的“撒”是一种小木块，其外沿是圆形的，以便与瓶口相合；木块内空则或扁或方或三角，用于夹住花材茎干以固定花材。其大小形状不拘一格。这种“撒”平时应制作几十个以备用，使用时可根据花瓶瓶口直径和花材多少灵活选取。显然，李渔发明的用来固定瓶花花材的“撒”与我们今天在插作瓶花时以木本枝条卡住瓶口固定花材的做“撒”方法，还有所不同。

插花作品举例赏析之一

图62是瓶花十字撒，图63是小篮花Y字撒，图64是盘花做撒，图65是笔者插作的Y字撒小瓶花。图66是笔者插作的一字撒小钵花，其一字撒是将一根较柔软的木本枝条（如红瑞木或龙柳），中间用铁丝捆住，然后劈开一端，利用缝隙卡住花材。图67是盘花做撒的成功作品《水边清趣》，该盘花固定花材不用剑山，全凭木本枝条支撑固定，且造型清雅自然。

图68则是笔者插作的十字撒瓶花作品《清香》，十字撒将瓶口四等分，花材集中卡在四分之一瓶口处，留出气孔，同时保证“起把宜紧，瓶口宜清”及“必于瓶口中一丛怒起”的东方瓶花造型艺术特征。最忌讳的是整个瓶口被花材塞得满满的，形成“大堆头”，毫无“留白空间”可言。

图62

图63
图64
图65
图66
图67
图68

9. 花材处理：理枝整枝，巧夺天工

明清文人插花的理枝整枝技术也是宝贵的东方花道文化遗产，可以指导中国现代插花艺术的发展，起到参考借鉴的作用。

明清文人插花的理枝技术

理枝就是修剪，中国传统插花重视木本花材，其修剪取舍是插花最重要的一环。清代沈复在《浮生六记》中论述；“剪裁之法，必先执在手中，横斜以观其势，反侧以观其态，相定之后，剪去杂枝，以疏瘦古怪为佳。再思其梗如何入瓶，或折或曲，插入瓶口，方免背叶侧花之患。若一枝到手，先拘其梗之直者插瓶中，势必枝乱梗强，花侧叶背，既难取态，更无韵致矣。”沈复在这里重点强调了理枝修剪的方法。首先，必须把花枝拿在手中，横着看，斜着看，弄清枝条的走势；再从两个侧面和后面观察，选定它的最佳姿态；然后，把多余的杂枝剪掉，以疏朗、清瘦、古朴、怪异为好。再琢磨怎样把花枝插入瓶中，或者把它弯折，或者使之拱曲，这样才能防止叶片背面朝外、花朵侧向开放的毛病。如果一枝到手，不仔细加以观察、审视，就盲目地把直硬的花枝插于瓶中，势必造成主要枝条过于生硬、丛枝散乱、花朵侧向开放、叶背向外的弊病，不仅难取得优美的姿态，更无诱人的韵致了。欲令自然的花材美态生动地表现出来、合乎自己的构思，必须善于理枝修剪，理枝修剪时应注意几点。

①辨别阴阳面。植物具有趋光性，叶子的正面（阳面）都是向阳的，叶面朝上，亭亭玉立，精神抖擞。修剪之前，要认真仔细观察花枝，区分叶子的正反朝向，花枝向阳生长者为阳面，即正面；背阳一面为阴面，即反面。取阳面和姿态走势最佳的面及部位为主视面。以主视面为中心进行修剪，确定主视面最佳的枝条朝向和部位，然后取舍其他枝条。

②确定主线条。反复观察枝条走势，顺应枝条的天然之势。具有天然风韵的枝条，尤其在东方插花中，其自然的弯曲、古怪的线条、奇特的姿容，是构图优美成功的主要因素。所有要尽量保留这些枝条天然之势的主线条，不要轻易破坏。其他次要的枝条大胆剪掉，包括平行枝、对称枝、交叉枝、病虫害枝等，这就叫“分清主次”。

③叶子的修剪。叶子也要适当疏剪，做到疏密得当、虚实有致。

④切口处理。修剪后暴露的大的切口，应在切口处涂抹苔藓或树叶的碎汁，以掩盖剪口的痕迹。

明清文人插花的整枝技术

自然生长的木本枝条往往不尽如人意，为了表现曲线美，使之富于新奇变化，往往

需要做些人工处理，这就要求插花者用精细的整枝弯曲技巧来弥补枝条的先天不足。清代沈复在《浮生六记》中就提出了一种整枝弯曲木本枝条的技巧："折梗打曲之法，锯其梗之半而嵌以砖石，则直者曲矣。"

这是用于较粗树干枝条的整枝弯曲技巧；把要弯曲的部位用锯子锯一个缺口，深度为枝条的一半左右，嵌入砖石或木楔子，强制其弯曲。现代插花则在锯子所锯缺口部位，缠上铁丝，包上胶带，利用铁丝拉力拿弯枝条。

明清文人插花的草虫技法

沈复《浮生六记·闲情记趣》中介绍了他在插花时创造出的一种草虫技法；"余闲居，案头瓶花不绝。芸曰：'子之插花能备风晴雨露，可谓精妙入神。而画中有草虫一法，盍仿而效之。'余曰：'虫踯躅不受制，焉能仿效？'芸曰：'有一法，恐作俑罪过耳。'余曰：'试言之。'曰：'虫死色不变。觅螳螂、蝉、蝶之属，以针刺死，用细丝扣虫项系花草间，整其足，或抱梗，或踏叶，宛然如生，不亦善乎？'余喜，如其法行之，见者无不称绝。"借鉴中国画的草虫画法，巧用草虫技法，点染东方插花艺术的活泼生机，增添其自然亲切感，使"见者无不称绝"！现代中国插花中也可继承此法，不妨大胆尝试探索一番。

10. 爱好志趣：爱花成癖，执著追求

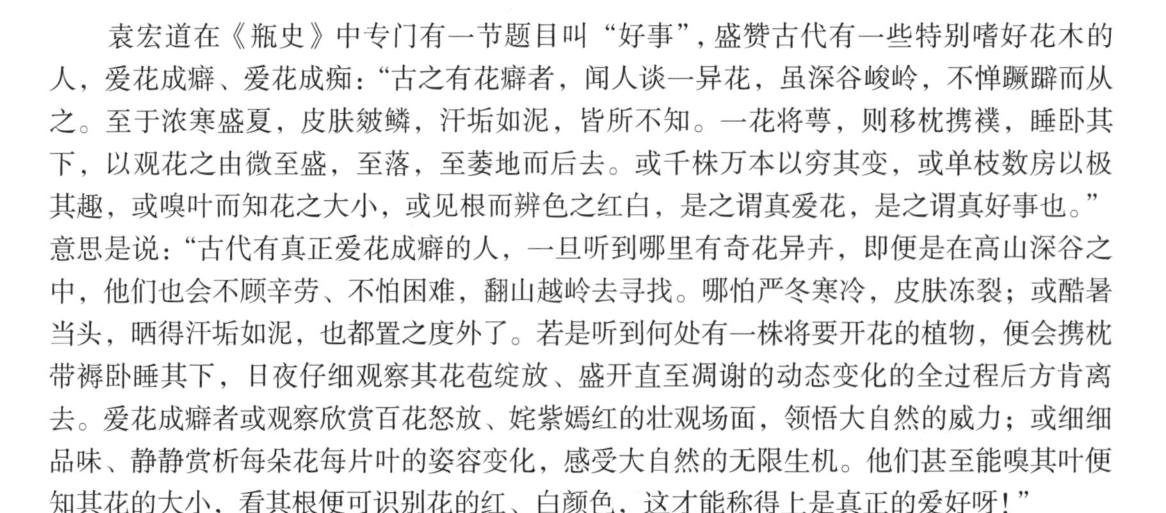

袁宏道在《瓶史》中专门有一节题目叫"好事"，盛赞古代有一些特别嗜好花木的人，爱花成癖、爱花成痴："古之有花癖者，闻人谈一异花，虽深谷峻岭，不惮蹶躃而从之。至于浓寒盛夏，皮肤皴鳞，汗垢如泥，皆所不知。一花将萼，则移枕携襆，睡卧其下，以观花之由微至盛，至落，至萎地而后去。或千株万本以穷其变，或单枝数房以极其趣，或嗅叶而知花之大小，或见根而辨色之红白，是之谓真爱花，是之谓真好事也。"意思是说："古代有真正爱花成癖的人，一旦听到哪里有奇花异卉，即便是在高山深谷之中，他们也会不顾辛劳、不怕困难，翻山越岭去寻找。哪怕严冬寒冷，皮肤冻裂；或酷暑当头，晒得汗垢如泥，也都置之度外了。若是听到何处有一株将要开花的植物，便会携枕带褥卧睡其下，日夜仔细观察其花苞绽放、盛开直至凋谢的动态变化的全过程后方肯离去。爱花成癖者或观察欣赏百花怒放、姹紫嫣红的壮观场面，领悟大自然的威力；或细细品味、静静赏析每朵花每片叶的姿容变化，感受大自然的无限生机。他们甚至能嗅其叶便知其花的大小，看其根便可识别花的红、白颜色，这才能称得上是真正的爱好呀！"

袁宏道以花癖者、花痴者为例，意在说明一个人要做成一件事，小到锻铁、品茶、赏石、养马等等，也须癖好成痴者，方能够有所成就。袁公说："嵇康之锻也，武子之马也，陆羽之茶也，米颠之石也，倪云林之洁也，皆以癖而寄其磊块隽逸之气者也。”意思是说：“三国魏人嵇康擅长锻造之术；晋人王武子深好马术，识马性；唐朝陆羽嗜好品茶，著有《茶经》；北宋书法家米芾酷爱奇石，好石成痴；元朝画家倪云林性洁成癖，人品高尚。这些高人雅士都是极专一事，爱好成性，成为‘癖’者、‘痴’者，并且这种爱好都成了他们的精神食粮和乐趣，也是他们磊落坦荡、隽逸超凡的人格气质的寄托。”

袁宏道借古人好事成“癖”者的成功事例，特别是借“花癖者”的执著痴迷的追求精神，言外之意是在阐明学习东方插花之道应持的态度和学风——只有热爱大自然，注重观察研习大自然四季花木的天性风韵、生长习性，加深对花态、花性、花文化、各种插花技艺、造型技法、风格流派等等的深入钻研和细心领悟，不怕吃苦、不怕受累、不怕失败、不怕打击、持之以恒、全身心投入，才能真正成为东方插花艺术的“癖好”者、“痴迷”者。古代袁公之辈对大自然的热爱，对插花艺术的执著追求和钻研精神，是我们今人在创立中国特色的东方插花艺术体系时首先应该学习和坚持的。正如舒迎澜先生在《古之<瓶史>与今日插花》一文中所指出的：“有花癖者，确实可敬可颂！古今均有这样一批人，正因为他们的不辞辛苦和富于执着的钻研精神，才促使我国的花卉业得以繁荣昌盛。”[1]为了振兴中国现代插花艺术的民族风格和审美个性，我们需要一批这样的东方插花艺术的“癖好者”“痴迷者”！

我们必须以袁宏道、屠本畯、李渔、高濂、张谦德、沈复、陈淏子等明清文人为榜样，心甘情愿做东方插花艺术的“癖好者”“痴迷者”！静下心来，深入研习，吃深吃透明清文人插花艺术理论专著中的可取营养价值，脚踏实地，扎根沃土，为创造中国特色的东方插花艺术体系大胆探索、再铸辉煌！

参考文献

[1] 舒迎澜. 古之《瓶史》与今日插花[J]. 园林, 2002(7)：6-7.

盆景：中国盆景艺术的民族特色初探

陈秀中

本节讲盆景有两个角度，一是把老祖宗遗留下来的不多的几篇中国古代盆景艺术理论专论的审美思想精髓和可取营养价值吃深吃透，搞清楚中国古代盆景艺术理论遗产的思想精华和代表性古典名篇究竟说了些什么、做了些什么；二是从当代苏州一位成功的盆景艺术家创造砚式树石盆景的大胆探索与变异创新的考察中，探讨中国盆景艺术应该如何走向长盛不衰的民族复兴之路，走好中国山水盆景的继承、发展与创新之路，打造出一张独具中国特色的盆景名牌、山水名片！

1. 从明清中国盆景专论看中国古代盆景的民族风格

明清时期，中国盆景艺术发展走向成熟，不仅盆景市场繁荣，而且各类盆景标新立异，特色突出；当时的一些著名文人根据其自身的实践经验，著书立说，并展开盆景艺术理论上的争鸣与探讨，不同的艺术风格、艺术流派争奇斗妍、交相辉映。成熟期的突出标志就是出现了一系列盆景专论，如明·高濂《遵生八笺·起居安乐笺·高子盆景说》（1591）、明·屠隆《考槃余事·盆玩笺·盆花》（1606）、明·吕初泰《盆景二篇》（载明代王象晋《二如亭群芳谱》）（1621）、明·文震亨《长物志·花木·盆玩》（1630）、清·陈淏子《花镜·种盆取景法》（1688）、清·沈复《浮生六记·闲情记趣》（1798）、清·苏灵《盆玩偶录》（1808），等等。

正如笔者在插花篇曾经谈过的，在今人大张旗鼓地发展中国特色的盆景艺术体系之时，我们首先应该把老祖宗遗留下来的不多的这几篇中国古代盆景艺术理论专论的审美思想精髓和可取营养价值吃深吃透，搞清楚中国古代盆景艺术理论遗产的思想精华和代表性古典名篇究竟说了些什么、做了些什么，并以此为出发点和支撑点，“古为今用、洋为中用”，我们才真正能在创造中国特色的现代盆景艺术体系时找到自己强烈的、鲜明的民族个性风格与民族文化底蕴。

“盆景以几案可置者为佳”

高濂、屠隆、吕初泰在自己的盆景专论篇中，均把此句列于篇首：“盆景以几案可置者为佳，其次则列之庭榭。”也就是说盆景以摆饰于书斋几案之上的中小型盆景为最佳！而摆放在庭园中的大型盆景则为次一等。

陈淏子在《花镜·种盆取景法》的开篇也强调：“山林原墅，地旷风疏，任意栽培，自生佳景。至若城市狭隘之所，安能比户皆园。高人韵士，惟多种盆花小景，庶几免俗。”吕初泰《盆景》其一曰：“盆景清芬，庭中雅趣；根盘节错，不妨小试。见奇弱态纤姿，正合隘区效用。”这是说盆景作为中国古代生态艺术之国粹，其最大优势就是摆饰于书斋几案之上，以中小型盆景为最佳！正因为盆景体量小，所以最适合摆饰于空间狭隘的城市住宅书房之中。“小隐隐于野，大隐隐于市。”虽身处闹市，却能独得一方天然清幽，心灵能在此盎然生机中栖息，亲近自然，当然非盆景莫属也！

由于盆景小巧，容易搬动，适宜布置于厅堂室内，特别是书之中房，一盆生机盎然的树桩盆景配以文房四宝、书籍字画、红木几架，真是文雅极致、古雅悠长！

有联为证：取林泉来堂上，携天地入壶中。

图 1　文房清供 文人树《双龙入海》

图2　文房清供　文人树《势若游龙》

图3　文房清供　松树《马远之欹斜诘曲》

图4、图5　杭州花圃里的松树盆景

“古雅入画”

有意思的是明代的五篇盆景专论，只有吕初泰《盆景·其一》是作者自己对于盆景艺术的体会与赞美；其他三篇似乎都是在抄录高濂《遵生八笺·起居安乐笺·高子盆景说》的基础上，又有自己的修改与见解，因为《高子盆景说》（1591）成文最早；而文震亨《长物志·花木·盆玩》（1630）成文最晚，且改动最多，改动最大的有两处：一是认为“盆玩，时尚以列几案间者为第一，列庭榭中者次之，余持论则反是”；二是把“几上三友”的天目松、石梅、水竹，做了修改，将“石梅”换成了“古梅”。

明代的四篇盆景专论均认为最美的盆景是“最古雅者”：“最古雅者如天目之松，最高可盈尺，本大如臂，针毛短簇，结为马远之欹斜诘曲，郭熙之露顶攫拿，刘松年之偃亚层叠，盛子昭之拖拖轩翥等状。栽以佳器，槎牙可观。更有一枝两三梗者，或栽三五窠结为山林排匝，高下参差；更以透漏窈窕奇古石笋，安插得体，置诸庭存对独本者，若坐冈陵之巅，令人六月忘暑。又如闽中石梅，乃天生奇质，从石本发枝，且自露其根，樛曲古拙，偃仰有态，含花吐叶，历世不败。苍藓鳞皴，封满花身，苔须垂或长数寸，风扬缘丝，飘飘可玩。烟横月瘦，恍然梦醒罗浮。又如水竹，亦产闽中，高五六寸许，极则盈尺。细叶老干，萧疏可人。盆植数竿，便生渭川之想。此三友者，盆几之高品也。”（明·屠隆《考槃余事·盆玩笺·盆花》）

从上述文字分析，盆景“最古雅者”应具备：第一，根干须盘根错节，樛曲古拙；第二，枝叶要偃亚层叠，偃仰有态；第三，其古雅之态颇具宋元名画家笔下的松树之神韵。古奇拙雅、生机无限，既有盆景家神奇的艺术创造力，又充满了大自然顽强生命力的律动（图4、图5）。

“真国初物，清素逼人”

明清文人特别看重盆景植物自身的本色美，高濂就特别珍视来自大自然的“天生怪树”：“但木本奇古，出自生成为难得耳。又如深山之中，天生怪树，种落崖窦年深，木本虽大，树则婆娑，曾见数本，名不可识，似更难得。”

明清文人非常喜欢菖蒲盆景，其原因也在于菖蒲草那种“真国初物，清素逼人”的天生丽质：“看蒲之法，妙在勿令见泥与肥为上，勿浇井水，使叶上有白星，坏苗。不令日曝，勿冒霜雪，勿见醉人油手，数事为最。种之昆石，水浮石中，欲其苗之苍翠蕃衍，非岁月不可。往见友人家有蒲石一圆，盛以水底，其大盈尺，俨若青璧。其背乃先时拳石种蒲，日就生意，根窠蟠结，密若罗织，石竟不露，又无延蔓，真国初物也。”（明·高濂《遵生八笺·起居安乐笺·高子盆景说》）

因此，能入高品的盆景必须具备这种“清标雅质”，再配以古盆、奇石、红木几座，俨然隐人君子，清素逼人：“至若蒲草一具，夜则可收灯烟，朝取垂露润眼，诚仙灵瑞品，斋中所不可废者。须用奇古崑石，白定方窑，水底下置五色小石子数十。红白交错，青碧相间，时汲清泉养之，日则见天，夜则见露，不特充玩，亦可辟邪。他如春之芳兰，夏之夜合，秋之黄蜜矮菊，冬之短叶水仙、美人蕉，佑以灵芝盛诸古盆，傍立小巧奇石一块，架以朱几，清标雅质，疏朗不繁，玉立亭亭，俨然隐人君子，清素逼人。相对啜天池茗，吟本色诗，大快人间障眼。”（明·屠隆《考槃余事·盆玩笺·盆花》）

“神能趋入其中”

中国人在花木的观赏活动中，有着别具一格的感悟方式，我们在传统上把握世界的习惯方法往往采用心灵直觉体验外物的方法，这种直觉体悟自然花木的形象思维方式，我们可以在清代文人沈复的《浮生六记·闲情记趣》又一次见到：

“余忆童稚时，能张目对日，明察秋毫。见藐小微物，必细察其纹理，故时有物外之趣。夏蚊成雷，私拟作群鹤舞空，心之所向，则或千或百果然鹤也。昂首观之，项为之强。又留蚊于素帐中，徐喷以烟，使其冲烟飞鸣，作青云白鹤观，果如鹤唳云端，怡然称快。于土墙凹凸处、花台小草丛杂处，常蹲其身，使与台齐，定神细视，以丛草为林，以虫蚁为兽，以土砾凸者为丘，凹者为壑，神游其中，怡然自得。”能把蚊虫想象成群鹤舞空，能把花台草丛想象成山林云壑，并且“神游其中，怡然自得”。

长大成人，爱花成癖，在堆叠山水盆景时，沈复仍不忘小中见大、神游自然：“用宜兴窑长方盆叠起一峰：偏于左而凸于右，背作横方纹，如云林石法，廛岩凹凸，若临江石砚状；虚一角，用河泥种千瓣白萍；石上植茑萝，俗呼云松。经营数日乃成。至深秋，茑萝蔓延满山，如藤萝之悬石壁，花开正红色，白萍亦透水大放，红白相间。神游其中，如登蓬岛。置之檐下与芸品题：此处宜设水阁，此处宜立茅亭，此处宜凿六字曰‘落花流水之间’，此可以居，此可以钓，此可以眺。胸中丘壑，若将移居者然。”

清代花痴陈淏子记载当时流行的一种水旱盆景，其创作思路也是这种直觉体悟自然山水花木的形象思维方式：“近日吴下出一种，仿云林山树画意，用长大白石盆，或紫砂宜兴盆，将最小柏桧或枫榆，六月雪或虎刺、黄杨、梅桩等，择取十余株，细视其体态，参差高下，倚山靠石而栽之。或用昆山白石，或用广东英石，随意叠成山林佳境。置数盆于高轩书室之前，诚雅人清供也。”（清·陈淏子《花镜·种盆取景法》）

图6　岭南盆景大师展的黑松盆景《悠然自得意》

图7　安徽鲍家花园里的柏树盆景《千磨万击还坚韧》

有词为证：“三尺宣州白狭盆，吴人偏不把，种兰荪，钗松拳石叠成村；茶烟里，浑是冷云昏。丘壑望中存，依然溪曲折，护柴门，秋霖长为洗苔痕；丹青叟，见也定销魂。”（清·龚翔麟《小重山》）

清代文人沈复在《浮生六记·闲情记趣》里有一段话非常重要，这是强调盆景艺术家在进行盆景创作时必须注入神韵：“点缀盆中花石，小景可以入画，大景可以入神。一瓯清茗，神能趋入其中，方可供幽斋之玩。”这就好比我们品赏一杯清茗，只有高雅的茶叶融入进清水之中，我们喝水才可品出清茗的醇香；盆景艺术家在进行盆景创作时也必须善于将诗情画意、立意神韵融入进花石景致里，这才可以确保盆景“幽趣无穷”，方可供幽斋赏玩。

有了这种“神能趋入其中”的保障，我们就能创造性地制作出各种“幽趣无穷”的盆景高品：“种水仙无灵璧石，余尝以炭之有石意者代之。黄芽菜心其白如玉，取大小五七枝，用沙土植长方盘内，以炭代石，黑白分明，颇有意思。以此类推，幽趣无穷，难以枚举。如石葛蒲结子，用冷米汤同嚼喷炭上，置阴湿地，能长细菖蒲，随意移养盆碗中，茸茸可爱。以老蓬子磨薄两头，入蛋壳使鸡翼之，俟雏成取出，用久中燕巢泥加天门冬十分之二，捣烂拌匀，植于小器中，灌以河水，晒以朝阳，花发大如酒杯，叶缩如碗口，亭亭可爱。”

这里，我们再反复体会一下清代文人沈复所强调的“神能趋入其中”的“神”，我认为“神”就是盆景艺术家在进入盆景艺术创作时应该具有的一种构思立意的感悟方式——一种直觉体悟自然花木的形象思维方式，或者说就是盆景艺术家在进行盆景创作时必须善于将诗情画意、立意神韵融入进花石景致里的那种艺术感悟方式。就是我们谈艺术创作时常说的“意在笔先，意高则高，意深则深，意古则古，庸则庸，俗则俗矣”。只有具备了这种“神”，我们盆景艺术的“形”才能够活起来、跳出来，达到“神形兼备”“心与象通”“意与境谐”的最佳创作状态（图6～图9）。

图8 苏州万景山庄的树石盆景《山峦叠翠》

图9 罗维佳卵石山水盆景《南海渔歌》

小结

盆景是我国园林艺术中的一颗璀璨的明珠，是我国传统文化国粹之一种；随着我国国力的迅猛提高，国人对园林艺术的要求越来越高，对盆景艺术的需求也在不断增长。盆景艺术已经成为一门极具市场发展前景的高雅艺术，得到越来越多的城市居民的青睐！

综合以上对于明清中国盆景专论的分析，我们可以看到明清文人眼中盆景艺术的主要特色或曰鲜明的民族个性风格至少具有以下几点：小巧易搬，书斋摆饰；古奇拙雅、自然入画；生机蓬勃、神形兼备。这是我们透过对于明清中国盆景专论的深入分析研究找到的一个正宗的、可以信赖的历史坐标系和古典参照系。我们应该以此为出发点和支撑点，"古为今用"，推陈出新，为新时代的中国盆景艺术健康生长、繁荣发展，做出自己不懈的探索与追求！

附录

明清中国盆景专论选辑

【明】高濂《遵生八笺·起居安乐笺·高子盆景说》

高子曰：盆景之尚，天下有五地最盛；南都，苏、淞二郡，浙之杭城，福之浦城，人多爱之。论值以钱万计，则其好可知。但盆景以几桌可置者为佳，其大者列之庭榭中物，姑置勿论。如最古雅者，品以天目松为第一，惟杭城有之。高可盈尺，其本如臂，针毛短簇，结为马远之欹斜诘曲，郭熙之露顶攫拿，刘松年之偃亚层叠，盛子昭之拖掩轩翥等状。栽以佳器，槎牙可观。他树蟠结，无出此制。

更有松本一根二梗三梗者，或栽三五窠，结为山林排匝，高下参差，更多幽趣。林下安置透漏窈窕昆石、英石、燕石、蜡石、灵璧石、将药石、石笋，安放得体。可对独本者，若坐岗陵之巅，与孤松盘桓；其双本者，似入松林深处，令人六月忘暑。除此五地，所产多同，惟福之种类更众。若石梅一种，乃天生形质，如石燕石蟹之类，石本发枝，含花吐叶，历世不败，中有美者，奇怪莫状。此可与杭之天目松为匹，更以福之水竹副之，可充几上三友。水竹高五六寸许，极则盈尺，细叶老干，萧疏可人。盆上数竿，便生渭川之想。此三友者，亦盆景中之高品也。

次则枸杞之态多古，雪中红子扶疏，时有雪压珊瑚之号，本大如拳不露做手。又如桧柏耐苦，且易蟠结，亦有老本苍柯，针叶青郁，束缚尽解，不让他本，自多山林风致。他如虎茨，余见一百兵家有二盆，本状笛管，其叶十数重叠，每盆约有一二十株为林，此真元人物也。后为俗人所败。又见僧家元盆，奇古作状，宝玩令人忘餐，竟败豪右。美人蕉盈尺上盆，蕉旁立石，非他树可比。此须择异常之石，方惬心赏。他如榆椿、山冬青、山黄杨、雀梅、杨婆奶、六月雪、贴梗海棠、樱桃、西河柳、寸金罗汉松、娑罗松、剔牙松、细叶黄杨、玉蝶梅、红梅、绿萼梅、瑞香桃、绛桃、紫薇、结香、川鹃、李杏、银杏、江西细竹、素馨；小金橘、牛奶橘，冬时累累朱实，至春不凋。小茶梅、海桐、璎珞柏、树海棠、老本黄杨，以上皆可上盆。但木本奇古，出自生成为难得耳。又如深山之中，天生怪树，种落崖窦年深，木本虽大，树则婆娑，曾见数本，名不可识，似更难得。

又如菖蒲之种有六：金钱、牛顶、台蒲、剑脊、虎须、香苗。看蒲之法，妙在勿令见泥与肥为上，勿浇井水，使叶上有白星，坏苗。不令日曝，勿冒霜雪，勿见醉人油手，数事为最。种之昆石、水浮石中，欲其苗之苍翠蕃衍，非岁月不可。往见友人家有蒲石一圆，盛以水底，其大盈尺，俨若青璧。其背乃先时拳石种蒲，日就生意，根窠蟠结，密若罗织，石竟不露，又无延蔓，真国初物也。后为腥手摩弄，缺其一面，令人怅然。

大率蒲草易看，盆古为难。若定之五色划花，白定绣花、划花，方圆盆以云板脚为美，更有八角圆盆，六角环盆，定样最多，奈无长盆。官窑哥窑圆者居多，绦环者亦有，方则不多见矣。如青东磁，均州窑，圆者居多，长盆亦少。方盆菱花葵花制佳，惟可种蒲。先年蒋石匠凿青紫石盆，有扁长者，有四方者，有长方四入角者，其凿法精妙，允为一代高手。传流亦少，人多不知。又若广中白石紫石方盆，其制不一，雅称养石种蒲，单以应石置之，殊少风致。亦有可种树者。又如旧龙泉官窑三二尺大盆，有底冲全者，种蒲可爱。若我朝景陵茂陵，所制青花白地官窑方圆盆底，质细青翠，又为殿中名笔图画，非窑匠描写，曾见二盆上芦雁，不下绢素。但盆惟种蒲者多，种树者少也。惟定有盈尺方盆，青东磁间或有之。均州龙泉有之，皆方而高深，可以种树。若求长样，可列树石双行者绝少。曾见宣窑粉色裂纹长盆，中分树水二漕，制甚可爱。近日烧有白色方圆长盆甚多，无俟他求矣。其北路青绿泥窑，俗恶不堪经眼。更有烧成兔子、蟾蜍、刘海、荔枝、党仙，中间一孔种蒲，此皆儿女子戏物，岂容污我仙灵？见之当破其坦腹，为菖蒲脱灾。山斋有昆石蒲草一具，载以白定划花水底，大盈一尺三四，下制川石数十子，红白交错，青绿相间，日汲清泉养之，自谓斋中一宝。

【明】屠隆《考槃余事·盆玩笺·盆花》

盆景以几案可置者为佳，在其次则列之庭榭中物也。最古雅者如天目之松，最高可盈尺，本大如臂，针毛短簇，结为马远之欹斜诘曲，郭熙之露顶攫拿，刘松年之偃亚层叠，盛子昭之拖掩轩翥等状。栽以佳器，槎牙可观。更有一枝两三梗者，或栽三五窠结为山林排匝，高下参差；更以透漏窈窕奇古石笋，安插得体，置诸庭存对独本者，若坐冈陵之巅，令人六月忘暑。又如闽中石梅，乃天生奇质，从石本发枝，且自露其根，樛曲古拙，偃仰有态，含花吐叶，历世不败。苍藓鳞皴，封满花身，苔须垂或长数寸，风扬缘丝，飘飘可玩。烟横月瘦，恍然梦醒罗浮。又如水竹，亦产闽中，高五六寸许，极则盈尺。细叶老干，萧疏可人。盆植数竿，便生渭川之想。此三友者，盆几之高品也。

次则枸杞，当求老本，虬曲其大如拳，根若龙蛇，至于蟠结，柯干苍老，束缚尽解，不露做手，多有态若天生然；雪中枝叶青郁，红子扶苏点点若缀，有雪压珊瑚之号，亦多山林风致。杭之虎刺，有百年外者，止高二三尺，本状笛管，叶叠数十层。每盆以二十株为林，白花红子，其性甚坚，严冬厚雪，玩之令人忘餐。更须古雅之盆、奇峭之石为佐，方恰心赏。

至若蒲草一具，夜则可收灯烟，朝取垂露润眼，诚仙灵瑞品，斋中所不可废者。须用奇古崑石，白定方窑，水底下置五色小石子数十。红白交错，青碧相间，时汲清泉养之，日则见天，夜则见露，不特充玩，亦可辟邪。他如春之芳兰，夏之夜合，秋之黄蜜矮菊，冬之短叶水仙、美人蕉，佑以灵芝盛诸古盆，傍立小巧奇石一块，架以朱几，清标雅质，疏朗不繁，玉立亭亭，俨然隐人君子，清素逼人。相对啜天池茗，吟本色诗，大快人间障眼。

【明】吕初泰《盆景》（载明代王象晋《二如亭群芳谱》）

其一

盆景清芬，庭中雅趣；根盘节错，不妨小试。见奇弱态纤姿，正合隘区效用。萦烟笑日，烂若朱霞；吸露酣风，飘如红雨。四序含芬，荐馥一时，尽态极妍。最宜老干婆娑，疏花掩映；绿苔错缀，怪石玲珑。更苍萝碧草，袅娜蒙茸；竹槛疏篱，窈窕委婉。闲时浇灌，兴到品题；生韵生情，襟怀不恶。

其二

盆景以几案可置者为佳，其次则列之庭榭。最古雅者如天目之松，高可盈尺，本大如臂，针毛短簇，结为马远之欹斜，郭熙之攫拿，刘松年之偃亚层叠，盛子昭之拖掩轩翥。栽以佳器，槎牙可观。更有一枝两三梗者，或栽三五窠结为山林远境。高下参差，更以透漏奇石，安插得体，幽轩独对，如坐冈陵之巅，令人六月忘暑。又如闽中石梅，天生奇质，从石发枝，樛曲古拙，偃仰有致，含花吐叶，历世如生。苍藓鳞皴，花身封满苔须数寸，随风飘扬。月瘦烟横，恍然罗浮境界也。又如水竹，亦产闽中，高仅数寸，极则盈尺。细叶老干，萧疏可人。盆植数竿，便生渭川之想。此三友者，盆几之高品也。

次则枸杞老本，虬曲如拳，根若龙蛇，柯干苍老。束缚尽解，态度天然。雪中枝叶青郁，红子点缀，有雪压珊瑚之态。杭之虎刺，有百年外物，止高二三尺者。本状笛管，叶叠数层，铁干翠叶，白花红子，严冬层雪中，玩之令人忘餐。

至若蒲草一具，夜则可以收灯烟，朝则可以凝垂露，诚仙灵瑞品，书斋中所必须者。佐以奇古昆石，盛以白定方窑，水底置五色石子数十。红白陆离，青碧交错，岂特充玩，亦可辟邪。他如春之芳兰，夏之夜合，秋之黄蜜矮菊，冬之短叶水仙，载以朱几，置之庭院，俨然隐人逸士，清芬逼人。

【明】文震亨《长物志·花木·盆玩》

盆玩，时尚以列几案间者为第一，列庭榭中者次之。余持论则反是。最古者以天目松为第一，高不过二尺，短不过尺许，其本如臂，其针若簇，结为马远之欹斜诘曲，郭熙之露顶张拳，刘松年之偃亚层迭，盛子照之拖拽轩翥等状。栽以佳器，槎牙可观。又有古梅，苍藓鳞皴，苔须垂满，含花吐叶，歷久不败者，亦古。若如时尚作沉香片者，甚无谓。盖木片生花有何趣味？真所谓以耳食者矣。

又有枸杞及水冬青、野榆、桧柏之属，根若龙蛇，不露束缚锯截痕者，俱高品也。其次则闽之水竹、杭之虎刺，尚在雅俗间。乃若菖蒲九节，神仙所珍，见石则细，见土则粗，极难培养。吴人洗根浇水，竹翦修净，谓朝取叶间垂露，可以润眼，意极珍之。余谓此宜以石子铺一小庭，遍种其上，雨过青翠，自然生香。若盆中栽植，列几案间，殊为无谓，此与蟠桃、双果之类，俱未敢随俗作好也。他如春之兰蕙，夏之夜合、黄香萱、夹竹桃花，秋之黄密矮菊，冬之短叶水仙及美人蕉诸种，俱可随时供玩。

盆以青绿古铜、白定、官哥等窑为第一，新制者五色内窑及供春粗料可用，余不入品。盆宜圆，不宜方，尤忌长狭。石以灵璧、英石、西山佐之，余亦不入品。斋中亦仅可置一二盆，不可多列。小者忌架于朱几，大者忌置于官砖，得旧石樸或古石莲磉为座，乃佳。

【清】陈淏子《花镜·种盆取景法》

山林原墅，地旷风疏，任意栽培，自生佳景。至若城市狭隘之所，安能比户皆园。高人韵士，惟多种盆花小景，庶几免俗。然而盆中之保护灌溉，更难于园圃；花木之燥、湿、冷、暖，更烦于乔林。盆中土薄，力量无多，故未有树先须制下肥土。全赖冬月取阳沟淤泥晒干，筛去瓦砾，将粪泼湿复晒，如此数次。用干草柴一皮，肥土一皮，取火烧过；收贮至来春，随便栽诸色花木可也。栽后宜肥者，每日用鸡鹅毛水与粪水相合而浇。如花已发萌，不宜浇粪。若嫩条已长，花头已发，正好浇肥。至花开时，又不可浇。每日早晚，只须清水，果实时亦不可浇，浇则实落。凡植花，三四月间，方可上盆，则根不长而花多；若根多则花少矣。或用蚕沙浸水浇之，亦良。草子之宜盆者甚多，不必细陈。果木之宜盆者甚少，惟松、柏、榆、桧、枫、橘、桃、梅、茶、桂、榴、槿、凤竹、虎刺、瑞香、金雀、海棠、黄杨、杜鹃、月季、茉莉、火蕉、素馨、枸杞、丁香、牡丹、平地木、六月雪等树，皆可盆栽。但须剪栽有致。

近日吴下出一种，仿云林山树画意，用长大白石盆，或紫砂宜兴盆，将最小柏桧或枫榆，六月雪或虎刺、黄杨、梅桩等，择取十余株，细视其体态，参差高下，倚山靠石而栽之。或用昆山白石，或用广东英石，随意叠成山林佳境。置数盆于高轩书室之前，诚雅人清供也。如树服盆已久，枝干长野，必须修枝盘干。其法宜穴干纳巴豆，则枝节柔软可结；若欲委曲折枝，则微破其皮，以金汁一点，便可任意转折。须以极细棕索缚吊，岁久性定，自饶古致矣。凡盆花拳石上，最宜苔藓，若一时不可得，以菱泥、马粪和匀，涂润

湿处及桠枝间，不久即生，俨如古木华林。

【清】沈复《浮生六记·闲情记趣》（节选）

余忆童稚时，能张目对日，明察秋毫。见藐小微物，必细察其纹理，故时有物外之趣。夏蚊成雷，私拟作群鹤舞空，心之所向，则或千或百果然鹤也。昂首观之，项为之强。又留蚊于素帐中，徐喷以烟，使其冲烟飞鸣，作青云白鹤观，果如鹤唳云端，怡然称快。于土墙凹凸处、花台小草丛杂处，常蹲其身，使与台齐，定神细视，以丛草为林，以虫蚁为兽，以土砾凸者为丘，凹者为壑，神游其中，怡然自得。

及长，爱花成癖，喜剪盆树。识张兰坡，始精剪枝养节之法，继悟接花叠石之法。花以兰为最，取其幽香韵致也，而瓣品之稍堪入谱者不可多得。兰坡临终时，赠余荷瓣素心春兰一盆，皆肩平心阔，茎细瓣净，可以入谱者。余珍如拱壁。值余幕游于外，芸能亲为灌溉，花叶颇茂。不二年，一旦忽萎死，起根视之，皆白如玉，且兰芽勃然，初不可解，以为无福消受，浩叹而已。事后始悉有人欲分不允，故用滚汤灌杀也。从此誓不植兰。次取杜鹃，虽无香而色可久玩，且易剪裁。以芸惜枝怜叶，不忍畅剪，故难成树。其他盆玩皆然。

若新栽花木，不妨歪斜取势，听其叶侧，一年后枝叶自能向上，如树树直栽，即难取势矣。至剪裁盆树，先取根露鸡爪者，左右剪成三节，然后起枝。一枝一节，七枝到顶，或九枝到顶。枝忌对节如肩臂，节忌臃肿如鹤膝；须盘旋出枝，不可光留左右，以避赤胸露背之病；又不可前后直出，有名双起三起者，一根而起两三树也。如根无爪形，便成插树，故不取。然一树剪成，至少得三四十年。余生平仅见吾乡万翁名彩章者，一生剪成数树。又在扬州商家见有虞山游客携送黄杨翠柏各一盆，惜乎明珠暗投，余未见其可也。若留枝盘如宝塔，扎枝曲如蚯蚓者，便成匠气矣。

点缀盆中花石，小景可以入画，大景可以入神。一瓯清茗，神能趋入其中，方可供幽斋之玩。种水仙无灵璧石，余尝以炭之有石意者代之。黄芽菜心其白如玉，取大小五七枝，用沙土植长方盘内，以炭代石，黑白分明，颇有意思。以此类推，幽趣无穷，难以枚举。如石菖蒲结子，用冷米汤同嚼喷炭上，置阴湿地，能长细菖蒲，随意移养盆碗中，茸茸可爱。以老蓬子磨薄两头，入蛋壳使鸡翼之，俟雏成取出，用久中燕巢泥加天门冬十分之二，捣烂拌匀，植于小器中，灌以河水，晒以朝阳，花发大如酒杯，叶缩如碗口，亭亭可爱。

余扫墓山中，检有峦纹可观之石，归与芸商曰："用油灰叠宣州石于白石盆，取色匀也。本山黄石虽古朴，亦用油灰，则黄白相阅，凿痕毕露，将奈何？"芸曰："择石之顽劣者，捣末于灰痕处，乘湿糁之，干或色同也。"乃如其言，用宜兴窑长方盆叠起一峰：偏于左而凸于右，背作横方纹，如云林石法，廛岩凹凸，若临江石砚状；虚一角，用河泥种千瓣白萍；石上植茑萝，俗呼云松。经营数日乃成。至深秋，茑萝蔓延满山，如藤萝之悬石壁，花开正红色，白萍亦透水大放，红白相间。神游其中，如登蓬岛。置之檐下与芸品题：此处宜设水阁，此处宜立茅亭，此处宜凿六字曰"落花流水之间"，此可以居，此可以钓，此可以眺。胸中丘壑，若将移居者然。一夕，猫奴争食，自檐而堕，连盆与架顷刻碎之。余叹曰："即此小经营，尚干造物忌耶！" 两人不禁泪落。

2. 曲园说艺——在苏州与中国盆景艺术大师张夷学做砚式盆景*

"一枝淡贮书窗下，人与花心各自香。"这是宋代诗人朱淑真《咏桂花》诗中的两句，今天摘来比喻苏州张夷的砚式盆景观摩及研讨会倒是十分贴切的。2005年10月15日，正是江南桂花飘香之时，由苏州市政协、民革苏州市委、江苏市文联联合主办的"张夷逸品盆艺观摩暨研讨会"在苏州市文联艺术家展厅举办（图10）。观张夷的砚式盆景真好像是在嗅一枝江南桂花，清香扑鼻，令人眼前一亮。笔者应邀出席了这次盆景专题研讨活动，有幸与全国的盆景艺术家们在这个布置非常精心典雅的会场内畅所欲言，交流盆景心得，体会颇深。现凭记忆摘下三五朵，当时当地江南桂花的扑鼻清香依然芳馨如故。

* 本文原文发表于《中国花卉盆景》2007年第3、4、5、6期。

图10 "张夷逸品盆艺观摩暨研讨会"剪彩仪式于2005年10月15日上午10点在苏州市文联艺术家展厅隆重举行

必要性——全力打造中国山水盆景名片

中华民族自古以来就是一个挚爱大自然山水的民族，其创造出来的山水文化也形成了一个丰富多彩的系列——从山水诗画、山水园林、假山置石，再到观赏石玩、山水盆景等等，无不令人心仪神往，折射出中华民族特有的山水智慧与审美情趣。在世界盆景艺术的大花园里，山水盆景是中国独有的盆景艺术品种，它也是中国悠久的山水文化系列当中的重要一员。这个珍贵的中华山水文化遗产理应在我们的手中得到继承、发扬与光大。

早在唐代初年就已有文物可考，唐代章怀太子墓道壁画绘有侍仆平托水盘，内缀山石的“山水盆景”写照，距今已有1200多年的历史了。这说明山水盆景自古就是中国独特的盆景艺术品种，我们不能因为国外盆景几乎没有山水盆景而妄自菲薄。恰恰相反，我们为祖先能够在祖国的盆景遗产中为我们留下这样一种饱含中华山水文化魅力的盆景艺术品种而庆幸、而自豪！“只有民族的，才是世界的；越是民族的，就越是世界的。”从这个意义上来看，我们必须走好中国山水盆景的继承、发展与创新之路，打造出一张独具中国特色的盆景名牌、山水名片！

张夷创造的砚式盆景为中国的山水盆景艺术新添了一朵奇葩，中国山水盆景艺术经过漫长曲折的发展历程如今已有了多种艺术样式，诸如水石盆景、水旱盆景、旱石盆景、壁挂盆景，而张夷先生受中国古代砚山的启发，将规则的汉白玉山水盆景变异创新为自然曲线的砚式盆器，经过十余年的不懈探索，砚式盆景日趋成熟完善，成为中国山水盆景艺术的又一新样式。张夷制作砚式盆景追求“最简”原则：一个自然盆、一棵好树、一两块美石、一个高雅的创意，其裁景手法以唐代诗人王维的“迹简意淡而雅正”为宗旨。如果说赵庆泉先生的水旱盆景类似中国的长卷全景式山水画，那么张夷先生的砚式盆景则宛若中国的大写意山水画或八大山人式的大写意小品画法。

在张夷砚式盆景研讨会上胡乐国大师首先发言，他认为张夷砚式盆景的用盆是一个成功的尝试，而张夷坚持山水盆景的创新，精神可嘉、大有必要！因为中国山水盆景艺术需要进一步发展！张夷现象只能出现在江南古城苏州，因为苏州自明清就是中国盆景的繁荣昌盛之地，延续到今天苏州有大批热心发展中国盆景事业的杰出人才，有浓郁的盆景文化传统。小张夷办成了大事情！胡大师同时对张夷砚式盆景的配树提出了中肯的建议：自然曲线的砚式盆器，在配树上是否再清瘦些，比如配上一棵文人树，艺术效果也许会更好。

赵庆泉大师每年都应邀去国外作水旱盆景示范表演，非常熟悉国外盆景发展动向。他说：日本盆景界现在也对自己盆栽的固定三角模式不再满足了，开始回到盆景的发源地中国来寻找变革创新的灵感。中国盆景必须走好自己的民族特色之路，其中最主要的艺术特色就是诗情画意，张夷砚式盆景在这方面所取得的成绩是很突出的，也是值得肯定的。当然，如何使树桩在砚式盆器中长寿还是一个难题；此外，砚式盆景的树桩造型可以完全学中国画的画意去做，而不必受传统树桩盆景造型技法的束缚。

可贵性——大胆创新、不懈探索

张夷砚式盆景研讨会主持人韦金笙先生认为，今天的展厅布置本身就是一个创新，

图11 赵庆泉大师的水旱盆景代表作《八骏图》

图12 张夷的砚式盆景《云水间·荻岸休渔》

图13 张夷的砚式盆景《水墨印象·曲水渔梦》

展厅除布置砚式盆景作品之外，还安排多组中国古典式红木家具桌椅，为研讨会代表的讨论与品茶提供了良好条件与古色古香的艺术氛围。午间自助餐还有苏州评弹的精彩表演，这次个人盆景展及研讨会开得极具苏州特色！

中国风景园林学会花卉盆景赏石分会负责人胡运骅先生则认为，张夷逸品盆艺观摩暨研讨会举办得很成功，这种小型研讨的、专题突出的个人盆景展已经与国际接轨，我就曾经出国参加过类似套路的国外盆景研讨会，很亲切、很实用、也很有人情味！

胡运骅先生回顾了新时代中国盆景发展的历史：中国盆景艺术自从20世纪80年代改革开放以来，有了突飞猛进的发展，在这个发展阶段有5个盆景作品对中国当代盆景艺术产生了积极影响：赵庆泉《八骏图》、潘仲连《刘松年笔意》、殷子敏《丛林狮吼》、贺淦荪《秋思》、李金林微型组合盆景。上述盆景作品都具有创新意义，促进了中国当代盆景艺术风格的形成与健康发展。而张夷的砚式盆景在意境创造及诗情画意取材上具有创新意义。意境创造需要有很高的文化修养，“境”从“景”出，盆景的造“景”好才能出意境。张夷先生从砚式盆景入手，创造了曲线美、色彩美、简洁美的造景风格，并从中国古

图14 盆景名家在会场内自由交流盆景信息

图15 殷子敏大师的水石盆景代表作《丛林狮吼》

代著名的诗词曲画乐中吸取创作题材，大胆探索以砚式盆景的新形式表现中华民族古雅的诗情画意，为中国山水盆景艺术创作注入了新的活力！

确实，变异与创新会给中国古老的山水盆景艺术带来新的活力与生机。笔者认为，20年前赵庆泉创作的水旱盆景《八骏图》，其创新意义就在于将山水盆景与树桩盆景的优点综合起来，创造出了一种不同于传统水石盆景的、更能表达大自然山水林木之美的山水盆景新样式——水旱盆景。自从《八骏图》诞生以后，水旱盆景20年来健康发展、长盛不衰，甚至推向国外。说明这种山水盆景新形式的变异与创新是成功的。与之形成鲜明对比，传统的水石盆景长期原地踏步、停滞不前，新的作品少，涌现出的新人少。究其原因，还是在于缺少变异与创新，缺少在继承传统技法基础上的发展与创新。

国内水旱盆景的长盛不衰与水石盆景的步入低谷，充分说明盆景艺术的发展需要变异与创新。关键问题是：我们如何在具体的盆景创作过程中实施盆景艺术的变异与创新？张夷砚式盆景的大胆探索与变异创新对盆景爱好者也许会有所启发。

从曲园说起

曲园位于苏州市中心地带，是清末著名文学家俞樾故居的宅院园林。“曲园”因位于住宅的西北角，地形呈曲尺形，又因园小，仅“一曲而已”，俞樾便借《老子》“曲则全”之意，取园名为“曲园”，并自号“曲园居士”。曲园曲水池南侧有一株上百年树龄的紫薇，其古雅的风姿宛若一株超大型盆景树桩造型。在曲园西南角有一进院落曰“小竹里馆”，是当年俞樾读书处，如今则寓居着一位盆景艺术家——张夷。

来到曲园，首先是为了盆景，结识张夷，当然也是为了盆景，时间是在2002年2月。自从我在2000年接受北京市园林学校的盆景课程教学任务之后，我开始利用各种机会向盆景名家请教学习。2001年初春去扬州时拜访了扬州园林局的韦金笙总工；2002年则来到苏州，经朋友介绍登门拜访张夷先生。其次，来苏州还有一个主要目的就是为科研课题——北京市自然科学基金项目《中华传统赏花理论及其应用研究》做实例考察调研，盆景、插花、造园均是实例考察调研的范围。拜访曲园，张夷先生能满足我的上述两个目的吗？

张夷自幼喜好盆景，无锡园林技校毕业后来到上海植物园拜在殷子敏、汪彝鼎等大师门下学习盆景艺术，特别对山水盆景艺术有特殊的兴趣。20世纪80年代初，20岁的张夷以盆景特殊人才的身份被苏州戏曲博物馆录用为专职盆景技师。十年后张夷下海自创私营园林企业“苏州景观园艺”，如今企业做得红红火火，盆景艺术的老本行也没丢，经十几年的不懈追求与探索，张夷先生创出了中国山水盆景的一个新品种——砚式盆景。

步入曲园小竹里馆，庭院摆满了张夷制作的砚式盆景，欣赏一番，入座、品茶。却未想到自2002年第一次跨入张夷的曲园庭院之后至2005年我竟先后5次来到苏州。是张夷热情好客？是为了学习盆景技艺？是为了科研课题？抑或是苏州盆景界的人气旺？细细琢磨，各方面原因都有些，最主要的原因还是为了学习盆景。5次来到苏州，多次与张夷先生品茶、聊盆景艺术、在张大师指导下制作盆景，我发觉张夷是一个思维敏捷、擅长创新的盆景艺术家，他又是一个典型的在苏州浓郁的中国传统文化气息熏陶之下成长起来的中国盆景艺术家，他与清代写作《浮生六记》的那个苏州人沈复很相似，能诗善画、多才多艺，是盆景艺术家，还是造园高手。现将他的有关中国盆景艺术创作的若干闪光思路记录下来，或许对盆景爱好者有所启发。

偷艺说

18岁的张夷跟殷子敏大师、汪彝鼎大师来到上海植物园学习盆景。每天早晨打好开水瓶等着殷大师、汪大师等进入工作室，将开水瓶送入，人就停在室内，毕恭毕敬地看着大师制作山水盆景，在看之中学习，这就叫“偷学技艺”。“偷艺说”是指观看盆景高手制作，高手并未教授，而是在实操过程的示范中学习。当时大师就说：“我做你看，看得懂就是你的，看不懂是你缺悟性。”

然后，他自己动手制作了一盆山水盆景，刚开始还没找到感觉，便请大师来点评指导。殷大师说这盆山水盆景做得太实，一定要设法把空灵感和虚处做出来；汪大师说做山水盆景水湾很重要，要大水湾之中有小水湾，做出山水的自然曲线美。经过数次这样的动手训练与大师点评，自己逐渐找到了感觉，增强了盆景创作的自信心。

总之，张夷的“偷艺说”确有道理：“偷艺”首先要有名师高手的示范与点评；其次偷艺者本人必须虚心好学、照着去操作；最重要的是用心琢磨、要有悟性！盆景大师的几句话应是“偷艺说”最经典的注释：“我做你看，看得懂就是你的，看不懂是你缺悟性。”

据了解日本的盆栽者要出道，必须从名师学艺5年，自己再研习5年才能单独挂牌展示与经营盆栽。看来，日本人学习盆栽也包含有不少“偷艺”成分。正所谓：“师傅领进门，修行在个人！”

倒油说

回想起在20世纪80年代于上海植物园拜师学艺的两年，张夷脸上流露出留恋的神情，在那个时代中国山水盆景发展是一个高峰期，上海植物园的盆景大师们为中国盆景界

图16　步入曲园小竹里馆，庭院摆满了张夷制作的砚式盆景

培养出了一批山水盆景的人才，这些人学成归来，成为各地发展中国山水盆景艺术的栋梁。当时大师们也亲手创作出了不少山水盆景的传世佳作，如汪夷鼎的《长城》、殷子敏的《丛林狮吼》、盛定武的《大江东去》、冯舜钦的《独钓寒江》等山水盆景佳作，至今仍为人津津乐道、难以忘怀！

谈到进入21世纪，水旱盆景异军突起、长盛不衰，而水石盆景却步入低谷，斧劈石、软石等传统水石盆景甚至在全国大展上鲜有身影、难觅踪迹。张夷认为水旱盆景有它的优势，它能够树石并重，树桩的生机活力可以为水旱盆景增添更多自然美的魅力，更符合现代人回归自然、返璞归真的审美趋向。

斧劈石也有独特的优势，张夷指着自己与张志平合作的斧劈石山水盆景《新富春山居图》的照片（图17）说道，这是用斧劈石中较酥松的一种石料（俗称“烂石头”）制作的。这种石料的优势是可以相当细腻地加工出中国山水画的披麻皴纹。《新富春山居图》首先构思立意就依附着中国山水画——元代山水画家黄公望的《富春山居图》（图18），这幅名画达到了中国全景式山水画的高峰，被历代画家、收藏家视为无上珍品、无人不爱！而这盆山水盆景作品首先就追寻着这幅名画的全景式山水构图，形成自己的艺术定位——采用全景式山水布局，大小山峰不高，都是中景，但不乏伟岸的气势，咫尺千里的透视效果较佳！

其次《新富春山居图》选用的石料——斧劈石中的“烂石头”石质松软，容易加工出山石小肌理，能够较完美地体现出原画山体丰满细腻的披麻皴。大大小小几百块山石都要作细腻的皴法处理，而且长短披麻皴都有。这盆山水盆景的山石技法体现了殷大师、汪大师所极力倡导的山石处理精细化、感人化的山水盆景创作理念。

制作斧劈石山水盆景是学习山水盆景的入门基本功，初学者加工斧劈石的通病是毛糙。为了最典型、最细腻、最感人地表现黄公望《富春山居图》的披麻皴神韵，大小数百块山石每块都要经过精细的皴法处理，即经过六道工序的加工：一敲——用鸭嘴锤敲打定型；二夹——用钢丝钳将山石边缘山体形象夹得更为完美；三粗磨——用粗砂轮打磨山石表面及边缘，在磨去疏松表层的同时，也打磨出披麻皴走向；四细磨——用细砂轮顺着山石皴纹打磨，磨掉人工雕琢的生硬棱角，使其圆润；五粗刷——用钢丝刷用力刷去山石层纹之间的疏松层，使其单块的披麻皴纹层次立体化；六细刷——用铜丝刷打磨细化纹脉、柔化皴纹纹理，使其清朗。

再下边的步骤就是拼摆组合：主峰配峰之间留一条峡谷以显示深远虚渺的透景线，水湾、山脚的处理需恰到好处，这里面也体现出扎实过硬的山石布局基本功。山石拼摆组合完毕之后先不忙着胶合，放一个月反复调整山石布局，还请朋友来观看、提意见。拍成照片在计算机里观看，不满意再调整。最后定稿胶合。

由此可见，斧劈石山盆景的优势在于依靠个人扎实过硬的山石基本功和高妙的构思立意，做出中国山水画的立体感觉，“无声的诗、立体的画”永远是中国山水盆景的立足之本！

谈到软石山水盆景，张夷说：软石盆景的高手是汪彝鼎大师，他的父亲就是中国山水画家。软石山水制作难度大，首先作者的修养要高，一定要胸有丘壑；其次是作者的基本功，软石加工技法要纯熟。

用小山子雕凿软石很容易敲断，软石又不主张胶接。因此挂崖敲断了就要改成圆崖；圆崖又断了就要改成倾斜式；倾斜式再断了就改成近景式或平台式（平台上可以放一组村庄摆件）。敲近景式与中景式时，体现层次的山峰敲断了就可以成平远式或低矮的群峰式。以上这个例子说明作者一定要胸有丘壑，胸中一定要有许多山水画，随时改变山形与章法布局。小山子就是手中的画笔，可以因材制宜、千变万化！

这支笔（小山子）要到什么位置就能到什么位置；想要雕什么形（如沟壑）就能雕出什么形。要让小山子听话，随心所欲，需要多练。练到什么程度？敲这条沟壑，打十下至少有八下在位置上打出线条，甚至闭着眼睛敲也八九不离十。一定要练出一手纯熟的山

图17　斧劈石山水盆景《新富春山居图》

图18　元代山水画家黄公望的《富春山居图》局部

石基本功！说到这里，张夷给我讲起了卖油翁倒油的故事：古代有一书生自认为学识渊博、孤芳自赏。一日途遇油翁卖油，不屑一顾且非礼。卖油翁无争，从衣袖中取出孔方钱置于油器口，举臂时但见壶油若线，竟穿币中孔方而下，未见半滴外溅。书生奇问曰："何故？"答曰："无他，但手熟耳！"

这是卖油翁的职业格言："无他，但手熟耳！"卖油翁人学识一般，但油瓢倒油很准，成了绝活！人问你怎么手这么准，卖油翁说没什么原因，只是手熟，这是我的职业天天练出来的。卖油翁这个故事说明基本功的重要性，没有过硬的山石基本功功底，没有坚实的传统文化底蕴，没有娴熟的山石加工技法，你就是墙头草——无根，无法在继承传统的基础上进一步发展、创新！

变异说

说起中国山水盆景需要大胆创新，张夷认为，创新的含义其实就是"变异"，说得更具体些，就是艺术概论中所说的艺术门类的交叉、互借，彼此借鉴优点与长处，于是自身也产生了"变异"，变出了新的艺术形式，这就好比生物学中植物的嫁接杂交而"变异"出新品种一样。砚式盆景的创新想法就是受中国砚山的启发，将规则的汉白玉山水盆"变异"为自然曲线的砚式盆器。张夷拿出一个小画册，上边画着20余幅张夷在1992年手绘的砚式盆景设计草图，虽然后来未做成盆景，但已可以从中看出后来砚式盆景的大致雏形（图19、图20、图21）。

盆景艺术是反映大自然神貌的一种艺术品，它的最大特点是追求自然美的表现，山、水、树、石充满大自然的气息；而原来的山水盆是长方、椭圆、圆形、扇形等几何图形，人工匠气过浓，显得很拘谨，与盆景造景追求天然的意趣恰好相反。于是，张夷把"变异"的突破口选定在盆器上，将水旱盆景的用盆作了创新改革，砚式盆器没有了盆沿与几何图形的局限，其随意自然的曲线造型恰好与大自然的水线、山线、林缘线合拍，曲折变化中模拟天成之趣，起伏错落中追求自然神貌。

张夷指着三张图片说："这是我早期创作的第一代砚式盆景（图22、图23），树桩还显太嫩；如今的砚式盆景已发展到了第三代、第四代，突出标志是树与石的造型更为老到、

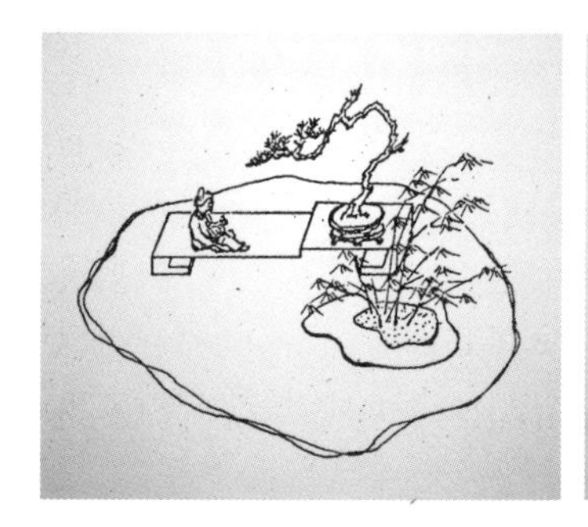
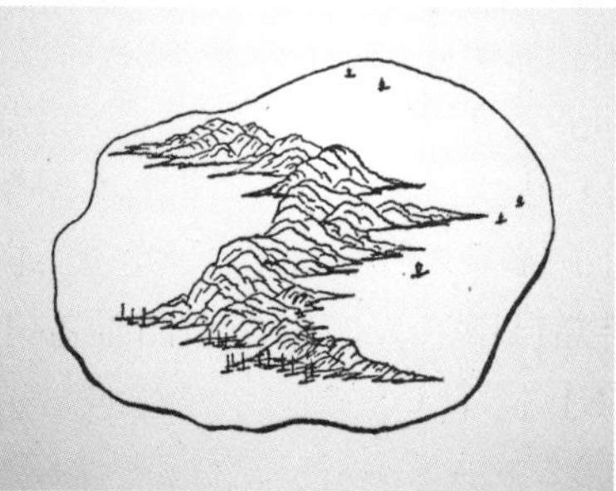

图19、图20、图21　张夷手绘砚式盆景设计草图

图22、图23 张夷早期的第一代砚式盆景

图24 张夷第三代砚式盆景《元曲. 满庭芳.天风海涛》

图25 张夷第四代砚式盆景《云水间·噪林江冷》

成熟，砚式盆器的用材也在不断扩大。”（图24、图25）

从盆景分类学的角度来看，张夷分析道：“砚式盆景应属于水旱盆景的范畴，而砚式盆景与水旱盆景最大的变异点就在于盆器：自然式边缘曲线以及盆器厚度增加且挖了种植槽。种植槽的出现使砚式盆景不必像水旱盆景那样用较多的山石去围合边缘驳岸以形成种植区域，这又导致砚式盆景运用山石可以像树桩盆景配石那样，只需简练的几块。”

张夷砚式盆景所特有的这种曲线美、简洁美、留白美，最终形成了张夷砚式盆景的总体艺术风格是文雅的、简洁的、甜润的（图26、图27）；砚式盆器的曲线美、空白美导致构图选景上追求简洁美，从而使中国砚式盆景更像是一幅中国画的水墨山水或中国画的写意山水。

与水旱盆景长盛不衰的局面相比，水石盆景显得冷冷清清、处境尴尬。究其主要原因，张夷认为还是由于水石盆景没有出现特别吸引人的审美形式，局限于传统的老套路，需要有人勇敢地去尝试“变异”与创新！首先要找准变异与创新的突破口，从盆景艺术的

图26　张夷的砚式盆景《唐诗宋韵·门泊东吴万里船》

图27　张夷的砚式盆景《浩歌集·旧村漫事》

图28　张夷的砚式盆景《江南乐韵·光明行》

构件要素来看，有十个需要我们重点观察的要素，找准其中一个突破口进行变异与创新都会引发其他构件要素的变异。

盆景硬构件五要素：盆器、植物、山石、配件、底座。

盆景软构件五要素：修养、题材、构图、技法、题名。

砚式盆景的变异与创新，把突破口选定在盆器上，将水旱盆景的用盆做了创新的改革。至于水石盆景“变异”的突破口在哪里，张夷说：“我也不清楚，但‘变异’的大方向是清楚的，这就是在继承水石盆景传统技法的基础上走变异创新之路！鲁迅不是说过吗：路本来是没有的，走的人多了也就有了路。”

共鸣说

张夷强调：“砚式盆景的艺术创作追求的理想境界是中华文化精髓与盆景表象文化的彼此默契与妥帖。我创作砚式盆景，其取材内容主要来自中国古代著名诗词曲画乐的文化精髓，我选取那些最能打动我心扉的、最有影响力的、最富于诗意的、最能出情的传统文化精粹，以及这些精粹当中最有代表性的、最典型的景观因素来构成创意。如《平沙落雁》当中的开阔湖面、沙滩与落雁，《唐诗宋韵·门泊东吴万里船》中的茅屋、桥、舟、水面（图26），《浩歌集·旧村漫事》中的渔村民居（图27）等等。”由于这些文化精髓当中的“精粹”因素早已家喻户晓，它们已经具备了“腔”，有了“腔”就能传递、就能表达，就能大大缩短欣赏者与盆景作品之间的了解时间与心理距离，审美欣赏者随“腔”而入，迅速沉浸于盆景作品中间，作品的审美内涵传递给了审美欣赏者，使欣赏者“忘我”——这就有了“境界”，有了“境界”也就说明审美主客体交融了，双向交融产生了“情”的共鸣；有了“情”的共鸣就说明盆景作品已经感动观赏者了，这时“美”便诞生了。

图29 张夷的砚式盆景《江南乐韵·平沙落雁》

构思创意可以充分展开艺术想象力，甚至可以允许胆大妄为地去作出超出传统盆景艺术规范的某些想法。但是最后都要归结于一点，就是作品要能够形成审美“共鸣”——观众喜欢，能传递“情”，使观赏者动容，观众公认为美，这是盆景作品成功与否的关键标准!

例如，张夷砚式盆景的力作——三盆一组题为“江南乐韵系列”的作品，则是力求通过山石、树木、摆件、砚盆的巧妙组合，来渲染传达《平沙落雁》《高山流水》《二泉映月》《光明行》（图28）等江南古典名曲的高雅精神世界，这又是张夷砚式盆景的一次新奇而又大胆的可喜尝试。其中《江南乐韵·平沙落雁》（图29），以大曲线的毛玻璃为盆器，一块紫黑色的卵石上凿种植穴，种一株蟠曲而卧的小榆树，树姿老而精巧，充满生机；以卵石代山，又铺白净砂石一片，落雁几只，一派风静沙平、清宁旷远的古雅音乐艺术氛围便被渲染出来了。特别是大曲线的毛玻璃盆器上布置白沙、红雁、紫石、绿榆，简洁明快、色彩醒目，成功地将现代气息与传统雅趣互相交融，颇具“新古典主义”的现代审美趣味。

留白说

张夷谈到砚式盆景的空间性格认为，砚式盆景造景更倾向于倪云林的大块留白式山水章法或者八大山人的大写意式小品画法，这种写意美、留白美在很大程度上取决于砚式盆器的留白空间。砚式盆器的创新意义就在于，砚式盆器为盆景景观形象搭建了一个精彩亮相的舞台，这就好比舞台表演中主角一个精彩的身段造型，需要以追光的空间形成最抢眼的亮相。砚式盆景不论取全景式景观还是特写式景观，由于砚式盆器的大块留白空间以及它的盆器材质色彩的烘托，都能够为盆景景观主体艺术形象创造一个精彩亮相的舞台，使其大气、使其空灵、使其清雅、使其甜润……张夷特别强调，砚式盆景的这一空间性格又是其他种类的盆景所不具备的，其他种类盆景的盆器也许是窝着的，至少不具备砚式盆器这种空灵、清爽、流畅、明快的高雅气质（图30）。

从张夷砚式盆景看中国盆景艺术的民族特色

几年的学习与观察，我认为张夷先生是中国山水盆景界的一个创新人物。经过十余年的不懈追求与执著探索，张夷的砚式盆景逐步走向成熟，成为中国山水盆景类型中的一个新品种，并受到全国盆景界的认可，2012年10月住建部城建司与中国风景园林学会联合公布了第四批共20位“中国盆景艺术大师”名单，苏州的张夷先生位列其中。

早期张夷也曾探索过戏文盆景的创新，但最终成功的还是砚式盆景，这绝非偶然，其中蕴含着某些必然性和规律性的东西。我仔细品味张夷先生对于中国山水盆景艺术创作的种种独到见解，并进一步上升提炼到中华民族赏花审美理论的高度。我认为，张夷作为一个典型的在苏州浓郁的中国传统文化气息熏陶之下成长起来的中国盆景艺术家，他创造砚式盆景的审美视角，也恰恰反映折射出中国盆景艺术家的若干民族审美视角。至少有以下三个审美视角是我们中国山水盆景艺术家在进行变异与创新时，必须反复审视的。

图30 张夷的砚式盆景《吴地记・司徒梵云・慈柏》

图31 张夷的砚式盆景《云水间・云巢何处》

①自然。自然美审美视角对于砚式盆景创新来说具有特殊意义，因为张夷正是认为原来那种长方、椭圆、圆形、扇形等山水盆器的固定模式，人工匠气过浓，与盆景造景追求天然意趣恰好相反。而张夷变异创新的砚式盆器没有了盆沿与几何图形的限制，其自由曲线造型可随作者之立意任意剪裁；关键是砚式盆景边缘线的曲线美恰好与大自然的水线、山线、林缘线合拍，采用自然的、不规则的过渡变化，犹如残蚀山岩、又若海岸水湾，变化中不含矫揉造作，自然中不带人工痕迹，极力追求天成之趣（图31）。

②简洁。简洁是中国文人艺术的重要准则，它有着悠久的思想文化渊源。儒家主张“大乐必易，大礼必简”，力求以最简练的形式发挥最佳的审美效果；道家以“少则得，多则惑”为处世原则，认为“大道至简”，简单之中蕴含复杂。中国的书法、写意画、诗词中的绝句小令，往往借洗练的几笔便能以一当十、出神入化。张夷创作砚式盆景也追求“最简”原则：一个自然盆、一棵好树、一两块美石、一个高雅的创意，其裁景手法以唐代诗人王维的“迹简意淡而雅正”为宗旨（图32）。

③文雅。张夷砚式盆景的创作题材主要来自中国古代著名诗词曲画乐，充满了中华民族传统艺术特有的古雅气、书卷气；其突出的特点是往往通过一组文化系列作品来表现某一门类中华民族古雅的诗情画意，来传达作者对某种中国传统文化精髓的独特理解。至今张夷已经创作出了“唐诗宋韵系列”“元曲杂剧系列”“江南乐韵系列”“中国古代名画系列”“水墨画系列”“梵音禅意系列”“民风民俗系列”“吴地记系列”等等，为中国山水盆景艺术创作开拓出了一片广阔自由的新天地（图33）。

图32 张夷的砚式盆景《浩歌集·老园啸音》

图33 张夷的砚式盆景《吴地记·垂虹云树·汀洲》

中国盆景艺术大师称号是“玩出来的”

2015年初，与张夷通电话，问他现在主要工作是政协的业务活动，还玩盆景吗？张夷说：“那当然要玩了，盆景是我自幼的喜好，我就好这一口！每年春季都要玩一把，搞一次砚式盆景创作。”

张夷谈到：“其实做盆景并不是我的主业。我只知道玩得高兴、玩得淋漓尽致、玩得能与盆景对话，所以我充其量只能算是盆景玩家。我觉得，自己之所以‘冒出来’，主要还是因为自己领会了周瘦鹃等大师的思想精髓。周瘦鹃曾说，他的盆栽，一方面出自心裁的创作，一方面是取法乎上，依照古人的名画来做，先后做成的有唐伯虎的《蕉石图》，沈周的《鹤听琴图》等，使得‘诗情画意上盆来’。当年在做戏文盆景的同时，我觉得盆景种在传统的盆里显得局促、拘谨，没有空际感、延伸性，没有自然的流畅性。而戏曲要让人产生无限的联想，于是我又‘玩’了一把，制作起了砚式盆景。这种盆景用的载体像天然砚台一样，没有边框，自然曲线，种花草就像在一块自然石板上蘸墨添笔，思维容易回归自然，使人的意念获得无限伸展。”

张夷在电话里发出了邀请：“今年3月来苏州玩砚式盆景创作吧？”于是2015年我又一次来到苏州。

这回，不是在曲园了，张夷的私营园林企业“苏州景观园艺”做得红红火火，如今已经搬到了苏州山塘街的一个庭院里，张夷因地制宜造了一个庭院园林（图34），雅名曰：绿水故园。进大门绕亭廊，一盆体量巨大的砚式丛林盆景，极具震撼力（图35）！

张夷说，今天我们做一盆极简砚式盆景，先从制作砚盆开始。砚式盆器制作的工艺流程如下。①选材锯成平板板材，厚度在12厘米左右，在切好的板材上按自己创作意图划好边缘线，要求活泼流畅，实用美观（图36）。②用云石机、榔头或钳子加工出边缘线，使其凹凸曲折。刻凿种植槽，种植槽一般以盆厚的二分之一或三分之二为宜，太浅植物不易成活，太深盆器易折断。槽池的比例根据构图及实用而决定（图37）。③打磨。打磨分粗磨、细

图34 张夷造的庭院园林：绿水故园

磨、精磨、抛光四个连续性工艺过程。粗磨可用粗号砂轮，细磨则用细号砂轮，精磨可用油石或细号砂纸，尽量砂得光滑，磨去加工时留下的刀斧痕迹。抛光则用氧化铝粉进行多次搓磨，然后上蜡猛擦，使其呈光（图38、图39）。

下一步就是种植、布石、铺苔及养护。砚式盆景所用的植物及山石要求并不太高，但“入画”乃是关键。树桩多选中小型，或苍虬飘逸，或遒劲挺拔，或婀娜多姿，或清雅孤傲，只要能织造意境都能采纳。对于植物根系处理必须谨慎大胆，由于种植槽较浅，一般选材以浅根系植物为主，且还需剪去主根。由于这一原因，养护要求较高，但一般略有小型、微型盆景的养护技术，就能养好砚式盆景。至于山石的体态、动态、色泽等须和盆、树协调呼应，布石处理手法亦同山水盆景类似。铺苔，这是一个润色的重要手段，苔层一定要压得薄，舒畅均匀流畅，起伏变化自然，且苔藓边缘曲折，切忌生硬突断。这样，才能显示出地形地势的潇洒和隽逸、圆润和开阔（图40、图41、图42、图43）。

这盆极简砚式盆景创作完成了，张夷顺手勾了一张铅笔草图，起了一个雅名：《云水间·春·乱岩野风》，点明主题，深化意境。下边还要为作品配上合适的摆件，以渲染它的文化氛围（图44）。

砚式盆景做完了，我们又来到张夷的书房，看张夷画国画，张夷为我画了一张梅石图，题字曰：“一枝绿萼送春风”（图45）。

图35　绿水故园中的一盆体量巨大的砚式丛林盆景，令人眼前一亮！

图36

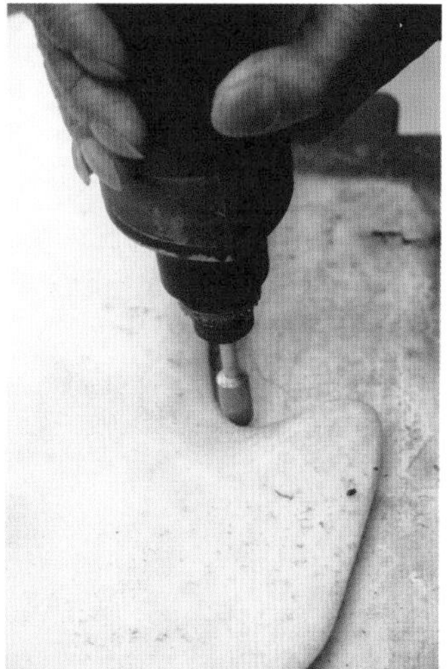

图37

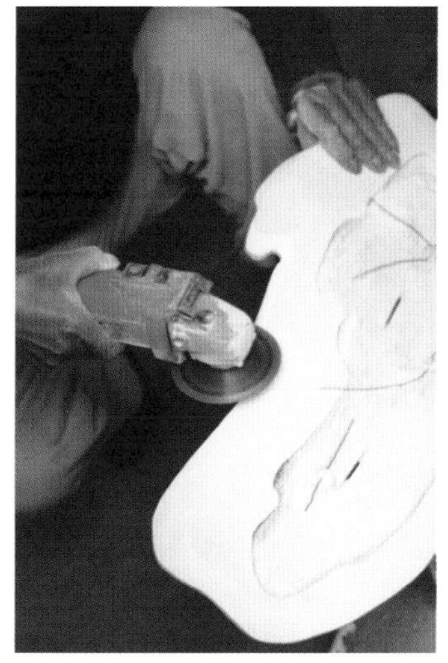

图38

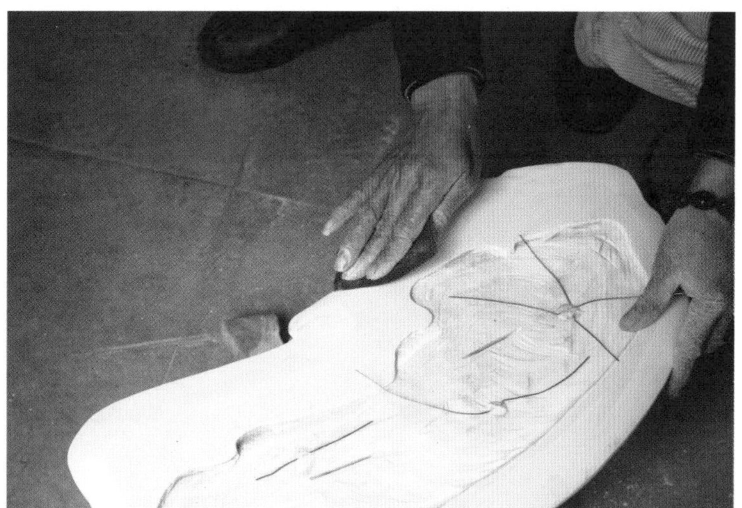

图39

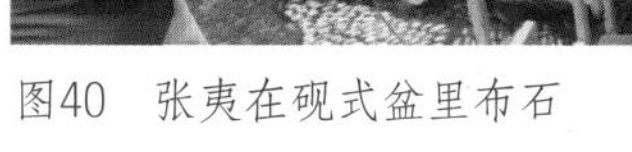

图40 张夷在砚式盆里布石

图41 种树、植草、布苔

图42　种树、植草、布苔

图43　极简砚式盆景《云水间·春·乱岩野风》

图44 张夷为极简砚式盆景《云水间·春·乱岩野风》勾的草图

图45 张夷送作者一幅他亲笔手绘的梅石图《 枝绿萼送春风》

最后，张夷说："苏派盆景手法精到，制作细腻，充满文人气息，富有诗情画意，是无声的诗、立体的画。我们玩砚式盆景，就不能离开这个文人盆景的方向。我除了每年3月玩一把砚式盆景创作外，平常我也画画、练书法、写诗、读书，朋友来了一起玩玩盆景，不做局限在盆景圈子里的匠人，而要像周瘦鹃大师那样'诗情画意上盆来'，玩有文化底蕴的盆景。玩砚式盆景的朋友们要多读诗词、多看优秀书画、古代画论，琴棋书画诗酒茶花香，泡在中华传统文化的氛围中，以此提高文化素养，让制作的砚式盆景内涵丰富、意境高远、更加入画。我相信，只要像这样'玩'下去，苏派盆景一定会有一个更加光辉灿烂的未来。"

造园：
张镃《玉照堂梅品》及玉照堂梅园专题研究

本节收集了有关南宋张镃《玉照堂梅品》（又称《梅品》）及玉照堂梅园的详尽文献资料；对张镃《梅品》（1194）这本全世界首部以记梅花欣赏标准为主的奇书，进行了深入的研究、赏析；对张镃《梅品》赏花审美思想以及对明清文人赏花审美的深远影响做了详细剖析；介绍了《梅品》作者张镃的生平以及南宋著名梅园玉照堂梅园的兴衰历史。有关南宋张镃《梅品》及张镃赏花审美思想有4篇奇特的著作，提供了园林风景、园居生活和赏花审美的丰富信息：一是《赏心乐事》，二是《玉照堂梅品》，三是《桂隐百课》，四是《赏牡丹》。《赏心乐事》在第一编已经附录，后三篇在本节里都已收录。

1.《梅品》——南宋梅文化的一朵奇葩* / 陈秀中

日本人用《梅品》造园

1994年春节，中国花卉协会梅花蜡梅分会应日本梅之会邀请赴日考察，在参观东道主梅田操先生的丸子梅园时，主人一再提及我国南宋张镃的《梅品》，并介绍他的1公顷小小梅园就是以《梅品》作为造园指导思想来布局和配置的。梅田操先生还特别欣赏《梅

* 本文原文发表于《北京林业大学学报》1995年12月增刊1。

品》的“花宜称二十六条”，在以丸子梅园主人的身份充当导游时，他不时指点着按“花宜称”理论设计布局的景点，口中念念有词、津津乐道：“为清溪，为小桥，为竹边，为松下……”

中国花卉协会梅花蜡梅分会的权威人士听罢梅田操的介绍，大为吃惊：以张镃《梅品》为指导思想营造梅园，在赏梅传统大国中国的现代梅园中尚未见其例，而日本人竟开了先河。由此可见日本花卉界对中国传统花文化的重视程度，亦可见《梅品》艺术魅力之巨大。

作者多次出入北京图书馆，终于查找到了《梅品》原文的若干种古籍版本，经过校勘，整理出了一个《梅品》最新校定本。从张镃的自序中确知《梅品》成稿于南宋绍熙甲寅年（1194），距今整整812年！如此珍贵的中国传统梅文化的精品，再也不应该让他在故纸堆中默默无闻地沉睡了。作者将它发掘整理出来，让今之国人也能一睹祖国南宋梅文化的迷人风采与神奇魅力！

《梅品》的作者及作品内容

张镃（1153—约1212），字功甫、功父，一字时可，号约斋。南宋临安（今浙江杭州）人，先世居成纪（今甘肃天水），南宋抗金名将张俊的曾孙。官奉议郎、直秘阁，权通判临安府事，终左司郎官。开禧初，曾参与谋诛“开禧北伐”的败臣韩侂胄，未成，谪桐川，再谪象台，嘉定四年以后卒。

张镃能诗善画，诗集有《南湖集》，绘画则擅长竹石古木。从杨万里为《南湖集》作序可知，张镃与杨万里交情颇深。杨万里是南宋著名诗人，同时也是擅长赏梅吟梅的咏梅诗人。二人一为咏梅高手，一为品梅专家，二人的深厚友谊恐怕与南宋兴盛的梅花文化的耳濡目染不无关系。

张镃的《梅品》一文收集在宋末元初的著名文人周密（1232—约1298）的笔记专著《齐东野语》之中，全文共600余字，可分为两大部分。

第一部分是序，谈及作者购地植梅造园的过程。梅园建得相当出色，用张镃诗句来描绘，便是“一棹径穿花十里，满城无此好风光”，竟招引来赏梅客人络绎不绝，更有名人才士题咏风雅。然而，在客人当中也有品梅不得要领，缺乏赏梅的基本文化素养，“胸中空洞”，“而此心落落不相领会，甚至于污亵附近，略不自揆者”。为了使客人们更好地品玩梅花那高洁淡雅、“标韵孤特”的脱俗神韵，特别是使那些“徒知梅花之贵而不能爱敬”的庸俗之辈“有所警省”，梅园的主人张镃特列出品梅的五十八条基本条件标准，作者称之为“奖护之策”，并将此五十八条高高地张贴在梅园的主体建筑“玉照堂”当中。

第二部分是正文，从四个方面分别列出品梅的五十八条基本条件或曰五十八种讲究。

第一个方面是“花宜称”二十六条。“宜称”（yí chèn），合适，相称。“花宜称”意思是：对于赏梅品梅最合适、最相称的条件。这二十六条分别是：淡阴，晓日，薄寒，细雨，轻烟，佳月，夕阳，微雪，晚霞，珍禽，孤鹤，清溪，小桥，竹边，松下，明窗，疏篱，苍崖，绿苔，铜瓶，纸帐，林间吹笛，膝上横琴，石枰下棋，扫雪煎茶，美人淡妆簪戴。

第二个方面是“花憎嫉”十四条。“憎嫉”，厌恶，憎恨。“花憎嫉”意思是：对于赏梅品梅来说最令人厌恶和憎恨的事情（条件）。这十四条分别是：狂风，连雨，烈日，苦寒，丑妇，俗子，老鸦，恶诗，谈时事，论差除，花径喝道，花时张绯幕，赏花动鼓板，作诗用调羹驿使事。

第三个方面是“花荣宠”六条。“荣宠”，光荣、荣耀，尊崇、恩宠。“花荣宠”意思是：对于赏梅品梅来说，最使梅花感到荣耀和尊宠的事情（条件）。这六条分别是：烟尘不染，铃索护持，除地径净，落瓣不淄，王公旦夕留盼，诗人搁笔评量，妙妓淡妆雅歌。

第四个方面是“花屈辱”十二条。“屈辱”，委屈和耻辱。“花屈辱”意思是：对于赏梅品梅来说，最使梅花感到委屈和耻辱的事情（条件）。这十二条分别是：主人不好事，主人悭鄙，种富家园内，与粗婢命名，蟠结作屏，赏花命猥妓，庸僧窗下种，酒食店内插瓶，树下有狗屎，枝上晒衣裳，青纸屏粉画，生猥巷秽沟边。

统览《梅品》五十八条，张镃谈论梅花的角度是梅花的欣赏与品玩。“品”者，标准规格也；《梅品》者，欣赏梅花的标准也。这五十八条标准，花宜称、花荣宠为欣赏梅花时应具备和追求的标准，花憎嫉、花屈辱则为欣赏梅花时应避免和忌讳的标准。五十八条标准中尤以“花宜称”二十六条最为重要，也最有价值。

深入研究这五十八条赏梅标准，我们不难发现：这些条目标准的设立，绝非张镃个人的一隅之见或信口开河，而是以两宋繁荣兴盛的梅文化为深厚根底的。从“佳月”“夕阳”“晚霞”“孤鹤”“清溪”诸条目，我们可以联想到以“梅妻鹤子”著称的北宋咏梅诗人林逋的名句：“疏影横斜水清浅，暗香浮动月黄昏。”而“微雪”“诗人阁笔评量”等条目，又令我们吟咏起宋人卢梅坡的《雪梅》：“梅雪争春未肯降，诗人搁笔费评章；梅须逊雪三分白，雪却输梅一段香。”从“美人淡妆簪戴”“妙妓淡妆雅歌”等条目，则可以使我们隐约看到唐宋时期盛行的梅花妆与簪梅等生活习俗；而从“林间吹笛”“膝上横琴”等条目，我们又似乎听到了宋人吹奏古笛曲《梅花落》和古琴曲《梅花三弄》的袅袅余音。

从《玉照堂梅品》看南宋赏梅活动的审美特色

梅花欣赏是以梅花为审美对象的一项审美活动，人类的任何一种审美活动均离不开审美客体与审美主体两个因素及其相互关系。深入分析《梅品》的五十八条赏梅标准，我们可以归纳出南宋赏梅活动的四大审美特色：一是重视天时与良辰，二是讲究环境与配置，三是突出花品与人品，四是追求雅趣与脱俗。前二者属于赏梅活动中审美客体（梅花）的环境背景条件，后二者属于赏梅活动中审美主体（赏梅人）的文化修养条件。下面分别加以分析。

① 重视天时与良辰

梅花是一种具有生命的自然之物，赏梅也是一种在特定的自然环境之中进行的高雅的审美活动。梅花欣赏与诗歌、绘画等审美欣赏活动相比，有一个最大的区别就是较多地受自然条件和天时景象的影响。

古人常把良辰、美景、赏心、乐事相提并论，认为四者兼而得之实乃人生一大幸事。张镃也认为理想的赏梅活动应该四者兼并，因为“花艳并秀，非天时清美不宜”，只有在特定的天时良辰的烘托渲染之中，欣赏者才能获得梅花景观的最佳状态和最佳趣味。

《梅品》对最适宜赏梅的天时良辰归纳如下：淡阴、晓日、薄寒、细雨、轻烟、佳月、夕阳、微雪、晚霞；反之，最不适宜赏梅的天时气候是：狂风、连雨、烈日、苦寒。

② 讲究环境与配置

由于赏梅是在特定的园林自然环境之中进行的，因此，组成这种环境背景的各类园林造景因素（如山水、植物、建筑、动物等）的布置与安排，对于提高赏梅活动的高雅韵致和诗画情趣，往往起着关键作用。

能诗善画的张镃是深谙此理的。他在《梅品》中对最适宜于赏梅的环境背景配置归纳如下：珍禽、孤鹤、清溪、小桥、竹边、松下、明窗、疏篱、苍崖、绿苔、烟尘不染、铃索护持、除地径净、落瓣不淄；反之，在赏梅环境中最杀风景的环境是：老鸦、丑妇、庸僧窗下种、酒食店内插瓶、树下有狗屎、枝上晒衣裳、生猥巷秽沟边。

③ 突出花品与人品

受“天人合一”和“比德传统”等中国古代哲学、美学思想的影响，中国古人赏花历来强调从花的色香韵姿等审美客体的自然特征中，去把握和感悟审美主体所崇尚的某种人格精神。南宋的《梅品》又为我们提供了一个确凿的例证。

在序中，张镃特别提到梅花的品格，并以三闾大夫屈原和首阳二子伯夷、叔齐的人格美与梅花的品格相比，张镃曰：(梅花）“标韵孤特，若三闾大夫、首阳二子，宁槁山泽，终不肯俯首屏气，受世俗煎拂。”然而在赏梅的客人中却常常有“徒知梅花之贵而不能爱敬”的庸俗之辈，这种人缺乏赏梅的起码文化素养，甚至做出“污亵”梅品的劣迹，令梅园主人张镃几乎要为梅花“呼叫称冤”！为了使赏梅的客人们更好地感悟品味梅花那高标清逸的品格与神韵，张镃决意撰写《梅品》，“总五十八条，揭之堂上，使来者有所警省”。

《梅品》“花屈辱”十二条中，还专门提到有三种人的梅园由于人品鄙劣而不宜从事赏梅活动，这三条是：主人不好事、主人悭鄙、种富家园内。

④ 追求雅趣与脱俗

为了不负梅花那疏影横斜、高洁清逸的姿韵与品格，张镃格外重视赏梅活动中审美主体（赏梅人）的具体欣赏活动方式，力求使赏梅人的审美欣赏活动能够体现出两宋繁盛的梅文化所熏陶出来的高雅脱俗的趣味。

《梅品》对于南宋赏梅者的各种高雅的欣赏活动方式归纳如下：铜瓶、纸帐、林间吹笛、膝上横琴、石枰下棋、扫雪煎茶、美人淡妆簪戴、王公旦夕留盼、诗人搁笔评量、妙妓淡妆雅歌；反之，最令赏梅者忌讳和厌恶的庸俗之举是：俗子、恶诗、谈时事、论差除、花径喝道、花时张绯幕、赏花动鼓板、作诗用调羹驿使事、与粗婢命名、蟠结作屏、赏花命猥妓、青纸屏粉画。

2. 南宋张镃《玉照堂梅品》赏花审美思想探微*

/ 陈秀中

张镃的《梅品》（1194年）是全世界首部以记梅花欣赏标准为主的奇书。从张镃《梅品》所开列出的赏梅活动中审美主体（赏梅人）的文化修养条件，我们可以充分体会到南宋梅花观赏忌俗求雅的审美趣味，这又是与宋代文人在审美追求上的嗜“雅”风尚一脉相承的。《梅品》专门介绍如何欣赏梅花，张镃主张倡导赏花者与花结友、与花比德，进而将自己真挚高洁的情感注入自己创造的花卉艺术形象之中，形成最浓郁的赏花雅趣，创造出最具文化底蕴的赏花审美活动方式，潜移默化地滋润、净化赏花人的心田。

《梅品》《梅谱》——南宋梅文化沃土中的并蒂奇葩

张镃能诗善画，诗集《南湖集》中有咏梅之作近百首，也应算是南宋著名的咏梅诗人。[1]

张镃因是名门贵胄之后，财力甚丰，他无意功名，酷爱园林营造，桂隐林泉是张镃宅园的总称，该园位于南宋杭州古城北隅，本张俊赐第，依山面湖，湖水俗称白洋池，面积百亩，在宅南，故名南湖。张镃晚年闲居其中，精心改造。“桂隐林泉”经张镃筑造经营14年才完成，其间一切筹划施工，不论园林建筑与花木配置，都是张镃亲自指挥督导，达到了较高的园林艺术水平，当时人夸桂隐林泉“在钱塘为最胜”，园内各处都极擅园林之胜，有山有水，本属天成，又构筑亭台楼阁轩堂庵庄桥池等达百余处之多，园中所植花木也极为丰富，次第行来，美不胜收。[2]

从张镃自撰的《桂隐百课》《赏心乐事》和《梅品》记载可知，桂隐林泉里有一座江南规模较大的梅园——玉照堂。玉照堂建于淳熙十二年（1185），艺梅十亩，最初有梅花三百株，历经增植，终达四百株。其中以江梅为主，种于堂前，开涧水环绕，水流之上有揽月、飞雪二桥，花月交映与落花纷飞时最为壮观。堂东为红梅，堂西为缃梅，各一二十株。园中蜡梅种植也多，西区味空亭、绮户亭均主植蜡梅，另有重台梅。[3]

张镃癖好梅花，酷爱梅花。在其赏梅专著《梅品》自序首句就说：“梅花为天下神奇，而诗人尤所酷好！”接着张镃就介绍了建造玉照堂梅园并形成江南赏梅风景的盛况：“淳熙岁乙巳，予得曹氏荒圃于南湖之滨，有古梅数十，散漫弗治，爰辍地十亩，移种成列，增取西湖北山别圃红梅，合三百余本，筑堂数间，以临之。又夹以两室，东植千叶缃梅，西植红梅，各一二十章，前为轩楹，如堂之数。花时居宿其中，环洁辉映，夜如对月，因名曰：‘玉照’。复开涧环绕，小舟往来，未始半月舍去。自是客有游桂隐者，必求观焉。顷亚太保周益公秉钧，予尝造东阁，坐定，首顾予曰：‘一棹径穿花十里，满城无此好风光’，人境可见矣！盖予旧诗尾句，众客相与歆艳，于是游‘玉照’者，又必求观焉。值春凝寒、又能留花，过孟月始盛，名人、才士，题咏层委，亦可谓不负此花

---

* 本文原文发表于《北京林业大学学报》2013年12月增刊1。

矣。”意思是说：公元1185年，我得到了曹氏位于南湖之滨的荒圃，其中有古梅几十棵，随便的散布于荒野，无人管理。于是我收取田地十亩，将这些古梅移种于此，成行排列；并增种西湖北山其他园圃的江梅，两者合计300多棵；建造堂室数间紧靠着梅园。在堂室两侧又健夹室两间，院东种千叶缃梅，院西植红梅，各一二十株，均为大材。院南为有窗长廊数楹，间数与北堂相对应。梅花盛开之时居宿其中，周围都是纯洁素净的梅花环绕辉映，入夜观梅就如同面对着一轮冰清玉洁的圆月，因此我将此屋正堂命名为“玉照堂”。又环绕梅园开凿溪涧，让小船往来其上。每次来这里，我都要住上十天半月方肯离去。自此，客人中凡是有游玩桂隐园的，必定都要去玉照堂观赏。近来少傅周益公执掌国政，我曾经登门造访，刚刚坐定，他就回过头来对我说：“一棹径穿花十里，满城无此好风光。这般美景在人间你的梅园中可以见到了！”这两句诗是我过去吟诵玉照堂的一首旧诗的尾句。众客相互传诵此诗，爱不释手，于是凡游玩玉照堂的人又必定都要在园中观赏题咏。这一年正值春季特别寒冷，梅树又能留住花朵儿，过了正月花朵儿才开始盛开，名人才士来园中题咏梅花、络绎不绝，也可以说是没有辜负了这些梅花呀！

绝非巧合的是，张镃在杭州建造玉照堂梅园的同时，范成大在苏州也建造了一座范村梅园，园内搜集了当时苏州一带所有的梅花品种。范成大也酷爱梅花，做为南宋著名诗人一生留下咏梅诗词170余首，晚年辞官退居故里苏州石湖，仿效北宋梅花诗人林逋，构建范村梅园，植梅艺梅，悠游园圃，多方搜求吴地梅花品种，经过仔细观察辨别，终于选定了12个梅花品种，著成《范村梅谱》一卷，为中华后世艺梅积累了珍贵的梅花种质资源。如果说范成大的《梅谱》（1186）是全世界第一部记梅品种及栽培的专著的话，那么张镃的《梅品》（1194）则是全世界首部以记梅花欣赏标准为主的奇书。两者彼此呼应，成为植根于南宋梅文化沃土中的并蒂奇葩！

《玉照堂梅品》——体现了南宋梅花观赏忌俗求雅的审美趣味

《梅品》专门介绍如何欣赏梅花。从四个方面分别列出品梅的五十八条基本条件或曰五十八种讲究。

张镃的《梅品》一文最早收集在宋末元初的著名文人周密（1232—约1298）的笔记专著《齐东野语》之中，周密认为张镃《梅品》的写法应该是受晚唐诗人李商隐《杂纂》一书的影响。李商隐曾作《杂篡·上·杀风景》凡十四条：“花间喝道，看花泪下，苔上铺席，斫却垂杨，花下晒裈，游春重载，石笋系马，月下把火，妓筵说俗事，果园种菜，背山起楼，花架下养鸡鸭，对花啜茶，煮鹤烧琴。”

当代梅文化专家程杰博士则认为张镃《梅品》的写法也应该受了北宋诗人邱璿《牡丹荣辱志》一书的影响：“北宋中期邱璿著《牡丹荣辱志》，为各色牡丹划分品级，论列相关花卉之亲疏，并就圃艺、观赏之事分别宜忌、宠辱之不同。该著成于汴洛牡丹圃植、欣赏之风鼎盛之际，集中反映了当时人们对牡丹尊尚喜爱的心理。张镃《玉照堂梅品》应是受其启发，就梅花观赏之气候环境和人物事体，区别优劣，明确宜忌，从正反两方面制定行事条例。”[1]

邱璿从四个方面罗列了在牡丹欣赏时荣与辱的种种现象总共六十一条。“荣”（即

“花荣宠”）包括两个方面，即“花君子”十四条，“花亨泰”十二条；“辱”（即“花屈辱”）包括两个方面，即“花小人”十五条，“花屯难”二十条。

第一个方面是“花君子”十四条，即：温风、细风、清露、暖日、微云、沃壤、永昼、油幕、朱门、甘泉、醇酒、珍馔、新乐、名倡。

第二个方面是“花小人”十五条，即：狂风、猛雨、赤日、苦寒、蜜蜂、蝴蝶、蝼蚁、蚯蚓、白昼青蝇、黄昏蝙蝠、飞尘、妬芽、蠹、麝香、桑螵蛸。

第三个方面是“花亨泰”十二条，即：闰三月、五风十雨，主人多喜事，婢能歌乐，妻孥不倦排当，童仆勤干，子弟韫籍，正开值生日，欲谢时待解酲，门僧解栽接，借园亭张筵，从贫处移入富家。

第四个方面是“花屯难”二十条，即：丑妇妬与邻，猥人爱与嫌，盛开值私忌，主人悭鄙，和园卖与屠沽，三月内霜雹，赏处看棋斗茶，筵上持七八，盛开债主临门，箔子遮围，露头跣足对酌，遭权势人乞接头，剪时和花眼，正欢赏酗酒，头戴如厕，听唱辞传家宴，酥煎了下麦饭，凋落后箒帚扫，园吏浇湿粪，落村僧道士院观里。

尽管李商隐《杂纂·上·杀风景》十四条谈的是一般的赏花游园，邱璿《牡丹荣辱志》六十一条谈的是牡丹欣赏，但是从文字内容到行文写法都可以看出张镃的《梅品》确实受到上述两文的影响。只不过张镃的品梅五十八条绝非毫无原则的抄袭，也绝非张镃个人的一隅之见或信口开河，而是以两宋繁荣兴盛的梅文化为深厚根底的，并且是在南宋高度发达的梅园建造与梅花赏花审美实践的基础上总结与升华的。为了不负梅花那疏影横斜、高洁清逸的姿韵与品格，张镃格外重视赏梅活动中审美主体（赏梅人）的具体欣赏活动方式，力求使赏梅人的审美欣赏活动能够充分体现出两宋繁盛的梅文化所熏陶出来的高雅脱俗的趣味。

正如程杰博士所言：张镃这一著作可以说正是站在南宋“中兴”时期梅花欣赏盛况空前、继往开来的历史至高点上，以制定宜忌条例的方式，系统揭示了梅花观赏的基本方法，寄托了梅花观赏忌俗求雅的基本理念，代表了梅花圃艺、观赏高潮来临之际学术上的一种积极反应，是对丰富的梅花欣赏实践的理论总结和倡导。张镃与范成大大致同时，都处于南宋政治“中兴”、学术文化繁荣的时期，他们的著作一为谱录梅花品种之“品”，一为叙列梅花观赏之“品”，两者相映生辉，代表了宋代梅花圃艺、欣赏鼎盛时期的学术成就和审美风范[1]。

笔者在《梅品——南宋梅文化的一朵奇葩》一文中曾经分析过：“梅花欣赏是以梅花为审美对象的一项审美活动，人类的任何一种审美活动均离不开审美客体与审美主体两个因素及其相互关系。深入分析《梅品》的五十八条赏梅标准，我们可以归纳出南宋赏梅活动的四大审美特色：一是重视天时与良辰，二是讲究环境与配置，三是突出花品与人品，四是追求雅趣与脱俗。前二者属于赏梅活动中审美客体（梅花）的环境背景条件，后二者属于赏梅活动中审美主体（赏梅人）的文化修养条件。”[2]

中华民族是一个崇尚雅趣的民族，早在先秦时期由于孔子、荀子、孟子等儒家代表人物的倡导，再加上儒家思想在中国封建社会中长期处于统治地位，“雅”逐渐从一种具体的诗乐、诗体，泛化为一种美学风范，成为中国古代文人士大夫阶层追求崇尚的一种审美趣味。中国古代的文人雅士历来是求雅避俗、崇雅贬俗、喜雅恶俗的，这似乎已积淀为中国古代士大夫阶层所特有的一种文化气质，而贯穿融汇在他们的各种艺术欣赏活动之中。中国古代雅文化是由文人士大夫阶层所创造的、与民俗文化相对而言的知识阶层文化，它是一种高品位的文化，它要求创作者与欣赏者均具备较高层次的文化修养与审美品位。中国古代雅文化以诗词文曲、琴棋书画、园林花草、茶酒饮馔、游赏渔稼、文玩收藏、服饰礼节、言谈举止等为主要媒介形式，它的内容大至经邦济国，小至一颦一笑，源于亲身之玩味体验，抒写自我的心志情绪，具有作者强烈的个性特征。在种种雅文化的玩味体验之中，参与者获得了全身心的享受与陶冶，心灵获得净化与升华，高尚而不庸俗，文雅而不鄙薄，身心愉悦，雅逸悠长。

例如，宋代杰出的女词人李清照与金石家赵明诚是历史上传为美谈的一对“艺术夫妇”。他们的物质生活并不富有，而精神生活却充满了趣味。李清照最感兴趣的事情是在饭后与丈夫“赌博”：夫妇对坐在“归来堂”里煮茶，随便讲一些史事，谁先背出这个典故出自某书、某卷、某页、某行，谁就可以品茶一杯；背不出来的，只好闻闻茶香。在他们夫妇看来这是一种很有文化底蕴的雅趣。又如，南宋梅癖宋伯仁，与范成大、张镃生活于同一时期。宋伯仁，字器之，号雪岩，南宋湖州人，工诗善画，酷爱梅花。正如他在《梅花喜神谱》序中所写：“余有梅癖，辟圃以栽，筑亭以对……不厌细徘徊于竹篱茅屋边，嗅蕊吹英，揉香嚼粉，谛玩梅花之低昂俯仰，分合卷舒……”正因他如此痴迷梅花，才能从朝夕相对之中，观察出梅花自孕蕾至盛开乃至落英的全过程，从而描绘出梅花的各个不同时期的姿态神情。他作图200余幅，后来精选出100幅各冠以名，配以诗，木刻翻印成为我们今天所见到的高雅脱俗的、融诗书画刻于一体的、集科学与艺术于一身的《梅花喜神谱》，这是作者对梅花一片痴情的心血结晶。作者诗书画刻样样精通，玩出了高品位的梅花雅文化，《梅花喜神谱》与张镃的《梅品》、范成大的《范村梅谱》比肩媲美为南宋梅花雅文化三绝！

宋伯仁的《梅花喜神谱》也好，张镃的《梅品》也好，范成大的《范村梅谱》也罢，都是植根于南宋梅文化沃土中的高雅奇葩！关键是三人都痴迷梅花，酷爱梅花，不但亲手植梅，喜爱赏梅，歌梅、画梅、插梅、嗅梅、嚼梅……张镃在《梅品》里总结归纳的南宋赏梅者的各种高雅脱俗的主体欣赏活动方式——铜瓶、纸帐、林间吹笛、膝上横琴、石坪下棋、扫雪煎茶、美人淡妆簪戴、王公旦夕留盼、诗人搁笔评量、妙妓淡妆雅歌等，恐怕三人在赏梅时都尝试用上了。也就是说观赏花卉时赏花人不单单用眼睛看看，更重要的是运用各种艺术创造活动使花（审美对象）与人（审美主体）双向交流、彼此沟通；赏花者与花结友、与花比德，进而将自己真挚高洁的情感注入自己创造的花卉艺术形象之中，形成最浓郁的赏花雅趣，创造出最具文化底蕴的赏花审美活动方式，潜移默化地滋润、净化赏花人的心田。这种高雅脱俗的自然美育的效力绝非空洞的道德说教所能代替，这就叫“与花比德、以美储善”！这是中国古代儒家特色的赏花审美传统，实有其可以汲取借鉴并发扬光大的合理内核[3]。

《玉照堂梅品》对明清文人赏花审美的深远影响

① 袁宏道《瓶史》

有趣的现象是，当翻开明代袁宏道的《瓶史》这部东方插花体系的奠基作时，我们可以发现，张镃《梅品》的那种高雅脱俗的赏花趣味竟也直接影响了袁宏道的插花理论，《瓶史·十二·监戒》写道："宋张功甫《梅品》，语极有致，余读而赏之，拟作数条，接于瓶花斋中。花快意凡十四条：明窗，净几，古鼎，宋砚，松涛，溪声，主人好事能诗，门僧解烹茶，苏州人送酒，座客工画，花卉盛开，快心友临门，手抄艺花书，夜深炉鸣，妻妾校花故实。花折辱凡二十三条：主人频拜客，俗子阑入，蟠枝，庸僧谈禅窗下，狗斗莲子，胡同歌童弋阳腔，丑女折戴，论升迁，强作怜爱，应酬诗债未了，盛开家人催算帐，检韵府押字，破书狼藉，福建牙人，吴中赝画，鼠矢，蜗涎，僮仆偃蹇，令初行酒尽，与酒馆为邻，案上有黄金白雪、中原紫气等诗，燕俗尤竞玩赏，每一花开、绯幕云集。"

显然，"花快意"十四条即典型的"求雅"，而"花折辱"二十三条则是地道的"避俗"。由此可见，赏梅也好、插花也好，中国文人赏花时所追求的那种高雅脱俗的审美趣味和文化气质确是一脉相承、代代相传的[4]！

② 高濂《遵生八笺》

《遵生八笺》是明代高濂撰写的著名养生专著，是一部最得中国古代养生之道真传的广博实用的养生专著，在海内外具有广泛影响。《遵生八笺》所涉猎的养生范围非常广泛，其中就有不少山川风景、四季观赏、花鸟虫鱼、盆景插花、花木栽培、花草欣赏等与养生有关的引人入胜的记载与辑录。

偶尔翻到"起居安乐笺"中的"高子拟花荣辱评"条目，明显看得出是受了张镃求雅忌俗的赏花基本理念的影响，其"求雅"就是高子所述"花雅称"二十二条："余述花雅称为荣，凡二十有二：其一、轻阴蔽日，二、淡日蒸香，三、薄寒护蕊，四、细雨逞娇，五、淡烟笼罩，六、皎月筛阴，七、夕阳弄影，八、开值清明，九、傍水弄妍，十、朱栏遮护，十一、名园闲静，十二、高斋清供，十三、插以古瓶，十四、娇歌艳赏，十五、把酒倾欢，十六、晚霞映彩，十七、翠竹为邻，十八、佳客品题，十九、主人赏爱，二十、奴仆卫护，二十一、美人助妆，二十二、门无剥啄。此皆花之得意春风，及第逞艳，不惟花得主荣，主亦对花无愧，可谓人与花同春矣。"

其"避俗"则是高子所述"花疾憎"二十二条："其疾憎为辱，亦二十有二：一、狂风摧残，二、淫雨无度，三、烈日销铄，四、严寒闭塞，五、种落俗家，六、恶鸟翻衔，七、蓦遭春雪，八、恶诗题咏，九、内厌赏客，十、儿童扳折，十一、主人多事，十二、奴仆懒浇，十三、藤草缠搅，十四、本瘦不荣，十五、搓捻憔悴，十六、台榭荒凉，十七、醉客呕秽，十八、药坛作瓶，十九、分枝剖根，二十、虫食不治，二十一、蛛网联络，二十二、麝脐熏触。此皆花之空度青阳，芳华憔悴，不惟花之寥落主庭，主亦对花增愧矣。"

高子感叹道："花之遭遇荣辱，即一春之间，同其天时，而所遇迥别！"花朵遇到高雅的主人，那就会得到主人的百般宠爱，享受着"得意春风，及第逞艳"一样的荣宠；反之，如果遇到低俗主人，花朵就会受到种种漫不经心、庸俗恶劣的屈辱，落得个"芳华憔悴，寥落主庭"的可悲结局。正所谓骏马良驹遇伯乐，高山流水逢知音。漂亮的花朵需有高雅脱俗的赏花主人的百般荣宠，她才会得意春风、尽展芳华！

再翻到“燕闲清赏笺”中的“书斋清供花草六种入格”条目，我们可以体会得出张镃那种中国文人赏花时所追求的高雅脱俗的审美趣味和文化气质在这里又一次展示了清雅夺人的素韵：“春时用白定哥窑、古龙泉均州鼓盆，以泥沙和水种兰，中置奇石一块。夏则以四窑方圆大盆，种夜合二株，花可四五朵者，架以朱几，黄萱三二株，亦可看玩。秋取黄蜜二色菊花，以均州大盆，或饶窑白花圆盆种之。或以小古窑盆，种三五寸高菊花一株，旁立小石，佐以灵芝一颗，须用长方旧盆始称。六种花草，清标雅质，疏朗不繁，玉立亭亭，俨若隐人君子。置之几案，素艳逼人，相对啜天池茗，吟本色古诗，大快人间障眼。外此，无多可入清供。”

③ 赵学敏《凤仙谱》

凤仙花又名指甲花、小桃红、透骨草等，花期长，易栽培，鲜艳多彩而又有药用价值，是颇受中国古代文人青睐的观赏花卉。清代始有凤仙专谱，而我国著名本草学家赵学敏的《凤仙谱》不仅是清代植物专谱中的佳作，也是现存中国古代花卉专谱中的佼佼者。赵学敏对凤仙花从名称渊源、生长规律、品种分类、种植技艺、病虫防治、药用价值以及艺术鉴赏等方面都做了细致入微的描述。

在赏花理论方面，赵学敏提出了两个观点。一是赏花要选择接待高雅的客人，勿请低俗无聊之人：“凡赏花宜择人，勿以俗士，勿以喧客，勿以驵侩，勿以猾胥，勿以高阳酒徒使酒骂座，勿以纨绔子弟卤莽伤枝，勿以势宦舆从缤纷最为可厌，勿以村妇采摘无状尤难提防。宜接雅朋，宜亲静友，煮茗抚琴，分题敲韵方外，或名僧羽客红粉，则才妓香闺缙绅必洛下遗英，子弟亦乌衣妙选，衣冠标胜，即盈庭亦助芬芳，咳唾生春，纵酗酒何伤德性。有渝此规定非真赏。”显然，这是张镃求雅避俗赏花理念的又一翻版。

二是强调赏花要重视韵味，认为花有韵在形色之外，善赏花者赏韵不赏色：“花有韵在形色之外，善赏花者赏韵不赏色。如晴日和风，红娇绿媚，色也；萼绽蕊肥，形也；而流虹布采，韵也。如晨烟暮景，濯锦呈鲜，色也；半吐全舒，形也；而含愁包笑，则韵也。如灯前月下，乍明乍暗，色也；似有似无，形也；而似迎似送，则韵也。他若夹幔疏簾，竹窗茅屋，远映斜阳，近依流水，或乱影欹斜，或回风袅娜，或隔夜而露容，或藏枝而匿采，屏间积翠，水底疑红，垂萼如老僧入定，翻枝如美女凌波。积积幻情，结而为韵；惟善艺者能知其天趣。正如支公养马，独赏其神骏耳。”赏花要重视韵味，善赏花者要透过花之形色进一步体会花之韵味、花之情趣、花之意境；真赏者重在以花之意蕴、情趣取胜。这些理论与张镃、袁宏道等中国文人赏花时所追求的那种高雅脱俗的审美趣味和文化气质在本质上是一脉相承、彼此相通的。

结语

雅文化是中国古代文人追求的一种高品味的艺术化的人生境界。宋人嗜“雅”，宋代国策重文轻武，一群饱读诗书的文化精英进入社会政治的核心阶层，宋代士人优越的社会政治地位以及高度学养，使其不仅在政治生活中，而且在各种文化艺术活动中大显身手。诗词歌赋自不在话下，书法、绘画、品茶、参禅、收藏、造园、赏花等，宋代文人的高雅兴趣几乎涉及文化生活的各个方面，而且每一项都玩到令后人咋舌的精妙境界，浸透着风流儒雅的文化意味。梅花那神清骨爽、娴静幽雅、冰清玉洁的花格，深合崇雅黜俗的宋代士大夫的生活情趣，故宋人以梅为雅，称它为花魁，梅也成为宋人比德的最高境界[5]。梅花在南宋被推为群芳之首、花品至尊，以南宋梅花雅文化三绝（张镃《梅品》、范成大《范村梅谱》、宋伯仁《花喜神谱》）为标志的南宋高雅脱俗的赏梅文化成熟发展，形成了中华民族梅花审美文化的深厚土壤和优良传统，并对后世明清文人赏花审美趣味产生了深远的影响。

文化一旦以传统形式积淀固定下来，便包含有超时空的普遍合理性因素。中国古代文人崇尚的赏花雅文化，亦正是如此。与诉诸直观感受和满足本能冲动的赏花俗趣比较，中国古代赏花雅文化凝练着更为深刻隽永的哲学、美学意蕴和中华传统文化遗产所特有的智慧，积聚着中华民族高层次的文化品位与艺术化生活的高雅追求。在奔流曲回的中华传统文化的历史发展脉络中，它是一片积淀深厚的湛蓝耀眼的“智慧海”。

当今的中国，人们对物质利益的盲目追求导致生活信念、道德情操的滑坡，社会上普遍存在心浮气躁、内心空虚的不良风气，而南宋赏梅文化中形成的中国古代儒家特色的赏花审美传统重视在赏花审美中培育人文教养，培养高雅的文化情趣，强化人的道德自律，起到了借自然审美教人求美向善尚雅的积极美育功能，这一优良的中华花文化传统，可以为安顿当代中国人浮躁空虚的心灵提供丰富而深刻的智慧资源[6]。

“梅须逊雪三分白，雪却输梅一段香。”千百年来，我们的祖先以各有千秋的高雅姿态欣赏、享用着梅花雅文化花园中长开不谢的清香奇葩。吸纳先贤智慧、回归赏花传统，当今梅花专类园的设计与建造应当吸纳中华传统赏花智慧，为当代中国百姓享受与花比德、与花结友、花人合一、畅神乐生的最佳赏花审美境界提供最佳赏花场所。如果能在充满诗情画意与赏花雅趣的当代梅园之中不时地举办各种梅花观赏的花事活动，赏花、艺花、插花、咏花、唱花、画花、品花，让每一个赏花者在具体的、互动的、和谐的感性审美直观之中感受梅花生命对于人类生存意义与人格价值的深刻启迪，享受着中华传统赏花雅文化那种高雅脱俗的审美意蕴和中华民族梅花雅文化花园中高层次的文化品位，也许那颗被当代物欲大潮所拖累的疲乏、浮躁的心灵会在这高雅清芬的赏花审美体验之中获得几许宁静、几许慰藉、几许净化、几许升华……

参考文献

[1] 程杰. 中国梅花审美文化研究[M]. 成都：巴蜀书社，2008.
[2] 陈秀中.《梅品》——南宋梅文化的一朵奇葩[J]. 北京林业大学学报，1995(s1)：12-15.
[3] 陈秀中，王琪. 与花比德　以美储善[J]. 北京林业大学学报，2010(s2)：114-117.
[4] 陈秀中，王琪. 中华民族传统赏花理论探微[J]. 北京林业大学学报，2001(s1)：16-21.
[5] 张培艳. 梅与宋人嗜“雅”的美学风尚[J]. 北京林业大学学报，2012(s1)：148-150.
[6] 陈秀中，王琪. 花人同化　畅神乐生[J]. 北京林业大学学报，2010(s2)：118-124.

3.《玉照堂梅品》校勘、注释及今译*

陈秀中

本文对南宋梅文化的珍贵文献《梅品》进行了校勘、注释及今译，使今人能够很容易地、通俗易懂地了解《梅品》的迷人魅力，而不至于被古文的艰涩难懂所困扰。

原文

玉照堂梅品　並序[一]

南宋・張鎡

梅花為天下神奇，而詩人尤所酷好，淳熙歲乙巳[1]，予得曹氏荒圃於南湖之濱，有古梅數十，散漫弗治，爰輟地十畝[2]，移種成列；增取西湖北山別圃江梅，合三百餘本；築堂數間以臨之。又夾[二]以兩室[3]，東植千葉緗梅，西植紅梅，各一二十章[4]。前為軒楹[5]，如堂之數。花時居宿其中，環潔輝映，夜如對月，因名曰“玉照”。複開澗環繞，小舟往來，未始半月捨去。自是，客有遊桂隱者[6]，必求觀焉。頃亞[三]太保周益公秉鈞[7]，予嘗造東閣[8]，坐定，首顧予曰：“一棹徑穿花十裏，滿城無此好風光”。人境可見矣[四]！蓋[9]予舊詩尾句。眾客相與歆艷[10]，於是遊玉照者又必求觀焉。值春凝寒，又能留花，過孟月[11]始盛；名人才士題詠層委[12]，亦可謂不負此花矣。但花艷並秀，非天時清美不宜；又標韻孤特[13]，若三閭大夫、首陽二子[14]，寧槁山澤，終不肯頫首屏氣，受世俗湔拂[15]。間有身親貌悅，而此心落落不相領會[16]，甚至於污褻附近，略不自揆者[17]。花雖眷客，然我輩胸中空洞，幾為花呼叫稱冤[18]；不特三嘆，屢嘆不一，嘆而足也[五][19]！因審其性情，思所以為獎護之策[20]，凡數月乃得之。今疏[21]花宜稱、憎疾、榮寵、屈辱四事，總五十八條，揭之堂上[22]，使來者有所警省，且示人徒知梅花之貴而不能愛敬[六]也[23]；使與予之言傳聞流誦，亦將有愧色云[24]。紹熙甲寅人日約齋居士書[七][25]。

花宜稱　凡二十六條

澹陰[八][26]，曉日，薄寒[九]，細雨，輕煙，佳月，夕陽，微雪，晚霞，珍禽，孤鶴，清溪，小橋，竹邊，松下，明窗，疏籬，蒼厓[27]，綠苔，銅瓶，紙帳[28]，林間吹笛，膝上橫琴，石枰[29]下棋，掃雪煎茶[30]，美人澹妝簪[31]戴。

---

* 本文原文发表于《北京林业大学学报》1995年12月增刊1。

花憎疾　凡十四條[十]

狂風，連雨，烈日，苦寒，醜婦，俗子，老鴉，惡詩，談時事，論差除[32]，花徑喝道[33]，花時張緋幙[十一][34]，賞花動鼓板[35]，作詩用調羹驛使事[36]。

花榮寵　凡六條[十二]

煙塵不染，鈴索護持[37]，除地徑淨[十三]，落瓣不淄[38]，王公旦夕留盼[39]，詩人擱筆評量[40]，妙妓澹妝雅歌。

花屈辱　凡十二條

主人不好事，主人慳鄙[41]，種富家園內，與麤婢命名[42]，蟠結作屏[43]，賞花命猥妓[44]，庸僧窓下種，酒食店內插瓶，樹下有狗屎，枝上曬衣裳，青紙屏粉畫[45]，生猥巷穢溝邊[46]。

昔李義山《雜纂》內有"殺風景"等語[47]，今《梅品》實權輿[48]於此。約齋，名鎡，字功甫，循王諸孫[49]，有吏才[50]，能詩，一時所交皆名輩[51]。予嘗得其園中亭榭名及一歲遊適之目，名《賞心樂事》者，已載之《武林舊事》矣[52]。今止書其《賞牡丹》及此二則雲[53][十四]。

校勘记

[一] 作者以清乾隆年间鲍廷博编、长塘鲍氏家刻本《知不足斋丛书・第八集第六十至六十三册・南湖集・附录上遗文・玉照堂梅品并序》（简称鲍刻本）为底本，以清乾隆《文渊阁四库全书・子部・杂家类三・齐东野语卷十五・玉照堂梅品》（简称四库本）及宋左圭编、明末刻本《百川学海・壬集・梅品》（简称明刻本）为参校本，进行校勘。

[二] 夾　四库本、明刻本作"挾"。

[三] 亞　底本、四库本同。明刻本作"者"。

[四] 人境可見矣　底本、四库本同，明刻本无。

[五] 不特三嘆，屢嘆不一，嘆而足也　底本、四库本同，明刻本作"不特三嘆而足也"。

[六] 愛敬　原作"受敬"，从四库本、明刻本改。

[七] 紹熙甲寅人日約齋居士書　明刻本无；四库本有此句，但"紹熙"误作"紹興"，绍兴甲寅为1134年，张镃还未出世，故为误字。

[八] 澹陰　明刻本"澹蔭"二字上有"爲"字，以下五十七条均同。底本、四库本均无"爲"字。

[九] "薄寒"，原作"薄雲"，从四库本、明刻本改。且"薄雲"与后文"輕煙"大体同义，故从改。

[十] 底本“花榮寵”六条原在“花憎嫉”十四条之前，四库本、明刻本“花榮寵”均在“花憎嫉”之后；按自序所言，四段顺序当为“宜稱、憎嫉、榮寵、屈辱”，今据乙正。

[十一] 花時張緋幙 四庫本作“對花張緋幕”，明刻本作“對花張緋幙”。

[十二] “花榮寵”六条，底本、明刻本同，而四库本作“主人好事，賓客能詩，列燭夜賞，名筆傳神，專作亭館，花邊謳佳詞”。疑为后人删改之笔。

[十三] 徑淨 明刻本作“鏡淨”。

[十四] “昔李羲山”至“此二則云” 八十六字，底本、四库本同，明刻本无。此段文字系《齐东野语》作者周密所写，非张镃手笔，扼要介绍了张镃和他的两篇作品《梅品》《赏心乐事》，顺及张镃还有一则《赏牡丹》也收录于《齐东野语》一书中。

注释

[1] 淳熙歲乙巳 公元1185年。“淳熙”，南宋孝宗赵昚（shèn）的年号。

[2] 爰輟地十畝 于是就收取耕地十亩。“爰”（yuán），于是，乃。“輟”（chuò），停止，中止。“輟地”这里指收取田地，停止耕作，用以种梅。

[3] 又夾以兩室 《释名·释宫室》：“夹室在堂两头，故曰夹室。”

[4] 章 大材曰章。《史记·货殖列传》：“水居千石鱼陂，山居千章之材。”

[5] 軒楹 “軒”，有窗的长廊或小室。“楹”，量词，屋一间为一楹。唐·陆龟蒙《甫里集·十六·甫里先生传》：“先生之居，有地数亩，屋三十楹。”

[6] 桂隱 张镃在南湖修筑的园林，据《文渊阁四库全书·集部·别集类三·南湖集·提要》记载：“镃卜筑南湖，名其轩曰桂隐园，声伎服玩之丽甲于天下，园中亭榭堂宇名目数十，且排纂一岁中游适之目，为《赏心乐事》。”

[7] 頃亞太保句 “頃”，副词，近来，不久以前。“亞太保”，古代官职，即少师、少傅、少保一类，宋代曾复置“三少”官职，作为次相之任。“周益公”，当指周必大（1126—1206），南宋庐陵人，字子充，绍兴二十一年进士，庆元初以少傅致仕，官至左丞相，封益国公。“秉鈞”，喻执国政，指宰相的职位。“鈞”为衡石。“秉鈞”犹言持衡，谓国轻重，皆出其手。

[8] 予嘗造東閣 “嘗”，曾经。“造”，到，去。“東閣”，宰相招致款待宾客之所，也作“東閤”。

[9] 蓋 推原、推究之词。

[10] 歆艷（xīn yàn） 犹“歆羡”，欣羡，爱慕。

[11] 孟月 农历四季的头一个月，即正月、四月、七月、十月；这里当指农历正月，又叫“孟春”。

[12] 層委 接连不断。

[13] 標韻孤特 格调风韵孤高独特。“標”，格调，风度。“孤特”，孤高独特，不随流俗。

[14] 三閭大夫、首陽二子 “三閭大夫”，这里指屈原。“三閭大夫”是春秋时楚官名，屈原曾任三閭大夫，后遭谗毁被放逐，终因楚国国都被秦攻占，爱国理想破灭，遂投

汨罗江而死。“首陽二子”，商代孤竹君的两个儿子伯夷、叔齐，古代高尚守节的义士。周武王灭商后，他们耻食周粟，逃到首阳山，采薇而食，饿死在山里。

[15] 寧槁山澤三句　“槁”（gǎo），枯萎。“頫首屏氣”，低三下四，忍气吞声。“頫首”，俯首屈从，低头从命；“屏（bǐng）氣”，抑制呼吸不敢出声，形容恭谨畏惧的神态。“湔（jiān）”，洗涤；“拂”（fú），掸抖。“湔拂”在这里引申为任意摆布。

[16] 間有句　“間”（jiàn），间或，有时。“落落”，鄙贱貌。“不相領會”，指不能真正领会梅花的格调神韵。

[17] 甚至於污褻附近二句　“污褻”（xiè），玷污，轻慢，不庄重。“略”，略微，一点儿。“揆”（kuí），揣度，估量。“自揆”，自我反省、自我克制。

[18] 花雖眷客三句　“眷”（juàn），眷恋，爱慕。“胸中空洞”，胸中空虚，一无所知。“幾”（jī），副词，几乎。

[19] 不特三嘆三句　不仅要再三为梅花的委屈而感叹，而且要不断地感叹，只有这样做才足以弥补我心中的遗憾。“特”，仅，只。

[20] 奬護之策　“奬”，劝勉，这里指劝勉、引导游客正确赏梅。“護”，救助、护卫，这里指救助、护卫梅花孤高清雅的格调神韵。“策”，谋略，策略，办法。“奬護之策”意为：引导游客正确赏梅、护卫梅花高雅神韵的策略、办法。

[21] 疏　梳理，整理。

[22] “揭之堂上”　这里指将《梅品》五十八条标准高高地张贴在“玉照堂”当中。“揭”，高举。

[23] 且示人徒知句　并且将《梅品》五十八品条明告那些只知梅花的尊贵而不能爱护敬重梅花的品格神韵的游人。“示”，以事告人，把事情指出来使人知道。

[24] “使與予之言”二句：“使”字后面省略了宾语“之”。此二句大意为：使那些缺乏赏梅修养的庸俗之辈读到或听到我的《梅品》五十八条，他们也将会面有愧色的。

[25] 紹熙甲寅句　“紹熙甲寅”，公元1194年，“紹熙”是南宋光宗（赵惇）的年号。“人日”，农历正月初七日。《北史·魏收传》引晋议郎董勋《答问礼俗说》：“正月一日为鸡，二日为狗，三日为猪，四日为羊，五日为牛，六日马，七日为人。”“約齋居士”，张镃的号。

[26] 澹陰　即淡阴，指天气稍微有点阴沉。“澹”，淡薄。

[27] 蒼厓（yá）　青苍的山崖。“厓”通“崖”。

[28] 紙帳　纸做的帐子，用藤皮茧纸缠于木上，以索缠紧，勒作皱纹，不用糊，以线折缝；以稀布为顶，取其透气。帐上常画梅花蝴蝶等为饰，四根帐杆各挂锡瓶，插梅数枝。

[29] 石枰（píng）　石头制的棋盘。

[30] 掃雪煎茶　以雪水煎茶。

[31] 簪（zān）　插，戴。“簪戴”指头插梅花。

[32] 論差除　赏梅时谈论差役、官职一类公务。“差”（chāi），劳役，公务。“除”，拜官授取。旧注：“凡言除者，除去故官就新官。”

[33] 喝（hè）道　官员出行，仪仗士卒前引传呼，使行人避道。

[34] 張緋幙　悬挂陈设红色的帷幕。“緋”（fēi），红色。“幙”，通“幕”，帷幕，在上曰幕，在旁曰帷。

[35] 鼓板　古代的两种打击乐器。“動鼓板”反映演奏热闹的器乐。宋·林逋《山园小梅》：“幸有微吟可相狎，不须檀板共金樽。”

[36] 作詩用調羹驛使事　作赏梅诗用“调羹”“驿使”之类的典故。“調羹”，又作“調鼎”“調梅”。典出《书·说命·下》：“若作和羹，尔惟盐梅。”盐、梅在殷商都是调味品。意谓商王武丁立傅说（yuè）为相，欲让其治理国家，如调鼎和羹中之调味品，使之协调。后因以“调羹”“调鼎”“调梅”为宰相职责之喻称。宰相辅助君王，和心合力，协调治理国家，就好比调鼎和羹中之盐梅。“驛使”，驿站传送文书的人。南朝·宋·盛弘之《荆州记》：“陆凯与范晔相善，自江南寄梅花一枝诣长安与晔，并赠花诗曰：‘折梅逢驿使，寄与陇头人，江南无所有，聊赠一枝春。’”

[37] 鈴索　当指挂有铃铛的绳索，以铃索护围在梅树周边，防止有人折损梅枝。

[38] “除地徑淨”句：将地面路径打扫干净，落地的梅花花瓣清洁如故。“淄”（zī），黑色，这里指弄污、弄脏。

[39] 王公旦夕留盼　“王公”，泛指王侯公卿，达官贵人。唐·杜甫《饮中八仙歌》：“张旭三杯草圣传，脱帽露顶王公前，挥毫落纸如云烟。”“留盼”，与“留连”同义，留恋不止，舍不得离去。

[40] 詩人閣筆評量　“閣筆”，停笔之意。同“擱筆”。宋·卢梅坡《雪梅》：“梅雪争春未肯降，诗人搁笔费评章。”“評量”，品评高低优劣。

[41] 慳鄙（qiān bǐ）　吝啬浅俗。“慳”，吝啬；“鄙”，粗俗，浅薄。

[42] 與麤婢命名　用粗俗婢女的名字为梅树命名。“麤”（cū），同“粗”。“婢”（bì），婢女，女仆，使女。

[43] 蟠結作屏　将梅枝盘曲折绕成屏风状。“屏”（píng），屏风，屏障。

[44] 賞花命猥妓　賞梅時命卑贱的歌妓陪伴。“猥”（w ě i），卑贱，低下。“妓”，歌舞女艺人。

[45] 青紙屏粉畫　在青纸屏风上画梅花。

[46] 生猥巷穢溝邊　梅树生长在杂巷臭沟旁边。“穢”（huì），污浊，肮脏。

[47] 昔李羲山句：“羲山”，唐代诗人李商隐的字。曾作《杂纂·上·杀风景》凡十二条：“花间喝道，看花泪下，苔上铺席，斫却垂杨，花下晒裈，游春重载，石笋系马，月下把火，妓筵说俗事，果园种菜，背山起楼，花架下养鸡鸭。”“杀風景”，败坏风景，败人清兴。

[48] 權輿（quán yú）　起始，开始。

[49] 循王　即张俊（1086—1154年），南宋成纪人，字伯英，出身行伍。高宗时任御营统制、江淮路招讨使，抗金屡立功，与韩世忠、刘锜、岳飞并称抗金名将。秦桧欲与金谋和，先收诸将兵权，张俊首纳兵柄，又助秦桧制造伪证陷害岳飞。晚年封清河郡王，拜太师，居西湖，聚敛财货。死后追封循王。《宋史》有传。张镃是张俊的曾孙。

[50] 有吏才　有做官的才能。“吏”，古代百官的通称。

[51] 能詩二句　据《文渊阁四库全书·集部·别集类三·南湖集·提要》记载：张镃“其诗学则颇为深情，如尤袤、陆游、辛弃疾、周必大、范成大诸人，皆相倾挹；而杨万里尤推之，《诚斋诗话》谓其写物之工绝似晚唐”。

[52] 予嘗得其四句　大意为：我曾经得到张镃的《赏心乐事》一文，记载了张镃桂隐园一年中的游赏之乐事，已经收录在《武林旧事》一书当中。“賞心樂事”，心情欢悦、如意称快之事。南朝·宋·谢灵运《拟魏太子邺中集诗八首序》：“天下良辰、美景、赏心、乐事，四者难并。”“武林舊事”，书名，元·周密撰，共十卷。周密生于宋末，入元后，追忆南宋都城杭州诸事，撰成此书。杭州别称武林，故名《武林旧事》，记南宋朝章典制，杭州山川、风俗、市肆、物产及诸色技艺，与孟元老《东京梦华录》、吴自牧《梦粱录》齐名。

[53] 今止書其《賞牡丹》及此二則雲　此句大意为：《齐东野语》的作者周密已经把张镃的《赏牡丹》及《梅品》两篇文章收录在《齐东野语》之中了。《齐东野语》，书名，元·周密撰，共二十卷。周密本济南人，其祖南渡，居吴兴。书名《齐东野语》，以示不忘本。书中考证古义颇详，记南宋旧事尤多，可补史传之缺失，南宋张镃的《梅品》即最早收录于此书。

今译

玉照堂梅品　并序

南宋·张镃

梅花是天下神妙奇特的珍品，而诗人尤其酷好它。公元1185年，我得到了曹氏位于南湖之滨的荒圃，其中有古梅几十棵，随便地散布于荒野，无人管理。于是我收取田地十亩，将这些古梅移种于此，成行排列；并增种西湖北山其他园圃的江梅，两者合计300多棵；建造堂室数间紧靠着梅园。在堂室两侧又建夹室两间，院东种千叶缃梅，院西植红梅，各一二十株，均为大材。院南为有窗长廊数楹，间数与北堂相对应。梅花盛开之时居宿其中，周围都是纯洁素净的梅花环绕辉映，入夜观梅就如同面对着一轮冰清玉洁的圆月，因此我将此屋正堂命名为“玉照堂”。又环绕梅园开凿溪涧，让小船往来其上。每次来这里，我都要住上十天半月方肯离去。自此，客人中凡是有游玩桂隐园的，必定都要去玉照堂观赏。近来少傅周益公执掌国政，我曾经登门造访，刚刚坐定，他就回过头来对我说“‘一棹径穿花十里，满城无此好风光’，这般美景在人间你的梅园中可以见到了！”这两句诗是我过去吟诵玉照堂的一首旧诗的尾句。众客相互传诵此诗，爱不释手，于是凡游玩玉照堂的人又必定都要在园中观赏题咏。这一年正值春季特别寒冷，梅树又能留住花朵，过了正月花朵才开始盛开。名人才士来园中题咏梅花，络绎不绝，也可以说是没有辜负了这些梅花呀！但是梅花群芳吐艳，没有天时气候的清新美好是不适宜赏梅的；而且梅花又是格调神韵孤高独特的君子，就好比三闾大夫屈原和首阳二子伯夷、叔齐，宁愿枯萎凋零于荒山野泽，始终不肯俯首屈从、忍气吞声，受世俗平庸之人的任意摆布。不时地，游客中也有人表面上对梅花身亲貌悦，而内心鄙贱、根本不能真正领会梅花的格调神韵，甚至在梅园附近做出玷污、轻慢梅花的举动，却又一点儿也不自省自持。梅花虽然眷恋客人，然而我等平庸之辈却胸中空虚，缺乏赏梅的起码文化修养，我几乎要为梅花大声呼叫称冤！我不仅要再三为梅花的委屈而感叹，而且要不断地感叹，只有这样做才足以弥补我心中的遗憾呀！正因为如此，我仔细观察研究了梅花的性情，思考了可以用来引导游客正确赏梅、护卫梅花高雅神韵的策略办法，总共用了好几个月的时间才将这些策略办法考虑周全。今天我整理出花宜称、憎嫉、荣宠、屈辱四个事类，总计五十八条品梅标准，将其高高地张贴在玉照堂当中。此举可以使来访寻梅者有所警省，并且明告那些只知梅花的尊贵而不能爱惜敬重梅花品格神韵的庸俗之辈，使其读到或听到我的梅品五十八条，他们也将会面有愧色的。

公元1194年正月初七日，约斋居士书。

花宜称　凡二十六条

天气略阴，拂晓日出，天气微寒，细雨蒙蒙，烟云轻淡，佳月朦胧，夕阳西照，微雪飘扬，黄昏晚霞，珍奇的禽鸟，孤立的白鹤，清澈的溪水，质朴的小桥，竹林边，古松下，明窗旁，稀疏的篱笆，青苍的山崖，碧绿的苔藓，铜瓶插梅，梅花纸帐，林间吹笛，膝上横琴，石枰下棋，扫雪煎茶，美女淡妆插戴梅花。

花憎嫉　凡十四条

狂风大作，连雨绵延，烈日曝晒，天气奇寒，丑陋的妇人，平庸的俗子，昏黑的乌鸦，拙劣的诗作，谈论时事，谈论公务差使，花径喝人让道，开花时悬设红色帷幕，赏花时演奏喧闹的器乐，作诗用调羹、驿使之类的典故。

花荣宠　凡六条

尘埃不染，以挂有铃铛的绳索护围梅树，扫净路径、落瓣清洁如故，王公贵人早晚驻足、流连忘返，诗人停笔品评高下，美妙的歌妓淡妆雅歌。

花屈辱　凡十二条

主人不喜欢多事，主人吝啬浅俗，种富家园内，用粗俗婢女名字为梅树命名，将梅枝曲折盘绕成屏风，赏花时命卑贱的歌妓陪伴，庸俗的和尚在窗下种梅，酒食店内瓶插梅花，树下有狗屎，枝上晒衣裳，在青纸屏风上画梅花，生长在杂巷臭沟旁。

往昔李商隐《杂纂》一书内有“杀风景”等语条，今之《梅品》的写法实际上是起源于此。约斋，名张镃，字功甫，是循王张俊的曾孙。他有做官的才能，擅长写诗，一时所交都是有名望身份的人士。我曾经得到张镃的《赏心乐事》一文，记载了张镃桂隐园中亭榭堂宇的名目，以及该园一年内的游赏之乐事，已经收录在《武林旧事》一书当中了。现今我在《齐东野语》一书里，仅记录张镃的《赏牡丹》以及《梅品》两则文章。

附录

《赏牡丹》

南宋・张镃

（说明：本文献原文出自《知不足斋丛书・第八集第六十至六十三册・南湖集・附录下逸事・齐东野语二则》影印本）

参见以下张镃《齐东野语二则》影印版照片。

齊東野語二則

楊次山與皇后謀俾皇子榮王曮入奏言侂胄再啓兵端謀危社稷上不荅皇后從旁力請再三欲從罷黜上亦不荅后懼事泄於是令次山於朝行中擇能任事者時史彌遠爲禮部侍郎資善堂翊善遂欣然承命錢參政象祖禮部尚書衛涇著作郎王居安前右司郎官張鎡皆預其謀議既定外間有藉藉言其事者彌遠大懼然未有殺之之意遂謀之張鎡鎡曰勢不兩立不如殺之彌遠撫几曰君眞將種也吾計決矣時開禧三年十一月二日侂胄愛姬三夫人號滿頭花者生辰張鎡素與之通家至是移庖侂胄府酬飲至五鼓初三日早朝侂胄車至六部橋中軍統制夏震以健卒百餘人擁其轎至玉津園夾牆內撾殺之節錄

張鎡功甫號約齋循忠烈王諸孫能詩一時名士大夫莫不交遊其園池聲伎服玩之麗甲天下嘗于南湖園作駕霄亭于四古松間以巨鐵絙懸之半空而羈之松

身當風月清夜與客梯登之飄搖雲表眞有挾飛仙遡紫清之意王簡卿侍郎嘗赴其牡丹會云衆賓旣集坐一虛堂寂無所有俄問左右云香已發未答云已發命捲簾則異香自內出郁然滿坐羣伎以酒肴絲竹次第而至别有名姬十輩皆衣白凡首飾衣領皆牡丹首帶照殿紅一伎執板奏歌侑觴歌罷樂作乃退復垂簾談論自如良久香起捲簾如前别十姬易服與花而出大抵簪白花則衣紫紫花則衣鵝黄黄花則衣紅如是十盃衣與花凡十易所謳者皆前輩牡丹名詞酒竟歌者樂者無慮百數十人列行送客燭光香霧歌吹雜作客皆恍然如仙游也功甫于誅韓有力賞不滿意又欲以故智去史事泄謫象臺而殂

誠齋詩話一則

自隆興以來以詩名者林謙之范致能陸務觀尤延之蕭東夫近時後進有張鎡功父趙蕃昌父劉翰武子黄景說巖老徐似道淵子項安世平甫鞏豐仲至姜夔堯章徐賀恭仲汪經仲權前五人皆有詩集傳世云云功父云斷橋斜取路古寺未關門絕似晚唐人詠金林禽

4. 张镃南湖玉照堂梅园* / 程 杰

该文介绍了《梅品》作者张镃的生平以及南湖玉照堂的梅花历史状况；详细描述了南宋著名梅园玉照堂梅园的兴衰历史。张镃现存围绕“南湖桂隐”有三部奇特的著作，提供了园林风景和园居生活的丰富信息：一是嘉泰元年（1201）的《赏心乐事》，二是《玉照堂梅品》，三是《桂隐百课》。前两篇都已见到原文，《桂隐百课》详细罗列了南湖别墅的园林景观，本文也将《桂隐百课》原文附录于后。

南湖在杭州古城东北隅，世称白洋湖，南宋后期水面剧减，遂称白洋池，为南宋中期文人张镃别墅所在地。张镃（1153—1235），宋临安（今浙江杭州）人，先世居成纪（今甘肃天水）。早年字时可，改字功父，号约斋，南渡名将张俊曾孙。累官承事郎、直秘阁、权临安通判，淳熙十四年（1187）以主管华州云台观退闲临安故园[1]。开禧三年（1207）为左司郎官，参与谋诛韩侂胄，事成后为卫泾等奏弹，贬居广德军（今安徽广德）[2]。嘉定四年（1211）又参与谋杀史弥远，事泄，“除名，象州（按：今属广西）羁管”[3]，二十四年后即端平二年（1235）卒于象州[4]。

张俊当高宗朝颇受宠遇，优积财富。子孙承其遗泽，庄田广布，张镃父祖世代嫡长，承获既多，又善经营，加以性格豪奢，园池声色富甲天下，生活极其奢侈淫靡。南湖别

* 本文原载于程杰著《中国梅花名胜考》(中华书局2014年版)第199—202页，经主编陈秀中征得作者同意，转载于此。

墅占地百亩，依山面湖。湖水在宅南，因名南湖。别墅经始于淳熙十二年（1185）[5]，十四年初步落成，最初植桂较多，因而总名“桂隐”。同年因疾求获祠禄，归居养闲于此，于是大事经营，历时十四年，于庆元六年（1200）完成。全园分东寺、西宅、南湖、北园、众妙峰山几大部分[6]，其中东寺为淳熙十四年由新建住宅捐建[7]，绍熙元年（1190）请于朝，赐额广寿慧云禅寺[8]，后世俗称张家寺[9]。全园山水之胜、规模之大为当时京城私园翘楚。又以贵胄子弟，好为结交，杨万里、陆游、尤袤、周必大、姜夔等名公雅士，纷至游赏，题品揄扬，使这一偏隅私园渐成名区胜迹。

玉照堂无疑是园中最为著名的一个景点。张镃称：“淳熙岁乙巳，予得曹氏荒圃于南湖之滨，有古梅数十，散漫弗治，爰辍地十亩，移种成列。曾取西湖北山别圃江梅，合三百余本，筑堂数间以临之。又挟以两室，东植千叶缃梅，西植红梅，各一二十章，前为轩楹如堂之数。花时居宿其中，莹洁辉映，夜如对月，因名曰玉照。复开涧环绕，小舟往来，未始半月舍去。自是客有游桂隐者，必求观焉。顷亚太保周益公秉钧，予尝造东阁，坐甫定，首顾予曰：‘一棹径穿花十里，满城无此好风光，佳境可见矣。’盖予旧诗尾句，众客相与歆艳，于是游玉照者，又必求观焉。值春凝寒，又能留花，过孟月始盛。名人才士，题咏层委，亦可谓不负此花矣。”[10]所说淳熙乙巳，即淳熙十二年，可见在建造南湖别墅之始，即着手玉照堂梅景的种植。原地本有古梅数十株[11]，又从西湖北山别墅移来不少江梅[12]，总计植梅三百株，占地十亩。在堂东、西分别植缃梅、红梅二十株。梅林外开涧引水环绕，水上修揽月、飞雪二桥[13]，可以乘舟往来游赏，成了当时文人造访的热点[14]。后来梅林又有所增植，嘉泰二年（1202）所著《桂隐百课》中即称：“玉照堂，梅花四百株。”补种之梅可能以红梅为主，开禧元年（1205）张镃《祝英台近·邀李季章直院赏玉照堂梅》有“春到南湖，检校旧花径。手栽一色红梅，香笼十亩”句[15]。

南湖别墅盛况维持不久。张镃出身世家，处世并不守分，于朝廷、宫闱之争涉嫌颇深，加以生活奢侈淫糜，因而招致非议颇多，庆元元年（1195）即遭放罢，开禧三年（1207）参与诛杀韩侂胄，事后不久遭忌被劾，贬居广德军（治今安徽广德），嘉定四年（1211）更除名勒停，送象州羁管，最终沦死瘴乡。这一连串打击，不仅彻底葬送了张镃的政治生命，也从根本上动摇了张镃“门有珠履、坐有桃李”[16]的生活基础。也许这一原因，从张镃被贬以来，南湖桂隐几乎是销声匿迹，很少有人提及[17]。绍定间（1228—1233），广寿慧云寺也遭火焚[18]，元至正间（1341—1368）被毁。入明后寺院虽一再重建，但附近园池逐渐湮废，并入民居[19]，有些陈年古梅为当时豪门所得[20]。入清后此地更是一片居民蔬圃，所谓白洋池逐渐淤为茭田。但无论是寺院，还是民田私宅仍有不少梅树可见。嘉庆间，仁和高光煦《玉照堂怀古》：“至今六百载，浩劫余红羊。颜额未改易，屋宇非旧梁。旷地多种蔬，碧藓缘僧床。惟有古梅枝，破萼仍霏香。”[21]同时屠倬《南湖观梅歌同潘寿生明经作》、《次日复同马秋药太常南湖慧云寺观梅》[22]、曹懋坚（？—1854）《慧云寺看残梅》[23]、张应昌《二月十八日偕许玉年（乃谷）南湖玉照堂看梅（宋张功甫遗迹）》[24]等作品对这一带梅花分布情况都有一定反映。“光绪元年（1875），邑人丁丙重建水星阁及玉照堂，植梅百余本。”[25]光绪八年，丁丙有《人日集南湖玉照堂观梅，用张功甫韵（壬午）》诗[26]。此去张镃建园整整七个世纪，这应该是最后一次大规模植梅了，民国以来白洋池“四旁居民侵作茭田”[27]，并逐步演变为市井，无迹可寻了。

在整个杭城诸多梅花名胜中，张镃南湖别墅的梅花规模并不称盛，即便是在当时的私园中也未必突出，但在古代梅文化史上却有着特殊的地位。张镃以贵胄公子而雅好诗文、园林，跻身当时名流，影响颇大，杨万里、范成大、陆游等都交口称赞。就其园林建设而言，嘉泰元年（1201）张镃著《赏心乐事》，按月列单，排比四时八节宴游享乐项目，除少量出游湖山外，多为园中宴游之事，内容极其丰富[28]。次年又著《桂隐百课》，详细罗列南湖别墅的园林景观。这些无论是对当时都成文人生活，还是园林建设来说，都是不可多得的文献。同时张镃还写下了《玉照堂梅品》一文：“疏花宜称、憎嫉、荣宠、屈辱四事，总五十八条，揭之堂上，使来者有所警省”[29]。所谓“梅品”，并非品种谱录之义，而是标准、品位、格调的意思，根据自己的艺梅、赏梅经验，通过正反两方面的条例，标举梅花欣赏的正确方式和方法，抵制各种庸俗的情形和倾向，以维护梅花观赏的高雅品位。南宋中期以来整个社会梅花圃艺种植和观赏风气日益高涨，梅花受到越来越多的推尊，正是在这梅文化发展的历史至高点上，范成大的《范村梅谱》和张镃的《玉照堂梅品》相继出现，一为谱录梅花品种之“品”，一为标举梅花观赏之“品”两者相映生辉，代表了梅花圃艺、欣赏鼎盛时期的学术成就和审美风范，成了梅文化史上最为经典的专题文献[30]。从《玉照堂梅品》序言可知，该文正是针对当时玉照堂游者日众的情形有感而发，自然也包含了作者南湖别墅的园居生活，尤其是种梅赏梅的丰富经验，也正因此玉照堂梅花虽然规模有限，存世短暂，却成了梅文化史上一道脍炙人口的名胜、永不凋谢的风景。

注释

[1] 杨万里《张功父请祠甚力，得之，简以长句》，《诚斋集》卷二三。

[2] 卫泾《后乐集》卷一一。

[3] 《宋史》卷三九。

[4] 吴泳《张镃追复奉议郎致仕制》：“一偾二纪，遂死瘴乡，士之不幸，亦可悯矣。”《鹤林集》卷九，《影印文渊阁四库全书》本。

[5] 张镃《玉照堂梅品》序，周密《齐东野语》卷一五。

[6] 张镃《约斋桂隐百课》序，周密《武林旧事》卷一〇。

[7] 张镃《誓愿文》，吴之鲸《武林梵志》卷一。

[8] 史浩《广寿慧云禅寺记》，《两浙金石志》卷一〇。

[9] 吴之鲸《武林梵志》卷一。

[10] 张镃《玉照堂梅品》，周密《齐东野语》卷一五。

[11] 最初所栽大约即此数十棵古树为主，另有少量新树。淳熙十五年早春张镃《玉照堂观梅二十首》（《南湖集》卷九）其二十“高窠依约百余年”，即咏这一批古树。其十三“霁光催赏百株梅”，可见除原有古梅外，另有添植，合约百株左右。

[12] 张俊府第在当时杭城南清河坊，另在西湖南山、北山均有别墅。周密《武林旧事》卷五记北山

路迎光楼，属张循王府。

[13] 张镃《约斋桂隐百课》，周密《武林旧事》卷一〇。

[14] 诗词作品可证者有：杨万里《走笔和张功父玉照堂十绝句》，《诚斋集》卷二一；史达祖《醉公子·咏梅寄南湖先生》，《全宋词》第2347页；张镃《走笔和曾无逸掌故约观玉照堂梅诗六首》、《玉照堂次韵（潘）茂洪古梅》、《祝英台近·邀李季章（引者按：李壁字季章）直院赏梅》、《满江红·小圃玉照堂赏梅，呈洪景庐（引者按：洪迈字景庐）内翰》，《南湖集》卷九、一〇。

[15] 张镃《南湖集》卷一〇。此词系年据曾维刚《张镃年谱》，见该书第230–231页。

[16] 杨万里《张功父画像赞》，《诚斋集》卷九七。

[17] 戴表元《剡源集》卷一〇《牡丹宴席诗序》、《八月十六日期张园玩月诗序》记张镃诸孙在园中雅集宾朋，诗酒唱和之事，园在杭州，但非南湖。

[18] 张柽《〈广寿慧云禅寺碑〉跋》，阮元《两浙金石志》卷一〇。

[19] 沈朝宣《（嘉靖）仁和县志》卷一一："广寿慧云禅寺即张家寺，在白洋池北。宋张循王俊宠盛时，其别宅富丽，内有千步廊，今为民居，故老犹口谈之。旧有花园，废久，惟存假山石一二，今寺中有留云亭、白莲池，皆其所遗。其前白洋池号南湖，拟西湖为六桥，桥亦埽迹。宋淳熙十四年王之孙名镃者舍宅建寺，尚遗王像，寺僧至今崇奉，宋致仕魏国公史浩撰碑记。"

[20] 袁宏道《西湖（二）》："石篑（引者按：陶望龄，绍兴人，号石篑，万历十七年会元）数为余言，傅金吾园中梅，张功甫家故物也。"《袁中郎全集》卷八。汪砢玉《西子湖拾翠余谈》卷上："西山雷院傅庄是张功甫玉照堂旧基，今香雪亭有梅千树。"王穉登《过傅家园》（《王百谷集十九种》越吟卷上）"幺幺社鼠与城狐，一失冰山势便孤。松竹尽荒池馆废，行人犹说傅金吾。"傅金吾，名迹不详。王世贞《弇州四部稿》续稿卷一八〇有与"傅金吾养心"书，称傅氏为明初大将傅友德后裔，养心当为其字或号，所称金吾，意其为锦衣卫官。袁与王同时，两人所说当为一人。

[21] 潘衍桐《两浙輶轩续录》卷四八。

[22] 屠倬《是程堂二集》卷二。

[23] 曹懋坚《昙云阁集》诗集卷二。

[24] 张应昌《彝寿轩诗钞》卷一。

[25] 李榕、吴庆坻等《（民国）杭州府志》卷三四。

[26] 丁丙《松梦寮诗稿》卷五。

[27] 李榕、吴庆坻等《（民国）杭州府志》卷二〇。

[28] 周密《武林旧事》卷一〇。

[29] 张镃《玉照堂梅品》，周密《齐东野语》卷一五。

[30] 请参阅笔者《中国梅花审美文化研究》第251–258页。

附录

《桂隱百課》並序

南宋・張鎡

参见以下张镃《桂隐百课》影印版照片。

桂隱百課并序　武林舊事

淳熙丁未秋余捨所居爲梵剎爰命桂隱堂館橋池諸名各賦小詩總八十餘首逮慶元庚申歷十有四年之久匠生於心指隨景變移徙更葺規橅始全因删易增補得詩凡數百綱舉而言之東寺爲報上嚴先之地西宅爲安身攜幼之所南湖則管領風月北園則娛燕賓親亦庵晨居植福以資淨業也約齋晝處觀書以助老學也至於暢懷林泉登賞吟嘯則又有衆妙峯山包羅幽曠介于前六者之閒區區安恬嗜靜之志造物亦不相負矣或問余曰造物不負子子亦忍負造物哉釋名宦之拘因享天眞之樂適要當於筋骸未衰時今子三仕中朝頭華齒墮涉筆纔十二旬如之何則可余應之曰仕雖多不使勝閑日余之願也余之幸也敢不勉旃

壬戌歲中夏張鎡功父書

東寺敕額廣壽惠雲

大雄尊閣　千佛鐵像

靜高堂　寢室

眞如軒　種竹

西宅

叢奎閣　安奉御賜四朝宸翰

德勳堂　祖廟以高宗御書二字名

儒聞堂　前堂用告詞字取名

現樂堂　中堂用朱巖壑語

安閒堂　後堂

綺互亭　有小四軒

瀛巒勝處　東北小樓前後山水

柳塘花院

應鉉齋　筮得鼎卦故名

振藻　取告詞中字名

宴頤軒

尚友軒

賞眞亭　山水

亦庵

法寶千塔 鐵鑄千塔藏經千卷
如願道場 藥師佛壇
傳衣庵
寫經寮 書華嚴等大乘諸經
約齋
泰定軒
南湖
閬春堂 牡丹芍藥
煙波觀

天鏡亭 水心
御風橋 十開
鷗渚亭
把菊亭
汎月闕 水門
星槎 船名
北園
羣仙繪幅樓 前後十一開下臨丹桂五六十株盡見江湖諸山
桂隱 諸處總名今揭樓下

清夏堂 面南臨池
玉照堂 梅花四百株
蒼寒堂 青松二百株
豔香館 雜春花二百株
碧宇 脩竹十畝
水北書院 對山臨溪
界華精舍 夢中得名
撫鶴亭 近水村
芳草亭 臨池

味空亭 蠟梅
垂雲石 高二丈廣十四尺
攬月橋
飛雪橋 在梅林中
蕊珠洞 荼蘼二十五株
芙蓉池 紅蓮十畝四面種芙蓉
珍林 雜果小園
涉趣門 總門入松徑
安樂泉 竹間井

杏花莊 村酒店
鵲泉 井名
衆妙峯山
詩禪堂
黃寧洞天
景白軒 寘香山畫像并文集
文光軒 臨池
綵畫軒 木樨臨側
書葉軒 柿十株

俯巢軒 高檜旁
無所要軒
長不昧軒
摘星軒
餐霞軒 櫻桃三十餘株
讀易軒
詠老軒 道德經
凝薰堂
楚佩亭 蘭

宜雨亭 千葉海棠二十株近流水
滿霜亭 橘五十餘株
聽鶯亭 柳邊竹外
千歲庵 仁皇飛白字
恬虛庵
憑暉亭
弄芝亭
都微別館 誦度人經處經乃嶽宗御書
冰湍橋

漪嵐洞
施無畏洞 觀音銅像
澄霄臺 面東
登歗臺
金竹巖
隱書巖 石函仙書在巖穴中可望不可取
古雪巖
新巖
疊翠庭 茂林中容十數人坐

釣磯
菖蒲澗 上有小石橋
中池 養金魚在山澗中
珠旒瀑
藏丹谷
煎茶磴
右各有詩在集中此不繁錄

題南湖集十二卷後 永樂大典

桂隱林泉在錢塘爲最勝張子卜築池臺館宇門牆道路凡經行宴息處悉命以佳名而各有詩予嘗歷其地乃因鄰友張以道東歸惠然寄示緘餘絕讀之灑然如與其人岸冠散袵徜徉於煙靄閒可勝欣快因爲一絕題其後桂隱神仙宅足未登新詩中有畫一一見觚棱淳熙己酉中峯眞隱史浩書

案南湖集元本凡二十五卷見方萬里桐江眞隱此跋蓋題桂隱紀詠之後而云十二卷當時編次如是也玆編紀詠已亡佚過半幸舊事猶存其目并錄此附焉

第三编

赏花拾英——研读中国梅花的民族文化特质

第三编分析研究中国古代文人赏梅的审美趣味，重点研读中国古代咏花诗词中的咏梅诗词，深入剖析中国小花、香花的民族文化特质，尝试抓住中国的小花、香花的这种民族文化特质，系统挖掘、大力弘扬，逐步把中国的小花、香花培养成最具中国特色的中华民族优质名花，将他们作为拳头产品以最佳的欣赏方式打向世界！正如中国工程院院士、著名梅花专家陈俊愉教授曾经指出："梅花作为中国第一项具有国际登录权的花卉，在今后的发展中所要带给世界的不仅仅是中国丰富的花卉种质资源，更重要的是要让中华花文化的意境给世界带来感染和影响！"

梅花，中国花文化的秘境*

陈俊愉

由于欧美人士赏花的局限性，给我们的小花、香花资源提供了“历史性的专利”。在改革开放的今天，我们必须重视中华传统梅花文化的研究，深入研究探讨梅花欣赏的民族特色，深入剖析中国梅花的民族文化特质，重点从弘扬中华花文化的角度培养中华小花、香花的民族文化特质，把中华名花之精英推向世界。

“疏影横斜水清浅，暗香浮动月黄昏。”提起梅花，国人无一不联想到《红梅赞》所颂扬的中华民族坚贞不屈的精神。从外形上说，梅花娇小玲珑，花型多样；从文化内涵上说，我国有关梅花的诗词歌赋比其他所有花的诗词歌赋的总和还要多。梅花的暗香和意境为我们打造了独特的中华花文化之秘境，从此意义上说，无花能敌。

1. 千年铜鼎叹梅核

梅原产于中国，无论野生还是栽培，我国当处首位。梅最初是以果而名闻中华。古人以梅代醋，已经有非常悠久的历史。如《尚书·说命》载：“若作和羹，尔惟盐梅。”说的是殷高宗武丁对宰相傅说说：阁下的重要性就好比做羹汤时用的盐和梅。直到现在云南

* 本文原文发表于《中国国家地理》2004年第3期，后来主编陈秀中在整理陈俊愉院士家中手稿时发现了内容更为充实的版本，故收录于此。

大理白族和丽江的纳西族同胞，仍然保持用野生梅子炖肉炖鸡的殷商古风。1975年在河南安阳殷墟考古的发现，正好印证了《尚书》里的记述：铜鼎中炭化的梅核，经C_{14}鉴定，查明距今已3200年。更令人振奋的是，1979年裴李岗遗址发掘报告证明当时的梅核应当是公元前5495到前5415年左右的。这就大大增加了我国梅树的历史，使它可与伊拉克椰枣树齐名而成为世界上最早的两种果树。

从吃用梅子到赋予梅子文化内涵，我们则需要到《诗经》中寻找答案。在我国古代民间朴素歌谣《诗经》中，梅是体现古人浪漫情怀的最佳佐证。在商朝时期的河南北部，梅子青时，就是青年男女表达爱意的时刻。由于母系社会遗风尚存，姑娘会摘青果（尚未熟透的梅子）扔给他欣赏的小伙子，以示爱意。所以说，中国的情人节比外国人的还要早，只是好多人都不了解，反而依着西方文化，在西方的情人节时送所谓的“玫瑰”表示爱情。其实充斥国内市场的“玫瑰”只是现代月季的误称。

古代先民采集野梅，主要作加工食品或祭祀之用。早期的梅花在千万年的历史中都是单纯的五瓣，在长期的驯化栽培中，梅个别出现了复瓣、重瓣、台阁等变异，有心人另行嫁接繁殖，就育成了专供欣赏的新品种，这就是花梅从果梅中分化而出的来龙去脉。依据各种资料推算，梅从野生发展到引种栽培大约是从汉朝开始的。秦汉之际，陕西、四川大兴土木搞园林建设，《蜀都赋》中记有“被以樱、梅，树以木兰”，可见梅已作为城市绿化树种被应用了。魏晋时期之后，有关梅花的诗文逐渐增多，甚至有人邮寄单枝梅花赠友表达“聊赠一枝春”的心意。时至宋元栽培梅花兴盛，形成了一段艺梅的高潮。文学绘画创作的兴盛，可谓是梅花见重于宋代的重要原因之一。

2. 中国人——世界花卉欣赏的大师

中国被西方誉为“世界园林之母”。我认为不仅如此，自古以来，中国人还是花卉欣赏的大师。

中国人很早就与树木花卉结下了不解之缘。如孔子说：“岁寒，然后知松柏之后凋”，显然是把松柏人格化了。中国人在花木配置欣赏中，除了生态效益、造景功能外，更以花言志。如赞赏荷花“出淤泥而不染”，推崇松竹梅之“岁寒三友”精神，欣赏丹桂十里飘香，赞扬竹之高风亮节等。此外，中国人赏花注意趣味、意境和联想，强调“花人合一”，追求意与境、情与景、心与花、品与香的交流。欧美人赏花，多重花形奇特、花朵硕大、花色艳丽，对切花更强调梗长花挺。而中国人除了赏花的姿与色外，更重视花香与神韵。清人郑板桥之“室雅何须大，花香不在多”与今人的“香是花魂”，虽为古今，却有异曲同工之妙。

国人欣赏花卉，是用五官（鼻、目为主）乃至全身心投入。宋代陆游的《梅花》诗云：“当年走马锦城西，曾为梅花醉似泥。二十里中香不断，青羊宫到浣花溪。”赏梅赏到“醉似泥”的程度，若非引发了全身心的陶醉是不可能的。欧洲人几乎把我国所有的大花

（种与品种）都拿走了，如月季、珙桐、芍药、牡丹、菊花、玉兰类、百合花、杜鹃花、山茶花、八仙花等。他们把某些大花种作为重要的杂交亲本，育成新品种后，又把“回姥姥家的外孙女”高价卖给我们。而对那么多又那么好的中华小花、香花资源，如梅花、蜡梅、桂花、国兰、米兰、珠兰、瑞香、结香等却不屑一顾。这些很少被西方人拿走的小花、香花，正是我们中国花卉资源中的精英和民族的骄傲。

由于欧美人士赏花的局限性，给我们的小花、香花资源提供了“历史性的专利”。在改革开放的今天，应该把中华名花之精英推向世界，把我们的小花、香花作为“拳头产品”，拿到国际舞台上去。现在是我们扬长避短，弘扬中国优秀传统，为世界花文化和花卉业增添光彩的时候了！

3. 小花香花世界花

国人赏花的资质确保了梅花优良品种得以被众人慧眼识出，而中国人传统的哲学也为梅花的培育奠定了良好的基础。正如西医和中医的差别，西方人养花注重科技含量，因此在种间杂交、病虫害防治和机械自动化栽培上面功效卓著；而中国人养花则注重肥料、环境培育等综合性因素，所以能够小规模地培养优秀的品种，这是值得我们引以为豪的事情。正如中华文化之于世界，中华的花卉在古代千百年来对于世界花卉做出了其他任何国家都无法比拟的贡献。然而正是近两三百年的停滞，导致了中国的花卉产业远远落后于国外。从中国传出去的牡丹、杜鹃花、山茶、百合、萱草等今天却被外国人重新整合以高价卖回国内。国际登录权的归属代表了一个国家该项花卉的水平，而由于历史原因却导致了中国在多种花卉上诸如菊花、山茶、牡丹、百合还要到外国去登记确认品种。因此梅花作为中国最早一项具有国际登录权的花卉，在今后的发展中，所要带给世界的不仅仅是中国丰富的种质资源，更重要的是要让中华花文化的意境给世界带来感染和影响，并通过梅花、蜡梅、桂花、瑞香、中国水仙等小花、香花的出口，使世界花卉更为丰富多彩，美不胜收。

中国瑰丽的花文化为梅花树立了坚贞不屈的风格。而不可否认的是，在带着感情去欣赏花卉的时候，人们往往赋予了她们更多的东西。比如说梅花欢喜漫天雪，其时这是误解。梅花主要还是喜暖，只是在寒冬冰雪之下，梅花花粉仍旧能够发芽、授精，花朵能忍耐寒冬，继续开放，待机而动。长江流域忽暖忽寒的气候，也造就了梅花忍耐后再开放的习性，使它得以开放时间长久。关于梅花更有趣的事情是，蜡梅并不属于蔷薇科，梅花和蜡梅分属于蔷薇科和蜡梅科，只是因为两者香味相近，而最先被古代文人以之与梅为伍。中国人欣赏花卉的精神在这里可见一斑。

时代的发展要求花卉的欣赏也要与时俱进。在经济蓬勃发展的今天，疏影横斜的梅花依旧可以在庭院中、家庭的盆景中找到归宿，而反映欣欣向荣精神的枝繁花密的梅花则更是大众喜爱的美景。无论从何种欣赏角度看，梅花无疑都是中国的花魁，花文化的秘主。

梅之美*

余树勋

什么是美？这个问题争论了上千年也没有解决，现在且不去参加争论，只谈梅之美。这要从它的属性、本质、特征、产生、发展及审美心理学等方面去探索。虽然画家画梅、诗人咏梅，各说各的，但是我们搞园林设计及搞梅花分类、育种的人关于梅之美历来人云亦云，没有仔细去推敲。本文将美学、心理学和植物学结合分为三部分来分析梅之美：①梅之美的属性，说明从野生的自然美到栽培以后渗入了社会美的过程；②梅之美的特征，分别介绍它的花期早、花香、花色淡雅及枝干之美；③梅在园林中的应用。全文都是引用古诗的名句，来说明古诗人欣赏梅的历史。

1. 梅之美的属性

梅，生长在自然界，是自然物之一，它具有的美属于自然美。它在野生状态下即具备原有的感性形式，如色彩、线条、体形、香气等。早年野生的梅树年年结果、果味道很酸，后来渐渐被人类改进并利用了，于是与社会功能联系起来，栽培在人的居室附近或成为梅园，既赏花又尝果，与人的生活客观也联系上了，而不是单纯野生状态的自然美形式。所以梅成为美的对象是自然性在先，而后与社会性结合了。当然其中经历了很长的

* 本文原文发表于《北京林业大学学报》2001年1月特刊。

曲折道路，不是单独的、朴素的自然美就能够触动人们的厚爱。从大量的咏梅诗中多少可以体会到这段经历。早年的咏梅诗题如“山中探梅”（刘镇、周介福、冯子振等人的同题诗），“行次野梅”（皮日休），“塞上梅”“岭上梅”“山路梅花”“山中梅”（王建、冯山、苏轼、冯子振的诗）等等，都是咏赞山上、路边的野梅或较原始的梅花。但与此同时也不断出现栽在驿站、旅馆、花园、亭下、渔舍、庭前的梅树被诗人选为题材。显然说明梅的自然美或梅果的味觉美已经触动了人的心理活动而使人热心参与，将梅树变成人工栽培并逐步向提高观赏性演化，这样就初步具有社会性了。

咏物诗始见于东晋兴盛于唐宋，所以大量的咏梅诗均出现在唐宋以后，从观梅、赏梅、咏梅的地点不同，可以推断梅花由野生逐步进入栽培，由原始品种演化成观赏品质很高的梅花品种，时间约在唐宋之间，而美的属性由自然美掺入社会性也正在此际。请看以下两首咏梅诗。

行次野梅

皮日休

茑拂萝梢一树梅，玉妃无侣独徘徊。
好临王母瑶池发，合傍萧家粉水开。
共月以为迷眼伴，与春先作断肠媒。
不堪便向多情道，万片霜华雨损来。

从前面两句就可以明白，他咏叹的梅树，正是处在路边与茑萝缠绕、与艾蒿为伍、环境不堪的情况下生长，还有春雨来损伤雪白的花瓣。正说明诗人对这株行路中遇到的野梅的怜惜之情。

山园小梅

林逋

众芳摇落独暄妍，占尽风情向小园。
疏影横斜水清浅，暗香浮动月黄昏。
霜禽欲下先偷眼，粉蝶如知合断魂。
幸有微吟可相狎，不须檀板共金樽。

这是一首闻名的咏梅诗。北宋时代已将梅花种在园内，我们从诗题的“山园”和首联末尾的“小园”可以明确知道诗人咏赞的是林逋在孤山上小花园中栽培的梅花。

诗人林逋号和靖，他终生未娶，“梅妻鹤子”的故事流传至今。当时的社会条件容许他在西子湖畔，过着悠闲的生活。他启动了全部的感受，并结合四周环境中动与静的变化，将对院内梅花独特的洞察力很微妙地写入这56字之中。这首千古绝唱，已为梅之美立下了不朽功劳。

由以上两首诗的比较，可知唐宋之间梅之美逐渐由野生转入栽培、由原始品种进入高级品种，同时也从中多少体会到“自然美是一定社会实践的产物”。[1]

2. 梅之美的特征

咏花的诗在咏物诗中占有很大的比重，而咏梅花的诗一直是名列前茅。不仅数量多而且历史早。原因何在？当然是因为梅花具备独特的自然美的各种形式。而各种形式美的背后由于人的欣赏心理很容易发生共鸣，所以诗情与画意容易激发起来，于是产生大量的咏梅诗，以下谈几点梅之美的特征。

梅的花期早

梅在一般春花的落叶树中花期领先，而且先花后叶，这一生物学特性为它争得了许多赞誉。诗人们以花喻人，借题发挥。根据花期早这个特性而认为梅花耐寒（实际上黄河以北越冬仍有困难）。诗人早春看见初绽的梅花大为赞赏几乎总也离不开晚霜、残雪、寒梅、寒香、冰晶、冰姿、冰颜、香雪、冷香、冰心、冰魂、冷云、冷骨、铁骨、凌霜等，既状物又叙时的美言很多。

不仅如此，诗人们将梅花人格化，因为花期早而联系到能抗拒霜雪逆境，是与不良环境作斗争的顽强者；孤芳自赏，不与一般春季开花的植物为伍，显为清高自傲者；不待春暖争先吐放，为争雄出众者；不以华丽取宠而为花中品德纯正者等。古诗词对梅的赞美之词流传久远，在世界花卉中是十分少有的文化历史。

正由于花期早，人们在早春寒气未消的环境中见到梅花开放，刚刚经过一个漫长的冬天之后，会感到异常兴奋和冲动，甚至提笔咏诗、作画。请看唐代王适的一首《江边梅》：“忽见寒梅树，开花汉水滨。不知春色早，疑是弄珠人。”诗人王适是北方幽州人，到了南方汉水之滨，早春忽然见到将开的梅花，几乎误认为是珍珠，其惊异之情可以想见，于是作诗遣兴。

又如唐代杜甫在四川写的梅花诗片段：“东阁官梅动诗兴，还如何逊在扬州。此时对雪遥相忆，送客逢春可自由……”诗人杜甫正是看到梅花开放而引起写诗的兴趣，再依梅花想到远方的老友等等。

以上诗兴的引起，可以从心理学来分析。人的心理活动是由生活实践中的客观事物引起的，然后在头脑中产生主观活动，也就是行为表现。至于赏花的行为属于人类“无意识”的心理动机，有些心理学家认为“人的心理动机都是属于无意识的强有力的动机”。所以一旦见到寒梅开花就会产生一种“无意识”的强有力的冲动，并即刻转化为吟诗、作画等活动。

梅花早开，领先于众多的春季花卉，所以诗人才有突然发现的感觉，而这个感觉又引起了诗兴，可是诗人总要在诗中表达出当时的情景，“情”的抒发因人而异，“景”的描述属于时空的现况，然后情景相合，或寓情于景，或以景抒情，或各有侧重，古诗的格局大多如此。为了表述早梅的时空感，前一首用了“寒梅树”“春色早”，后一首用了“对雪遥相忆”和“送客逢春”的词句，指出写诗的时空实景，从而“早花”被衬托出来了。

梅的花香

梅在自然美的形式中包括香气，这是无形无色、看不见摸不着的东西，只能通过鼻子的嗅觉才能体会其中的美感。画家当然无能为力，只有诗人和其他赏梅者可以用文字来表达他们的感受。所以北宋初年的诗人林逋将梅花的香气写成“暗香浮动”是十分贴切的形容，至今流传受人赞叹。至于梅香的来源，从花的解剖中并未发现香源，未见油点、油泡或腺体。有人怀疑出自花粉，但仍未具体证实。不过肯定是有阵阵香气随风而来，并引起诗人的不少赞美和联想。以下举些名句大家共赏。

喻梅香为“暗香”的

王安石：“遥知不是雪，为有暗香来。”
王十朋：“暗香疏影，孤压群芳顶。”
汪士通：“暗香水面浮动，江天寂寞开无数。”

喻梅香为“寒香”的

罗隐：“愁怜粉艳飘歌席，静爱寒香朴酒罇。”
韩偓：“冻白雪为伴，寒香风是媒。”
史文卿：“樛枝半着古苔痕，万斛寒香一点春。”
许孟娴：“花只向疏帘，暗把寒香度。”

喻梅香为“清香”的

吴融：“清香无以敌寒梅，可爱他乡独看来。”
王令：“晓枝开早未多稠，屡嗅清香不忍休。”
汪莘：“红白虽分两色，清香总是梅花。”
王冕：“忽然一夜清香发，散作乾坤万里春。”

喻梅香为“幽香”的

齐己：“风递幽香去，禽窥素艳来。”
黄公度：“冷艳幽香冰玉姿，占断孤高，压尽芳菲。”

衣袖与梅香的诗缘

崔橹：“惹袖尚余香半日，向人如诉雨多时。”
郑谷：“素艳照尊桃莫比，孤香粘袖李须饶。”
刘克庄：“乱点莓苔多莫数，偶粘衣袖久幽香。”
严参：“衣染龙涎与麝脐，裁云剪月做冰肌。”

其他咏梅香的名句

陆游：“零落成泥碾作尘，只有香如故。”
陈亮：“一朵忽先变，百花皆后香。”
崔道融：“香中别有韵，清极不知寒。”

李清照："浓香吹尽有谁知？"
陈与义："爱歙纤影上窗纱，无限轻香夜绕家。"

以上列举了唐宋名家22位对梅香的歌颂，归纳为暗香、寒香、清香、幽香、衣袖香等不同的含义。一方面说明汉语中丰富的词汇和诗人们深刻的体会，虽是片断，读起来顿然觉得室内氤氲生香；另一方面充分说明传送香气的环境和方式不同，给人的感受也很不相同。总体说来，美感的滋生还是以静中来的梅香更有幽韵。写完梅香觉得最大的收获，还是从衣袖之香中找到了香源的踪迹。由于花粉要有蜜蜂帮忙传播，所以表面上生有各种不同的纹理、凸凹和便于粘在昆虫身体上的黏性物质，诗人要闻花、摘花，花粉自然也会落在这位诗人的衣袖之上，所以有不少诗句咏出这久留的余香。因此，似乎发现了一个线索，梅香很可能就在花粉中。请植物化学工作者分析一下，解决多年的悬案。

梅的花色

形式美中的色彩美对生物的引诱力最大，各种颜色又分为不同的诱惑力，这里只读梅花的色彩美。植物学家发现了梅花的淡粉、白等色，人工多年栽培选种后还有紫、红、彩斑至淡黄等色。野生和古梅中以淡粉色与白色占大多数，尤其古诗中咏及的也是白色与粉色居多。

李峤："雪含朝暝色，风引去来香。"
张谓："一树寒梅白玉条，迥临村路傍溪桥。不知近水花先发，疑是经冬雪未销。"
杜甫："雪树元同色，江风亦自波。"
柳宗元："朔吹飘夜香，繁霜滋晓白。"
崔道融："数萼初含雪，孤标画本难。"

以上这五位诗人都将梅花当作霜雪，可见是指白梅。甚至苏轼咏《红梅》时仍忘不了霜雪，如："故作小红桃杏色，尚余孤瘦雪霜姿。"当时的白梅的影响一定很深，至今人们仍然保留与古诗人相同的审美观念，如果梅花育出鲜红的品种，欣赏起来反而被人误认为什么桃、杏之类的"俗花"了。一种花有独有的品格，构成这个品格的内容很多，如花形、花色、枝干的姿态、花期、花香等等。综合在一起成为一种抽象的"花品"，这在清代以前的"花谱"中十分流行。

关于"铁骨冰姿"

梅之美除去花为主要观赏对象之外，还有它的枝干姿态乃至老干上共生的青苔，都很受诗人画家的重视。原因是梅树的寿命长，小乔木的冠径受一定生长习性的限制，不可能十分高大，所以主干横斜、扭曲，甚至成为虬蟠老态，十分龙钟可爱，如昆明安宁曹溪寺的"元梅"等地的古梅，吸引了不少赏梅者。画家挥毫画梅总以古梅为题，最后题上"铁骨冰姿"四字十分常见。"铁骨"的意思据画家的解释是古梅的树皮乌黑如铁，临霜傲雪志坚如铁，去而不折、春华秋实年复一年、其韧如铁，所以誉为"铁骨"是恰当的。

“冰姿”是指古梅的枝丫交错、横斜相织，犹如冰裂之纹，而且冬末常有薄冰凛枝，而梅苞欲放时可以破冰而绽，所以赞为“冰姿”。显然这种比喻还是颇有诗情的。

3. 梅之美的园林应用

古人爱梅，但也明白冬季落叶的不足，所以为它搭配了松、竹两种东方人最喜爱的常绿植物，合称为“岁寒三友”，借以互补短长。故园林中将这三友经常种在一起，几乎成为传统的公式了。所以诗人们以此为题不断传颂，现摘录一些诗句。

刘言史《竹里梅》：“竹里梅花相并枝，梅花正发竹枝垂。风吹总向竹枝上，直似王家雪下时。”

朱庆馀《早梅》：“艳寒宜雨露，香冷隔尘埃。堪把依松竹，良途一处栽。”

苏轼《和秦太虚梅花》：“江头千树春欲闇，竹外一枝斜更好。”

李处全《咏梅》词片段：“松下凌霜古干，竹外横窗疏影，同是岁寒姿。”

江朝宗《咏梅花》：“小小人家短短篱，冷香湿雪两三枝，寂寥竹外无穷思，正倚江天日暮时。”

冯子振《山中梅》：“岩谷深居养素真，岁寒松竹淡相邻，孤根历尽冰霜苦，不食人间别有春。”

以上选录这些诗词都美妙地描述出松、竹与梅在一起的情景。究竟梅在园中常栽在何处？古诗中的描绘指出一些可借鉴之境。

植于窗前

盛贞一《梅花》：“桃李未曾争艳冶，半窗疏影自徘徊。”

叶燮《梅花开到八九分》：“亚枝低拂碧窗纱，镂月烘霞日日加。”

植于水边

吴嘉纪《折梅舟中作》：“清溪正发数株梅，惆怅芳春别钓台。”

来鹄《梅花》：“枝枝倚栏照池冰，粉薄香残恨不胜。”

植于篱边、短墙或栏边

崔橹《岸梅》：“含情含怨一枝枝，斜压渔家短短篱。”

李群玉《病中咏梅》：“今年此日江边宅，卧见琼枝低压墙。”

来鹄《梅花》："枝枝倚栏照池冰，粉薄香残恨不胜。"

植成片林或满山遍野大面积种植

陆游《梅花绝句》："闻道梅花坼晓风，雪堆片满四山中。何方可化身千亿，一树梅花一放翁。"

孤独一株的美

刘镇《深山探梅》："佳人独立相思苦，薄袖欺寒修竹暮。"
崔道融《梅花》："数萼初含雪，孤标画本难。"
盛贞一《梅花》："月夜孤标怜晚景，冰溪瘦骨绝尘埃。"
秋瑾《梅》："标格原因独立好，肯教富贵负初心。"
郑板桥《梅》："何似竹篱茅屋净，一枝清瘦出朝烟。"

数株丛植的

李德裕《忆寒梅》："寒塘数树梅，常近腊前开。"
王周《大石岭驿梅花》："仙中姑射接瑶姬，成阵清香拥路歧。"（姑射、瑶姬是两个梅花品种名称）
冯山《山路梅花》："传闻山下数株梅，不免车帷暂一开。"

以上摘录了大量梅诗中的一些片断，目的只为了说明古人栽植梅花的方式和位置。实际上诗人为了表明梅花的孤傲品格，赞扬孤独一株或一枝的诗句最多。诗人为了以梅喻人，也正喜欢捕捉这个特点，"比"而后"兴"，抒发个人的夙怨这是最好的借题。如今造园的理论与赏梅的对象已发生天翻地覆的变化，只能说借此了解一下千百年前古人的欣赏心理及审美意识的发展，以为造园家借鉴，并为发扬花文化添砖加瓦而已。最后，介绍一位19世纪英国诗人Mathew Arnold的话，他说："一个时代最完美最确切的解释，需要在当时的诗中去求索。"谨以此语来结束本文。

参考文献

[1] 杨辛等. 美学原理纲要[M]. 北京：北京大学出版社，1989.
[2] 李文禄等. 古代咏花诗词鉴赏词典[M]. 长春：吉林大学出版社，1990.
[3] 胡正山等. 花卉鉴赏词典[M]. 长沙：湖南科技出版社，1992.
[4] 孙映逵. 中国历代用花诗词鉴赏词典[M]. 杭州：江苏科技出版社，1989.
[5] 中国大百科全书点编辑委员会. 中国大百科全书·心理学卷[M]. 北京：中国大百科全书出版社，1991.
[6] 简明不列颠百科全书编辑委员会. 简明不列颠百科全书第1卷[M]. 北京：中国大百科全书出版社，1985.

梅花赋予中国人的美学价值*

金荷仙　华海镜

提到梅花，我们感悟到的不仅有梅花自身的形态美，而且有梅花与其他景物组合共造的意境美和因梅花而生发的精神美。这种审美意识的流动、跳跃是经过历代文人画家、仁人志士的吟咏描绘而不断积累、日益明晰起来的。丰厚的文化沉淀，产生认识过程中的第二次飞跃，促使我们“思与境偕”。梅花蕴含着中华民族的审美趋向、情感脉络和道德标准。梅花是中华民族之魂，被尊为“国花”，理所当然（图1）。梅花之美，不仅体现于自身的形态，而且蕴含于深厚的历史文化沉淀。本文通过对历代咏梅诗文、图画的考察研究，力图从美学的高度来揭示梅花的美学价值。

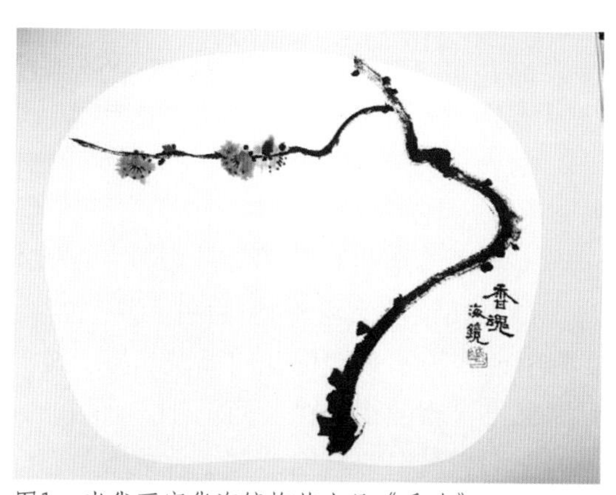

图1　当代画家华海镜梅花小品《香魂》

1.梅花自身的形态之美

引起人们注意的首先是事物的外貌形态，梅花的色、香、形三方面，个性明显，具有很高的审美价值，而中国美学又十分强调“以形写神”“神采为上”，因此总有浪漫的想

* 本文原文发表于《中国园林》杂志2001年第6期。

象与精妙的比喻，使之神采活现。

图2 当代画家华海镜梅花小品《香雪海》

色

梅花色彩众多，而人们偏爱白、红、黄三色。尤其白色，冰清玉洁与冰雪相和谐。“冰花”“寒玉”和“白雪”等比喻应运而生：“冰花个个团如玉”，“姑射仙人冰雪肤”，“一枝寒玉澹春晖”。[1]

冰天雪地中的红梅，像火炬、彩虹与绮霞般夺目鲜艳，颇具“红装素裹”的美：“绿萼添妆融宝炬，缟仙扶醉跨残虹”，“薄醉当春斗绮霞”。[1]

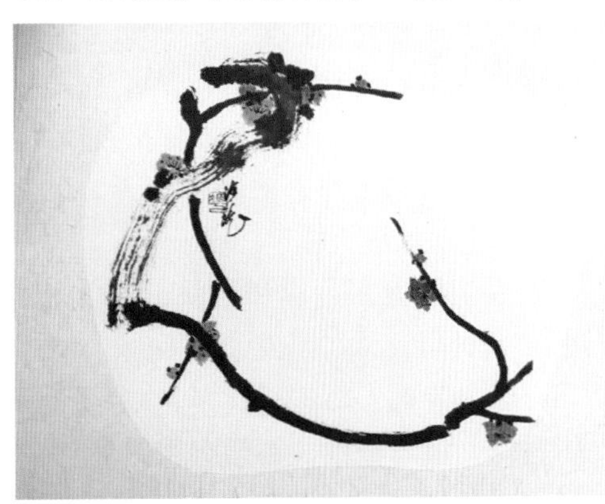

图3 当代画家华海镜梅花小品《尚余孤瘦雪霜姿》

香

梅花的香，有“清”“幽”的特点：“天与清香似有私”，“风递幽香去”。[1]

而中国人以其细腻、微妙和丰富的审美感受，浮想联翩，将嗅觉的感受，转向视觉、味觉和触觉。“孤”“暗”“酸”乃至“冷”的感觉纷至沓来：“孤香粘袖李须饶”，“暗香浮动月黄昏”，“一点酸香冷到梅”。[1]（图2）

形态

梅花的形态可用：“疏”“瘦”“古”三个字来概括。

“疏”，不仅指出梅花的疏密程度，而且与中国人“触目横斜千万朵，赏心只有两三枝”的审美习惯相一致：“疏影横斜水清浅”，“疏枝横玉瘦”。[1]

“瘦”，也是中国人崇尚的一种美，“书贵瘦硬方通神”（杜甫），“瘦骨清相”是魏晋风度的典型形象：“尚余孤瘦雪霜姿”（图3），“蕊寒枝瘦凛冰霜”。[1]

“古”，指梅花历数百年风欺雪侮而产生的“柯如青铜根如石”的刚强、沉雄和坚毅之美：“气结殷周雪，天成铁石身”，“铁干铜皮碧玉枝”。[1]

古到极致，老干虬龙，欲腾空而起：“他年长就铁龙干”。[1]

以上诗句中，描述梅枝之横斜、铁龙，虽出于美学要求，但也道出了其植物学特性。因为梅花在品种分类系统中，其枝型可分为直枝、垂枝和龙游三类。

2.梅花与其他景物组合共造意境之美

中国人在创造梅花美学时，除体现梅花自身的形态美之外，还借助与其他景物的组合，创造更丰富、广阔的意境之美。所谓意境是由客观景物的诱发而在人们心中产生的境象。物以类聚，与梅花组合的景物也超脱不凡，充满诗情画意。

与水石、雪月等自然景物的组合

水是生命之源，“智者乐水”，“山无水而不活”。梅花开时，溪水浅而清，与高洁、疏瘦的梅花有一致的审美意向。在清亮柔缓的溪水映照下，梅花更加坚劲突出：“水边篱落忽横枝”，“春来幽谷水潺潺，的皪梅花草棘间”。[1]

石为大地之骨，其坚贞、刚硬与梅花同格：“又道寒岩放早梅”。[1]

巨石为崖，将梅花置于幽崖空谷之中，意境更加清幽、气势更为宏大：“幽崖斑白点疏条”，“已是悬崖百丈冰，犹有花枝俏”。[1]

雪是纯洁的化身、严寒的使者，雪为梅花铺开了宣纸般的银白世界：“冰雪林中着此身”，“梅花欢喜漫天雪”。[1]

因雪与白梅在色彩和形状上非常相像，诗人常以此来大做文章。有时故意将两者相混淆：“雪处疑花满，花边似雪回”，“似雪是花花似雪，梅花又向雪中开”。[1]

有时又让梅、雪进行比赛：“梅须逊雪三分白，雪却输梅一段香”。[1]

这样，雪与梅的关系就显得既紧密又风趣了。

邀月为伍，是园林借景理论在梅花美学中的大手笔体现：“庭空月无影，梦暖雪生香”，“一枝清冷月明中”。[1]

与松竹、水仙等植物的组合

梅与“凌风知劲节，负雪见贞心”的松，与“凌霜雪、节独完”的竹，合称“岁寒三友”，它们相互聚首，当是情理中的事了：“松篁晚节应同操”，“自是岁寒松竹伴”（图4），“予交三君子，气韵各有适，及其风雪中，同凛岁寒色”。[1]

开花“早于桃李晚于梅”的水仙，以其凌波仙骨与梅花气味相投：“一树梅花伴水仙”。[1]

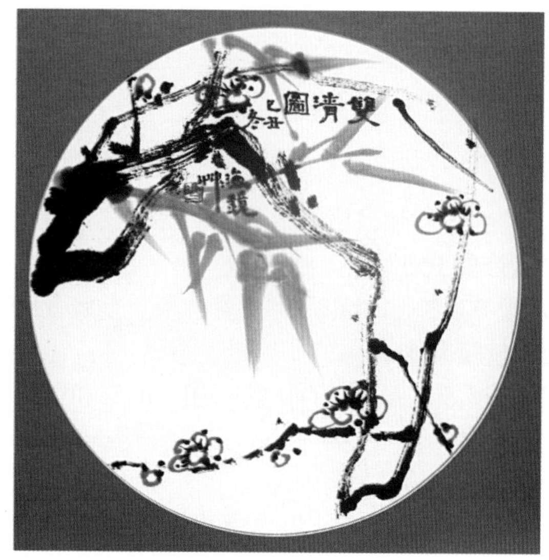

图4　当代画家华海镜梅花小品《双清》

与鹤、雀等鸟禽的组合

“羽毛似雪无瑕点”的白鹤，因林逋“梅妻鹤子”的佳话，而与梅结下不解之缘：“花落不随流水去，鹤归常带白云来”，“笑问梅花肯妻我，我将抱鹤家西湖”。[1]

为了表现天寒地冻的程度和歌颂梅花凌寒不惧的品质，诗人画家常以寒禽的畏缩哆嗦来进行反衬，产生妙趣横生的效果：“霜禽欲下先偷眼”，“翠羽亦有心，忍冻先偷眼”。[1]

3.梅花生发精神之美

著名国画大师崔子范在谈到世界艺术之差异时说：“黄种人的艺术，注重哲学和文学入画”[2]。因此，中国美学所追求的不是对外界事物的模拟再现的真实，而是具有哲学高度的人生境界[3]。从梅花的题咏中，也证实了这一点。

孤清高洁

梅花的孤清高洁，与隐士高人崇尚的“遗世独立”品格相吻合：“不要人夸好颜色，只留清气满乾坤”，“只有横斜清浅口，澹然标格映须眉”。[1]

凌寒报春

梅花凌寒不惧，报天下春然后隐去，简直是仁人志士的化身了：“欲传春信息，不怕雪埋藏。”“不是一番寒彻骨，哪得梅花扑鼻香。”“待到山花烂漫时，她在丛中笑。”[1]

梅花的这种“寒彻骨”经历，既包含革命者的乐观精神，又具有植物学属性。因为梅花在满足了开花所必需的需冷量（0~2℃）充分休眠之后，才会开花[4]（图5）。

图5　当代画家华海镜梅花小品《报春图》

天人合一

中国哲人意识到人的伦理道德与自然规律有一种内在的密切联系，两者在本质上是互相渗透、协调一致的。因此总是从人与自然的统一中去寻找美。梅花是草木中的杰出代表，她蕴含着自然的运动规律："清香传得天心在，未许寻常草木知"，"数点梅花天地心"。[1]

中国诗人不满足于以旁观者身份欣赏自然，有时干脆"上下与天地同流"，将自身融于自然之中："古梅如高士，坚贞骨不媚"，"还疑孤影是前身"。[1]

对梅花之美的发掘愈深，愈加体会到其与中国的哲学、伦理学、美学、文学和绘画等学科联系的紧密程度。审美是发动于客观存在、升华于主观创造的一个有机整体的流动过程。此文虽挂一漏万，但若能扩展审美之门，放飞我们的愿望、情感和理想，则这种认识意义得益的不仅是梅花，而且是一切艺术的了。

参考文献

[1] 崔沧日. 中国画题咏辞林[M]. 杭州：西泠印社出版社, 2000.

[2] 崔子范. 崔子范谈艺录[M]. 郑州：河南美术出版社, 1996.

[3] 李泽厚，刘纲纪. 中国美学史[M]. 北京：中国社会科学出版社，1984.

[4] KimTripp, 吕英民. 梅花——其芳香和美丽超过冬青和常春藤[J]. 北京林业大学学报, 2001（23）：42-43.

梅花题画诗*

华海镜　金荷仙

中国的艺术以综合见长，绘画发展到元代以后，包涵了诗书画印四方面的成就。诗歌丰富了绘画的构图，点醒了绘画的主题，拓展了绘画的境界。在梅花题画诗中，既有纯粹诗歌的转录，亦有专门为画所作，有些与画面联系紧密，有些相对独立，或是自题，或是后人增补，丰富多彩，耐人寻味。

1. 相对独立

题画诗既可与画面相关联，又可天马行空，自成体系，当然诗要与画的主题相吻合。如宋·扬无咎的《梅花图轴》题诗："忽见寒梅树，花开汉水滨。不知春色早，疑是弄珠人。"题的是唐·王适的诗，与画面无关，只是与画梅主题一致而已（图1）。

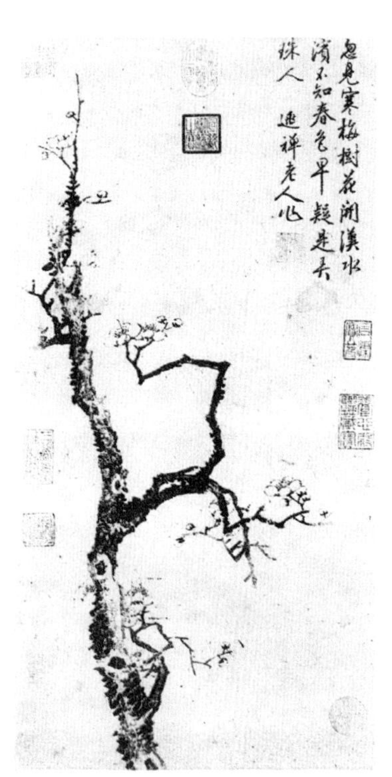

图1

王冕的一幅倒挂圈白《墨梅图》上连续5次题款，都是梅花诗，诗与画面联系不甚紧密，但都是对梅花的感悟、发挥。录上二首一同欣赏："城市山林不可居，故人消息近何如。 年来懒作江南梦，门掩梅花自读书。""明

* 本文原文发表于《中国园林》杂志2005年第3期。

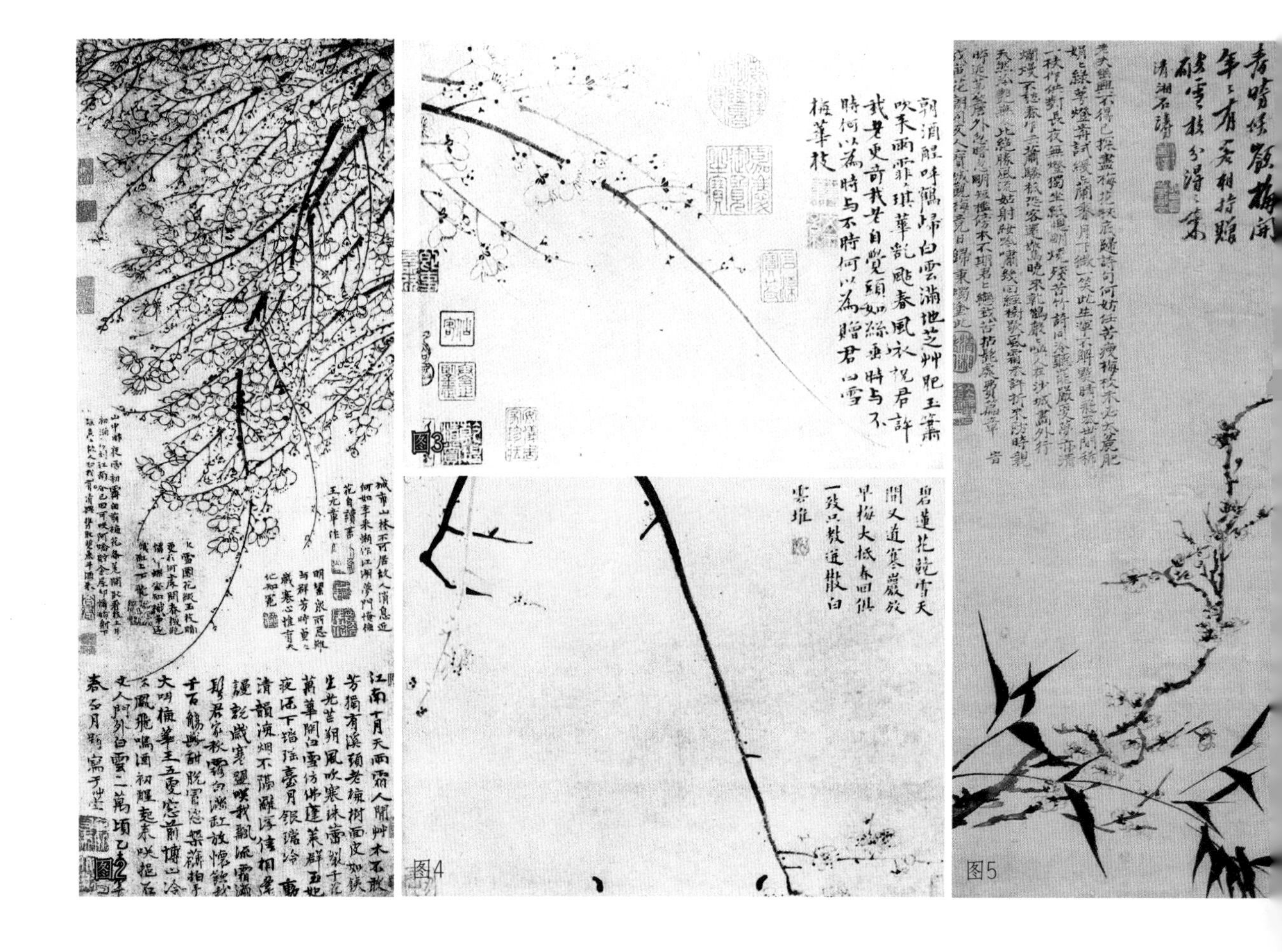

图2 图3 图4 图5

洁众所忌，难与群芳时。贞贞岁寒心，惟有天地知。”显然是在借梅花抒发自己孤傲不群的清高情怀，题于画上起着丰富画面与补白的作用（图2）。王冕的另一幅《梅花图》，只画疏梅三枝，而右边却题长诗一首：“朝酒醒，呼鹤归，白云满地芝草肥。玉箫吹来雨霏霏，琪华乱飐春风衣。祝君许我老更奇，我老自觉头丝垂。时与不时何以为，赠君白雪梅花枝。”[1]纯粹是一首咏梅诗，以精美的小楷书法题于画上，可谓诗书画合璧（图3）。

以简笔著称的朱耷作画惜墨如金，而题画却不惜笔墨。如他画的三枝疏梅图上题的一首七绝：“碧莲花竞雪天开，又道寒严放早梅。大抵春回俱一致，只教迸散白云堆。”真是笔简意赅，笔简于画，意赅于诗（图4）。

四高僧之一的石涛，才情横溢，在一幅《梅竹双清图》中先用行书题七绝一首：“秋色尚存先见蕊，蜜春时候岭梅开。年年有客相持赠，破雪枝分得得来。”他对梅花的话题意兴未尽，再以小楷密密麻麻补题168字的长诗。正如他首句与末句所云：“老夫幽兴不得已……苦拈髭处费篇章。”诗中只字未及与画有关的内容，皆是借梅花主题海阔天空展开，使一枝梅花数撇竹叶的画面，精妙绝伦（图5）。

2. 相对紧密

这类诗在对画面反复审视欣赏后有感而发，对画面的风格、意境以文字的形式进行歌咏发挥。如宋・马麟的《层叠冰绡图轴》上有宋宁宗皇后杨氏的题诗："浑如冷蝶宿花房，拥抱檀心忆旧香。开到寒梢尤可爱，此般必是汉宫妆。"[1]因为马麟这幅画是工笔重彩，在浅墨勾线后用重粉层层渲染，所以精工巧丽，是"宫梅"的代表作。诗中把梅花喻为汉宫中的美女，非常吻合贴切，增添了感情色彩（图6）。

再如元・萨都刺的《梅雀图轴》，他在画了横斜的梅枝上栖着两只相对而语的寒雀后兴致未尽，在画的左中下增题一诗云："香满疏簾月满庭，风檐鸣铁研池冰。夜寒人静皋禽语，却忆罗浮雪外登。"[2]除"香满疏廉"与"皋禽语"在画面中可直接看到外，画家还在诗中增加了"月满庭""风檐鸣铁研池冰"等景致，还回忆起"罗浮雪外登"的往事，绘画的时空因之而拓展（图7）。

题画梅诗最著名的要数元・王冕的"吾家洗研池头树，个个花开澹墨痕。不要人夸好颜色，只留清气满乾坤。"对自己的点墨梅花进行发挥，将绘画的境界升华到精神的层面。这种精神可以说汇聚成中华民族精神的一部分（图8）。明・文天祥的诗"人生自古谁

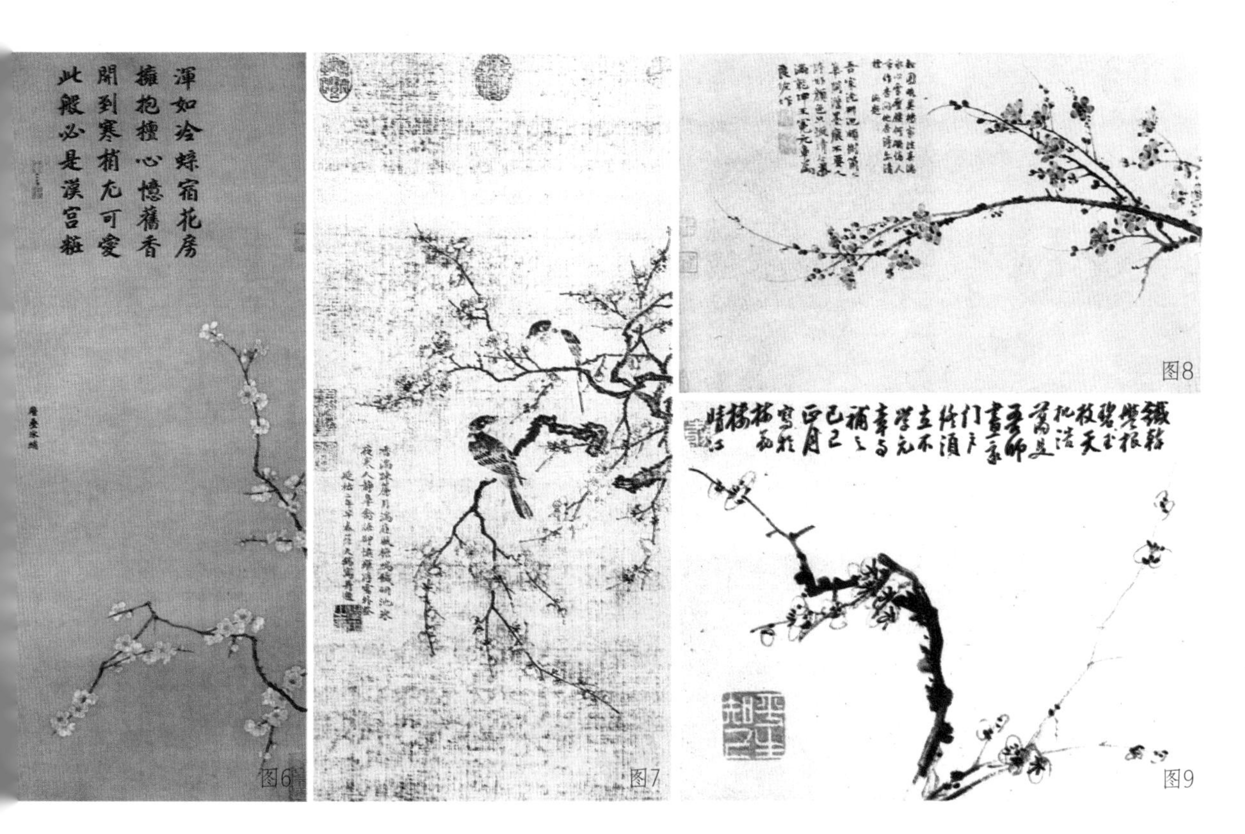

图6 图7 图8 图9

图10

无死，留取丹心照汗青”，是这种精神的继承和发展。

有些题梅诗在赞美梅花的同时，又在论画。如清·李方膺的《墨梅图》题诗：“铁干盘根碧玉枝，天机浩荡是吾师。画家门户终须立，不学元章与补之。”（图9）真是三句不离本行，不但用梅花的根枝天机气象来滋养绘画，而且还想到画梅史上的两位名家，并立志自立门户。

有些在不是梅花开放季节画梅，不但不认为是不合时宜，而且自诩是“旋转乾坤”的上帝。“梅花此日未生芽，旋转乾坤属画家。笔底春风挥不尽，东涂西抹总开花。”（李方膺《梅》）[1]

南朝诗人陆凯的诗“折梅逢驿使，与陇头人。江南无所有，聊赠一枝春”，颇有影响。到了清代·金农，他在画了一幅梅花后，不禁提问“赠何人？”原诗为：“野梅如棘满江津，别有风光不爱春。画毕自看还自惜，问花到庭赠何人。”以梅花为礼物，古今相通。

潘天寿的题画诗“气结殷周雪，天成铁石身。万花皆寂寞，独俏一枝春。”[3]是他绘画风格的真实写照，残枝断丫，节疤累累的老梅，仿佛是殷周时代的遗物，钢铁磐石般的身体透露出神圣的人格力量（图10）。

在画梅作品中大多数是画家自题，显得风格和谐，构图完美。而有些画卷历代流传，后代观赏者有感而发，在原画上增题，增添了历史沉淀，画面更为丰富。如王冕的《梅花图》中，清代乾隆皇帝在其自题的前端增题：“钩圈略异杨家法，春满冰心雪压腰。何礙傍人呼作杏，问他杏得尔清标。”先从画法着手，再论梅杏异同，与画面若即若离[1]。

参考文献

[1] 崔沧日. 中国画题咏辞林[M]. 杭州：西泠印社出版社，2000.

[2] 华海镜，金荷仙，陈俊愉. 梅花与绘画[J]. 北京林业大学学报（社会科学科版），2004（3）：17-19.

[3] 艺苑掇英编辑部. 梅兰竹菊画谱[M]. 上海：上海人民美术出版社，1992.

梅花、桂花花香成分比较研究

1. 不同类型梅花品种香气成分的比较研究*

金荷仙　陈俊愉　陈华君

梅花为中国的传统名花，因其色、香、姿、韵、神俱佳而为古今无数志士豪杰、文人墨客所歌颂。国际梅登录权威陈俊愉将梅花分成真梅种系、杏梅种系和樱李梅种系[1]，仅真梅种系的成员开花时散发典型梅香。在江梅型、宫粉型、玉蝶型、黄香型、绿萼型、洒金型和朱砂型等直枝梅类的主要类型和品种间，香味又有一定的差异。

关于梅花的研究已取得许多成就，但关于其香味的科学研究却很少[2-3]。本测香实验大胆尝试探索了小花香味量化的现代科技手段，采用活体植株动态顶空套袋采集法与TCT-GC/MS联用分析技术相结合，采集分析武汉不同类型梅花品种的香气成分，通过与空气对照气样的比较，确定乙酸苯甲酯、乙酸乙酯、2,2-二甲基丙醛、4-甲基-1-庚酮等为梅花香气的主要挥发性有机成分。但各组分含量在不同类型品种之间存有差异。

（1）材料与方法

1.1 梅花香气成分的采集

1.1.1 实验材料及采样时间

以武汉东湖梅园真梅种系直枝梅类江梅型的‘六宝’、宫粉型‘大羽照水’、玉蝶

---

* 本文原文发表于《园艺学报》2005年第6期。

表1　实验所用的植物材料

植物材料	采样时间	天气状况	样品分析时间
‘大羽照水’	2月21日 14:15～14:45	天阴转晴	4月22日
‘米单绿’	2月21日15:30～16:00	天阴转晴	4月22日
‘青芝玉蝶’	2月21日15:55～16:25	天阴转晴	4月22日
‘南京红须’	2月21日16:50～17:20	天阴转晴	4月22日
‘六宝’	2月22日14:30～15:00	零星小雨（21日夜一场雨）	4月22日

型‘青枝玉蝶’、绿萼型‘米单绿’、朱砂型‘南京红须’为采气对象，采样时间为2003年2月（见表1）。将采样后的吸附管套上聚四氟乙烯套子，放在干燥器中低温保存。同时采集和分析空气对照。

1.1.2 采集方法

采用活体植株动态顶空套袋采集法，其装置如图1所示。

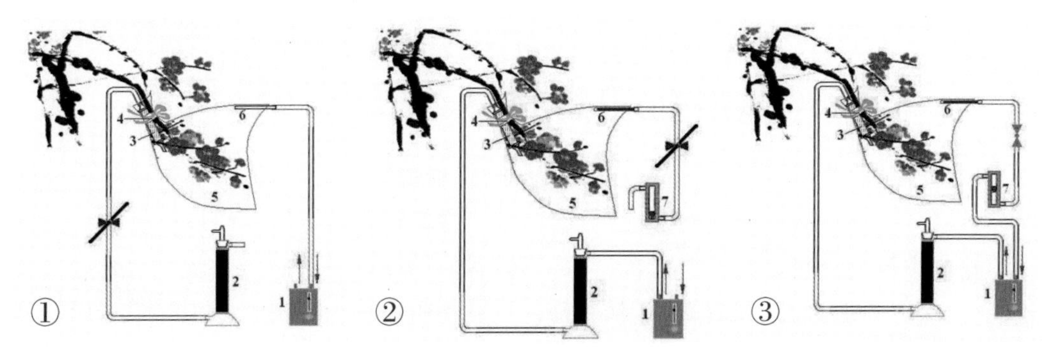

图1　活体植株动态顶空套袋采集示意图

注：1.便携式真空泵；2.活性炭（置于玻璃干燥塔内，用于过滤气体杂质）；3. GDX-101吸附剂（用于进一步过滤气体杂质）；4.无臭脱脂棉；5.惰性袋（美国Reynolds Company 生产的Reynolds Oven Bag，袋子的大小为482mm×596mm；6.第①图中为空玻璃管；第②③图中为Chromopak吸附管，内填充有Tenax-GR吸附剂；7.流量计

具体操作步骤如下：1，用惰性塑料袋罩住适量带花的梅株后，立即将袋内的空气抽走（图1①所示）；2，用气泵泵入通过活性炭和GDX-101过滤后的净化空气，并密闭系统（图1②）；3，待密闭30分钟后，图1③所示开始循环采气[4]。

1.1.3 空白实验

抽尽采样袋中的空气，充入过滤空气，接吸附管，循环采气。

1.2 梅花香气成分的鉴定

1.2.1 实验仪器

TCT-GC/MS 型号：CP—4010PTI/TCT（CHROMPACK公司）

TRACETMGC2000（CE INSTRUMENT公司）

VOYAGER MASS（FINNIGAN公司）

1.2.2 仪器的工作条件

TCT的主要条件 System Pressure：20kPa；Rod temperature：250℃（10min）；Trap inject：260℃。

GC的工作条件 色谱柱：DB–5 Low Bleed/MS柱 （60m × 0.32mm × 0.5μm）

程序升温：40℃（3min）-6℃/min-250℃（3min） Post run 270℃（5min）

MS的工作条件 Ionization Mode：EL；E-energy：70ev；Mass range：29~350amu；1/F：250℃

Src: 200℃，Emission Current: 150μA

1.2.3 挥发性物质的鉴定

采用Xcalibur1. 2版本软件，NIST98谱图库进行梅花香气成分的鉴定。

（2）结果分析与讨论

从表2可见，乙酸苯甲酯、乙酸乙酯、4-甲基-1-庚酮、2,2-二甲基丙醛、2-甲基-1-丙醇等为武汉‘六宝’(江梅型)、‘大羽照水’(宫粉型)、‘米单绿’(绿萼型)、‘青芝玉蝶’(玉蝶型)、‘南京红须’(朱砂型)等不同类型梅花品种香气共同的主要成分，但含量存在差异。

表 2 不同类型梅花品种主要气体成分比较

保留时间/min	化合物名称（中文）	化合物名称（英文）	分子式	‘六宝’	‘大羽照水’	‘米单绿’	‘青枝玉蝶’	‘南京红须’
7.40	4−甲基−1−庚酮	3−Heptanone, 4−methyl	$C_8H_{16}O$	无	38.83	无	无	无
7.80	2,2−二甲基丙醛	Propanal.2,2−dimethyl−	$C_5H_{10}O$	50.85	无	51.61	无	无
8.36	乙酸乙酯	Ethyl Acetate	$C_4H_8O_2$	28.47	无	无	无	94.87
10.64	2−甲基−1−丙醇	1−propanol,2−methyl−	$C_4H_{10}O$	无	无	无	无	4.27
25.85	乙酸苯甲酯	Acetic acid,phenylmethyl ester	$C_9H_{10}O_2$	20.26	60.91	48.14	99.53	无

其中‘南京红须’中含94. 87%的乙酸乙酯，‘六宝’中含28. 47%，在其余几种梅花中均无。

玉蝶型‘青芝玉蝶’中含乙酸苯甲酯最高，含量为99. 53%，其次是宫粉型的‘大羽照水’、绿萼型的‘米单绿’和江梅型的‘六宝’，含量依次为60. 91%、48. 14%和20. 26%，在朱砂型的‘南京红须’不含此物质。

‘大羽照水’含38. 83%的4-甲基-1-庚酮，其余几种梅花中均无。

‘六宝’和‘米单绿’中分别含2,2-二甲基丙醛50. 85%和51. 61%，在其余几种梅花中均无。

从人们对不同梅花品种香气的感觉中，我们知道朱砂型梅花的香气较淡。由此可以推测，乙酸苯甲酯可能是影响梅花香气的主要化学成分，其含量的大小可以作为梅花香气浓淡的主要标志，按香气浓淡依次为玉蝶型、宫粉型、绿萼型、江梅型、朱砂型。

参考文献

[1] 陈俊愉. 中国花卉品种分类学[M]. 北京：中国林业出版社，2001.

[2] 金荷仙，陈俊愉，金幼菊. ‘南京晚粉’梅花香气成分的初步研究[J]. 北京林业大学学报，2003（25）：49–51.

[3] 王利平，刘扬岷，袁身淑. 梅花香气成分初探[J]. 园艺学报，2003，（30）：42.

[4] 洪蓉，陈华君，金幼菊. 植物挥发性成分的TCT–GC/MS分析方法研究[J]. 2001年有机质谱年会，2001.

2. 杭州满陇桂雨公园4个桂花品种香气组分的研究*

金荷仙　郑　华　金幼菊　陈俊愉　王　雁

桂花主产于我国西南部，现栽种于中国的东部、中部和南部等地，是我国十大传统名花之一，是中国继梅花国际登录后被国际园艺学会正式授权的另一种植物[1]。这种小型常青灌木最早在皇家花园种植，后来扩展到民间。它既是优良的园林绿化树种，也是著名的香花植物。桂花栽培历史悠久，在南岭以北至秦岭淮河流域以南的广大地区均有种植，并形成了苏州、咸宁、成都、杭州和桂林等历史上极负盛名的“五大桂花产区”[2-6]。有研究人员用气相色谱/质谱联用（GC/MS）技术对具有较高沸点组分（相对于低沸点的易挥发组分而言）的桂花精油（桂花浸膏的乙醇萃取物或脱水桂花原料经超临界CO_2萃取后的乙醇提取精制产物）进行了分析[7-8]，也有研究人员对新鲜采摘的桂花进行水蒸气蒸馏处理，并用顶空捕集等技术收集各馏出物组分，进行化学成分分析[2]，但这些方法存在2大缺陷，即：（1）因实验要求必须从活体植株上分离，这使植株受到采摘、剪切等机械损伤；（2）用机械压榨或溶剂萃取法得到的精油，以及用水蒸气蒸馏得到的馏出物，与人体嗅觉接触到的花香气味属于挥发性不同的组分，实际上未能确切反映自然状态下桂花香气的化学成分组成状况。本文采用活体植株动态顶空捕集法，在不损伤和破坏植株的密闭条件下，高效富集自然状态下桂花释放的挥发性物质，并通过合理的热脱附（TCT）温度设置使被吸附物质充分解吸（且不引入其他有机溶剂造成背景干扰），随后立即由GC/MS联用仪分析确定挥发性组分的化学成分及其相对含量，从而较为逼真地反映桂花自然散发的香气物质。

* 本文原文发表于《林业科学研究》杂志2006年第5期。

（1）材料与方法

1.1 桂花挥发性组分的捕集

1.1.1 试验材料及采样时间

2001年10月13日，在杭州满陇桂雨公园采集‘小叶金’桂（*O. fragrans* ‘Xiaoye Jin’）、‘玉玲珑’桂（*O. fragrans* ‘Yu Linglong’）、‘朱砂丹’桂（*O. fragrans* ‘Zhusha Dan’）及‘佛顶珠’（*O. fragrans* ‘Fo Ding Zhu’）香气（表1）。采样袋及吸附管密封套均为优良惰性材料，试样分析前置于干燥器中低温（17～18℃）保存，同时采集空气进行分析。

1.1.2 采集方法

采用活体植株动态顶空采集法[9][10]。吸附剂为 Tenax GR（含 30%Tenax TA 的石墨化碳混合物，Tenax TA 为2,6-二苯基对甲醚）。采集后的吸附管经热脱附（Thermal Cryo-Trapping desorption，TCT）装置，直接将采集的挥发物导入GC/MS进行测定。Tenax GR

表 1 桂花品种及其采集、分析时间

植物材料	采样时间	天气状况	样品分析时间
‘玉玲珑’桂（银桂品种群）	10月13日 16:48－17:18	多云转晴	2001年11月9日
‘小叶金’桂（金桂品种群）	10月13日 17:53－18:23	多云转晴	2001年11月9日
‘朱砂丹’桂（丹桂品种群）	10月13日 15:27－15:57	多云转晴	2001年11月9日
‘佛顶珠’桂（四季桂品种群）	10月13日 15:55－16:25	多云转晴	2001年11月9日

吸附剂对低沸点（350℃以下）化合物有良好的吸附及热脱附性能，但不适用于高沸点（350℃以上）化合物的定量脱附。由于植物的挥发性成分沸点一般低于350℃，而且这种采集方法不破坏植株，因此可用于检测自然状态下植株的挥发性成分及其组成的动态变化。循环吸附采集可将原本含量很低的挥发性组分充分累积富集，并通过合理的温度设置使其脱附完全，在仪器上得以检测出来。

1.1.3 空白实验

抽尽采样袋中的空气，充入过滤空气，接吸附管，循环采气。

1.2 桂花香气成分的鉴定

1.2.1 实验仪器

TCT-GC/MS型号：CP-4010PTI/TCT （Chrompack产品，Varian公司），Trace™ GC 2000（CE Instruments公司），Voyager MS （Finnigan，Thermal-Quest公司）。

1.2.2 仪器的工作条件

热脱附（TCT）的主要条件：载气压力20kPa，色谱进样口温度250℃（10min），冷阱富集温度-120℃，进样时冷阱骤然升温至260℃（1min）。GC的工作条件：色谱条件为CP-Si18 Low

Bleed M/S柱（60m×0.25mm×0.25μm）；程序升温：40℃保持3min后，以6℃min^{-1}速率升至250℃，再保持3min；停止采集后，色谱柱在270℃继续运行5min；MS的工作条件：离子化方式EI源；电子能量70eV；质量范围m/z 29~350；GC/MS接口温度250℃；离子源温度200℃，灯丝发射电流150μA[10]。

1.2.3 挥发性物质的鉴定

采用 Xcalibur 1. 2版本软件，NIST98谱图库，结合经典气相色谱保留时间数据和相关化学经验进行桂花香气组分中各化学成分的鉴定。

（2）结果与分析

2.1 对照空气组分的主要化学成分

把采样过程中进入惰性袋内并起到循环流动载气作用的过滤空气组分作为挥发物分析的空白本底，其化学成分种类及相对含量、强度等是确定植物挥发性组分中化学成分的参照。分析显示，惰性袋内对照空气组分的主要化学成分为4-甲基-3-庚酮（15. 83%）、甲苯（4.90%）、苯（4.69%）、癸烷（4.54%）、己内酰胺（3.87%）、壬醛（3.71%）、甲酸乙酸酐（3.59%）、三氯甲烷（3.39%）、乙酸乙酯（2.94%）、丙酮（2.88%）、

表 2 不同桂花品种挥发性组分中 主要化学成分的比较

保留时间 / min	化合物名称	分子式	相对含量/%			
			玉玲珑	小叶金	朱砂丹	佛顶珠
6.20	乙酸	$C_2H_4O_2$	2.22	0.19	–	–
9.43	己醛	$C_6H_{12}O$	0.37	0.05	1. 33	–
15.90	（E）乙酸 -3-己烯酯	$C_8H_{14}O_2$	3.89	0.12	–	–
17.29	罗勒烯	$C_{10}H_{16}$	–	22.76	4. 29	1. 11
18.12	顺式氧化芳樟醇（呋喃型 ）	$C_{10}H_{18}O_2$	37.71	14.11	13. 50	1. 56
18.62	反式氧化芳樟醇（呋喃型 ）	$C_{10}H_{18}O_2$	9.77	16.63	21. 08	7. 34
19.05	芳樟醇	$C_{10}H_{18}O$	2.35	25.12	29. 07	48. 79
18.96	壬醛	$C_9H_{18}O$	1.42	–	–	–
19.09	6-乙烯基二氢 -2,2,6-三甲基-2 氢-吡喃 -3[4H] -酮	$C_{10}H_{16}O_2$	1.82	–	0. 56	–
20.94	6-乙烯基四氢 -2, 2, 6-三甲基 -2氢 -吡喃 -3-醇	$C_{10}H_{18}O_2$	2.29	1.20	2. 77	0. 48
22.99	反式香叶醇	$C_{10}H_{18}O$	4.78	–	17. 84	–
25.48	（E）-4-（2, 6, 6-三甲基 -1-环己烯 ）基 3-丁烯 -2-酮	$C_{13}H_{20}O$	8.84	0.10	0. 18	11. 55
27.37	α-紫罗兰酮	$C_{13}H_{20}O$	1.51	4.61	0. 08	0. 78
27.64	2H-β-紫罗兰酮	$C_{13}H_{22}O$	5.59	3.48	0. 30	6. 73
28.44	5-乙基二氢 -2[3H] -呋喃酮	$C_{10}H_{18}O_2$	5.10	1.14	8. 96	0. 10
28.73	β-紫罗兰酮	$C_{13}H_{20}O$	12.34	10.48	0. 05	21. 54

注：表中为扣除对照空气本底后的数据，–表示在实验所用仪器分析条件下未检出

十一烷（2. 35%）、1，3-二甲基苯（2. 27%）、癸醛（1. 98%）等。在各桂花品种挥发物的谱图中如果出现上述成分，必须严格甄别，如果数量级相同，则应予以剔除。

2. 2 不同桂花品种香气组分的差异

从表2和图1可以看出，采自同一天同一时段的不同桂花品种，香气成分存在差异。‘佛顶珠’的芳樟醇含量最高，为48.79%，‘玉玲珑’含量最低，仅有2.35%，‘朱砂丹’和‘小叶金’中的含量较为接近，分别为29.07%和25.12%；不同的桂花品种顺式氧化芳樟醇含量也不同，‘佛顶珠’为1.56%，‘玉玲珑’含37.71%，‘小叶金’和‘朱砂丹’中的含量较为接近，分别为14.11%和13.50%；‘佛顶珠’‘玉玲珑’‘小叶金’和‘朱砂丹’的反式氧化芳樟醇含量分别为7.34%、9.77%、16.63%和21.08%；‘小叶金’的罗勒烯含量最高，为22.76%，‘朱砂丹’和‘佛顶珠’分别仅含4.29%和1.11%，在‘玉玲珑’中检测不到此物质；‘佛顶珠’的β-紫罗兰酮含量最高，为21.54%，其次为‘玉玲珑’12.34%和‘小叶金’10.48%，‘朱砂丹’中的β-紫罗兰酮含量很低，仅为0.05%；同样，‘佛顶珠’中2H-β-紫罗兰酮含量最高，为6.73%，其次是‘玉玲珑’和‘小叶金’，分别为5.59%和3.48%，‘朱砂丹’的含量也很低；‘小叶金’和‘玉玲珑’的α-紫罗兰酮分别为4.61%和1.51%，而其他2种桂花中的含量很低；‘朱砂丹’中含17.84%的反式香叶醇，‘玉玲珑’中含4.78%，其余2种桂花中未检出反式香叶醇；‘朱砂丹’中含8.96%的5-己基二氢-2[3H]-呋喃酮，‘玉玲珑’含5.10%，‘小叶金’和‘佛顶珠’分别含1.14%和0.10%；‘玉玲珑’和‘小叶金’含一定量的（E）乙酸-3-己烯酯，而在其余2个桂花品种中未检测到该化合物。

（3）结论与讨论

各桂花品种的香气中较普遍存在的化合物主要是氧化芳樟醇、芳樟醇、β-紫罗兰酮、2H-β-紫罗兰酮、α-紫罗兰酮、香叶醇、罗勒烯等，但不同品种群的品种之间释放的气体组分存在差异。四季桂品种群的‘佛顶珠’含芳樟醇和-紫罗兰酮较高，检测不到香叶醇；银桂品种群的‘玉玲珑’桂中含β-紫罗兰酮和顺式氧化芳樟醇较高；金桂品种群的‘小叶金’桂中含较多的芳樟醇、罗勒烯和β-紫罗兰酮，丹桂品种群的‘朱砂丹’桂中含较多的芳樟醇、氧化芳樟醇和反式香叶醇。‘玉玲珑’桂和‘小叶金’桂中含一定量的（E）-乙酸-3-己烯酯，其余2个桂花品种中未检测到此化合物。与以往关于桂花香气研究不同的是，本研究采用活体植株动态顶空套袋捕集法，在循环密闭条件下高效富集自然状态下的桂花挥发性组分，较其他研究工作中采用蒸馏、压榨或溶剂萃取等方法得到的精油或浸膏更能逼真地反映桂花自然释放的香气物质，挥发性组分检测结果中的各成分与以往研究结果存在差异，但其中检测到的相同化合物，如氧化芳樟醇、芳樟醇、2H-β-紫罗兰酮、β-紫罗兰酮等，在色谱保留时间的先后顺序上，本研究与以往研究具有一致性。由于本研究采用的气体收集和分析检测技术具有更好的近自然性和高效准确性，因此，本研究方法能广泛适用于活体花卉植物香气的研究，研究结果可以为植物品种分类提供辅助依据，对于进一步深入探讨桂花等植物香气组分在园林植物配置中的应用，具有重要的园林植物化学生态意义。

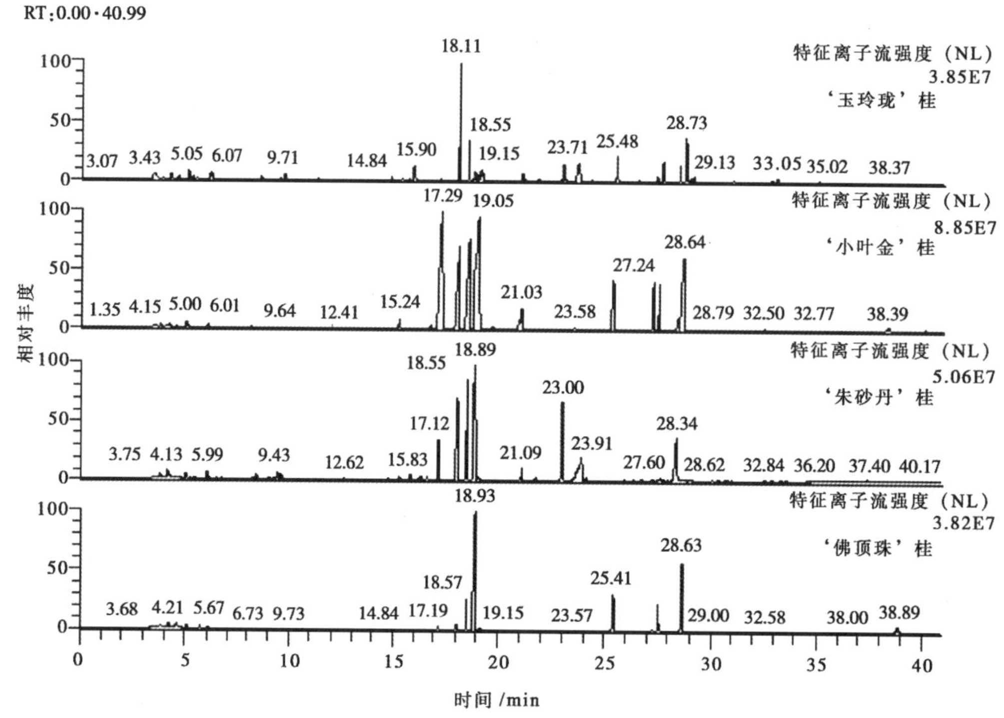

图1　不同桂花品种香气的 TCT-GCM / S 分析总离子流 （TIC）

参考文献

[1] 向其柏, 刘玉莲. 中国桂花品种国际登录权的申报[J]. 林业科技开发, 2002, 16（1）: 63-65.

[2] 阿诺尼丝, 著. 王建新, 译. 调香笔记——花香油和花香精[M]. 北京：中国轻工业出版社, 1999.

[3] 中国花卉协会桂花分会. 中国桂花[M]. 上海：上海科学技术出版社, 1996.

[4] 臧德奎, 向其柏, 刘玉莲. 中国桂花品种的起源与演化[C]//向其柏. 中国桂花——申报桂花品种国际登录权论文集. 长春：吉林科学技术出版社, 2002.

[5] 杨康民, 朱文江. 桂花[M]. 上海：上海科学技术出版社, 2000.

[6] 沈立新. 杭州桂花及栽培品种的主要特性[J]. 浙江林业科技, 2000, 20（5）: 56-59.

[7] 麦秋君. 桂花净油化学成分分析[J]. 广东工业大学学报, 2000, 17（1）: 73-75.

[8] 巫华美, 陈训, 何香银, 等. 贵州桂花油的化学成分[J]. 云南植物研究, 1997, 19（2）: 213-216.

[9] 金荷仙, 陈俊愉, 金幼菊. ‘南京晚粉’梅花香气成分的初步研究[J]. 北京林业大学学报, 2003, 25（特刊）: 49-51.

[10]金荷仙, 陈俊愉, 金幼菊. 南京不同类型梅花品种香气成分的比较研究[J]. 园艺学报, 2005, 32（6）: 11-39.

踏花归来马蹄香

——云南少数民族赏花风情拾英*

陈秀中

2002年7月下旬，笔者应邀参加在云南举办的第十六届全国荷花展，并有幸走访了几处少数民族聚居地区，由于是带着科研课题“中华赏花理论及其应用研究”而去的，自然特别留意当地的赏花风俗与情趣。笔者惊喜地发现：作为中华民族大家庭的成员，云南少数民族，无论是笔者这次见到的彝族撒尼人、白族、还是纳西族等，都同样爱花、赏花、种花、品花，甚而食花，其惜花之情在日常生活景象中会不经意地闪现出迷人的色彩与醇香……

1. 普者黑——赏荷者的欢乐天堂

读宋词咏荷，给人印象颇深的是那扑面而来的清新的赏荷环境与天然野趣。例如《苏轼·荷华媚》：“霞苞霓荷碧，天然地，别是风流标格。重重青盖下，千娇照水，好红红白白。 每恨望，明月清风夜，甚低迷不语，妖邪无力。终须放船儿去，清香深处住，看伊颜色。”在清风明月的夜晚，词人欲观赏“千娇照水”的荷花颜色，却又因重重青盖碧叶的遮挡而无法实现，最后只得放一叶扁舟，去寻找荷花的“清香深处”。又如《李清照·如梦令》：“常记溪亭日暮，沉醉不知归路。兴尽晚回舟，误入藕花深处。争渡，争渡，惊起一滩鸥鹭。”女词人记一次湖上郊游，兴尽醉归，竟“误入藕花深处”，于是回舟争渡、鸥鹭惊飞，藕花红、鸥鸟白、荷叶绿、湖水蓝，再加上几个手忙脚乱连呼

* 本文原文发表于《中国花卉园艺》2002年第22期、第23期、第24期 及2003年第1期。

“争渡”的纯情少女，一幅天然朴素、清新活泼的赏荷画面跃然纸上……

今天，宋词中所描绘的种种清新活泼、浑朴自然的赏荷环境，我们竟然在滇东南文山州丘北县的普者黑风景区找到了！“普者黑”是当地彝语，意译为：“山光明媚的鱼米之乡”。请看我国著名的荷花权威王其超教授这样赞美“普者黑”：“普者黑旅游风景区面积约1000公顷，水面居半，由荷叶湖、情人湖、灯笼湖、阿细湖、仙人洞湖、蒲草湖等弯弯曲曲的彼此贯通的湖泊组成。湖水系地下水涌聚而成，涨落平稳，不淹不涸，清澈无染，是当今城镇附近难觅的秀水。湖泊四周群山逶迤，彝寨隐映，湖中有秀峰峨立。沿湖依山荷花茂密，一片一片，大者百十亩，小者十余亩，时而连接，时而分隔。湖里翠盖夹道，延绵十里无尽头。普者黑迷人之处，还在于它的山峦，布有数十个石灰石熔岩形成的光怪陆离的溶洞，酷似桂林山水，故有‘高原阳朔’之誉。”[1]

作为全国最精彩的赏荷胜地，普者黑有以下三大优势：

（1）水清山秀。普者黑水域宽阔、水质清澈，湖泊散落着千姿百态的秀峰，山峰不大，但很秀气、有灵性，被誉为中国独一无二的喀斯特山水田园景观。岸边静望湖山远景，水、山、荷与船影合为一幅幅充满灵气的淡墨山水画，大自然恩赐给普者黑的是一种清幽恬淡的秀美风格。有联为证：

四十里湖光山色莲歌渔唱伴烟雨；
八百个奇峰幽洞娇山柔水入画图。
（普者黑风景区公路入口牌坊楹联）

图1

（2）万亩野荷。每值盛夏，景区内万亩野荷争相开放、溢彩流香，令游人如醉如痴、流连忘返（图1）。其中有两种野生荷花，属国内外珍稀品种，是唐代宫廷荷花，在世界其他地方已经失传。普者黑荷花特别值得推崇的优点是极耐深水，其耐水深度可达3米以上，而有关著作皆称荷花只能耐1.5~1.8米的水深。普者黑野荷种质资源极耐深水的这一遗传基因的发掘，将为我国深水水域荷花品种培育作出新贡献。

（3）民族风情。普者黑的荷花节是与当地彝族撒尼人的花脸节同时举行的，开幕式这天游人分别乘坐在六人一艇的赏荷游船上，船尾舵手则是当地撒尼人，他们用水彩把脸涂得五颜六色。更有趣的是每只赏荷游船上，都备有盛水的瓢盆，每当三四只游船迎面相遇，不论男女老幼都情不自禁地相互泼水，直把对方的衣襟湿透为乐，用当地撒尼人的解释：泼水就是祝福对方平安幸福！在我看来，泛舟湖上可尽情享受荷、湖、山、桥的乐趣，再加上游人互相泼水的嬉戏声、欢笑声、惊叫声，更把赏荷的情趣推向高潮——泛舟赏荷的审美欣赏活动与泼水大战的自由嬉戏活动互相结合，这才是普者黑赏荷的绝佳特色！

入夜，在这里赏荷留宿的游人被邀请参加普者黑彝族风情的篝火晚会，晚会上有文艺演出、露天电影，晚会至高潮时，演员与观众一起，手拉手围着篝火起舞。湖岸边火把万盛、灯火通明，人们载歌载舞、通宵达旦，欢度农历六月彝族撒尼人的“花脸节”与“火把节”。这种让游客贴近生活、参与其中，享受普者黑的民族风情之趣，在赏荷乐事中他处少见。

2. 大理——风花雪月的故乡

人们把大理的风光景色概括为“风、花、雪、月”四字，具体指的是“下关的风、上关的花、苍山的雪、洱海的月”。大理白族爱花是有名的，白族姑娘也多以花为名，诸如金花、银花、菊花、兰花、桂花等，最著名的当属“五朵金花”。就连大理白族人民的传统节日“蝴蝶会”也与“花”有关。蝴蝶泉位于苍山云弄峰麓，泉水清澈见底，旁有一株古老的合欢树横卧泉面，古树开花时状如彩蝶，俗称“蝴蝶树”（图2）。泉潭周围长满了合欢树、酸香树、黄连木等芳香树种，每年农历四月，云弄峰山麓各种奇花异草竞相开放、清香扑鼻；其时，来蝴蝶泉聚会的彩蝶多得难以计数，五彩缤纷的蝴蝶翩翩而来，漫天飞舞，许多

图2

彩蝶连须钩足、一串串地倒挂于枝头，从树顶一直垂到泉面，蔚为壮观。白族人民将农历四月十五日定为“蝴蝶会”，每逢会期，游人云集，情歌四起。聚散不可捉摸的蝴蝶翩飞起舞，似乎有意与游人嬉戏。据植物学家研究：蝴蝶聚汇的原因，是因为春末初夏，这里的合欢树、酸香树、黄连木等芳香树种开花时分泌出一种能吸引四周蝴蝶的芳香物质。然而，在白族人民当中却流传着一个美丽的民间传说来解释蝴蝶聚汇。古时云弄峰下，有一位白族姑娘叫雯姑，长得如花似玉，心灵手巧；云弄峰山上有个年轻英俊的白族猎人叫霞郎，武艺高强，心地善良。两人倾心相爱，互定终身。雯姑的才貌令白王垂涎，白王决定将雯姑选配给王子。霞郎得知雯姑被抢进王宫的消息，便不顾生命危险救出了雯姑。白王派官兵追了上来，在厮杀中，霞郎的箭射完了，刀也砍断了，二人被逼到蝴蝶泉边，他们宁死不屈跳进了泉潭。这时从泉底飞出一对绚丽无比的大彩蝶，与成千上万的小蝴蝶，围绕泉潭翩翩起舞[2]。

蝴蝶会优美的民间传说令我在蝴蝶泉边久久徜徉，我暗忖：这恐怕是白族民族花文化中最美丽的一朵“金花”了吧？但是，傍晚当地朋友在大理古城一处白族民居庭院的宴请，又使我对白族花文化有了新的“品味”。

该处酒家叫“梅子井酒家”，起名的缘由是庭院当中有一眼清澈的水井，井边生长着一株古朴苍劲的梅树，每年用该株梅树产的梅子及该口水井的泉水酿制出的“梅子井果酒”是该酒家的招牌酒水，而席间不时推出的山花野菜又是该酒家的拳头菜肴。

据当地朋友介绍，大理白族的特色菜肴常常以鲜花为美食，因为大理地区一年四季百花盛开、花枝不断，这种得天独厚的自然条件成就了白族民族花文化中一道特别亮丽的“风景大餐”——食花文化。

大理地区可供食用的鲜花达上百种，如白杜鹃花、白木槿花、荷花、玉兰花、牡丹花、石榴花、桂花、玫瑰花、菊花、金银花、芋花、金雀花、桑花、山韭花等。这顿晚宴我们品尝到了白杜鹃花炒肉片、玉兰花炒鸡蛋、凉拌嫩荷叶尖儿、炒石榴花、油炸香椿芽儿、油炸地生子、鱼汤海白菜花、玫瑰糖八宝饭以及记不清名字的野菜饺子等等。亲眼目睹鲜花入馔，亲口品尝这些来自大自然的丰美馈赠，我的内心是何等的惬意和浪漫呀！[3]

3. 剑川——石窟艺术里的古代插花

石窟寺就是佛教徒在远离城镇的深山老林和河畔山崖间开凿的洞窟，洞窟内雕刻有表示佛教教义和供佛教信徒们所崇拜的偶像，这些石刻作品被后人称为“石窟艺术”。它是集哲学、文学、建筑、绘画、雕刻于一体的佛教艺术，在众多精美生动的石刻艺术形象中往往能折射出一束束耀眼的民族文化与民族习俗地域美的光波。中国最著名的石窟寺有甘肃敦煌的莫高窟、山西大同的云冈石窟、河南洛阳的龙门石窟、四川的乐山与大足石刻等，而在云南大理白族自治州境内也有一处可与它们相媲美的石窟——剑川石钟山石窟。

图3

图4

剑川石钟山石窟开凿始于唐代，经五代、两宋，历经300多年的时间陆续开凿而成，它是南诏、大理国时期以白族为主的西南少数民族文化艺术的宝库[4]。

有趣的是，中国的艺术家常常能在甘肃敦煌的莫高窟找到中国古代各类艺术的早期作品，如我国插花艺术的研究学者就在敦煌绢画中找到了中国古代插花艺术的最早标本（图3）。专家的评语是：这是一幅公元6世纪北周时期的观音像（现存英国维多利亚博物馆），手持一瓶花，枝叶与容器比例协调。这是有关插花形象的最早标本[5]。

也许是历史的偶然巧合吧，笔者在大理剑川的石钟山石窟竟然也意外地发现了一尊表现唐代插花艺术的浮雕石刻作品——“太平景象图”（图4）！据当地文物工作者介绍这尊石刻应该是唐代的作品，因为花瓶的样式是典型的唐式花瓶。该浮雕石刻位于山路台阶旁的一块巨石上，图案中心镌刻“太平景象”四字，上方为两只大象的头首形象，左右各有两尊唐式花瓶，瓶口内的插花花材已难以辨识。显而易见，这是一个典型的中国古典瓶花插花作品，其突出的手法类似于中国传统插花作品诸如“竹报平安”“百年和合”“玉堂富贵”之类，属典型的谐音造型插花之作。这尊浮雕石刻以文物实物的形式证明：早在唐宋时代，中原盛行的插花艺术手法已经传播到了边远的西南少数民族地区。

笔者反复思量这尊出现在西南少数民族边远地区的唐代插花艺术作品，认为“太平景象图”在中国古代插花史研究中应具有很重的分量：其一，它是最具典型的中国古代插花艺术类型的早期标本，它的年代仅比北周时期那尊观音像手持的瓶花晚300年左右；其二，它以瓶花的样式再次有力地证明，瓶花是中国传统插花艺术中最富民族特色、最具代表性的类型，从北周的佛前瓶花到唐代的“太平景象图”再到明代袁宏道的《瓶史》，这些中国古代插花史研究中的重要实物标本均是有力的凭证；其三，它以谐音比兴的手段将花材与配件赋予象征寓意，是典型的中国气派的“借花言志”“借花传情”。

在这里，如果我们拿清代北京皇家园林颐和园乐寿堂的绿化布置与剑川石窟中的这幅“太平景象图”对照的话，我们会发现另一个有趣的历史巧合现象。乐寿堂的绿化种植，以玉兰花、海棠花与牡丹花巧妙组合，再配上桂花古桩的盆栽，谐音象征“玉（玉兰）堂（海棠）富（牡丹）贵（桂花）”。在乐寿堂正屋门前也有一对大铜瓶，大瓶边还配有一对铜鹿、一对铜鹤，谐音寓意“六（鹿）合（鹤）太平（大瓶）”。

唐代的“太平景象”到清代的“六合太平”，手法与寓意何其相似！这当然是一次历史上偶然的巧合。然而，偶然之中包含着必然，用花寓意的巧合恰恰证明，利用花材谐音取意的比兴手法是中华大家庭传统花文化中最具影响力的当家技法！同时也表明，作为民族大家庭的成员，汉族也好、纳西族也好、白族也罢，中华各民族的花文化遗产都是互相影响、互相借鉴、求同存异、血脉相通的；他们在中华文化圈的影响之下，共同创造出中国之“华”（华即花）的民族性格与花卉文明！

4. 丽江——东巴文化的神奇花朵

走进丽江古城，给我印象最深刻的，就是这里的水——四方街的水、三眼井的水、黑龙潭的水、白水河的水等等，都是那么清澈纯净、水量充沛，无怪乎外国友人要把丽江誉为“中国高原的威尼斯城”呢！

水是古城的命脉：三河穿城，家家流水，人傍水居，水绕房过。忽明忽暗，忽隐忽现的高山流水浸润出古城的美名——美丽的河流，即“丽江”！元明以来，正是丽江古城的木构房屋凭着这种对于水的忠诚依靠，才得以从火灾中幸免于难。智慧的纳西先民凭借

着对于水的高妙利用，为中华民族留下了一座保存完整的有800年历史的古城以及蕴含其中的纳西民族文化，如今它已被列入世界文化遗产的清单（图5）。

今天，当我漫步丽江古城，耳边响着清泉流淌的潺潺水声，我在想：我是否能在这座高原水城里采摘到几片纳西民族花文化的清香花瓣呢？于是，在几位纳西朋友的引导下拜访了几家典型的纳西民居院落。

杨老师退休在家，种花遛鸟成了他日常的主要工作，当我指着他家院落中几盆开得十分热闹的海棠花问他时，他说："这是球根海棠，我们纳西民居中，家家都得有这么几盆。"看着大朵大朵的花朵——粉的、红的、黄的，我惊叹还从未见过花朵如此肥大丰腴的海棠花！杨老师笑曰："纳西族离不开花，家家有院、户户养花，这是我们这里的民风民俗。每年的阳春三月，我们都要去玉龙雪山山脚的玉峰寺去看那棵万朵山茶树，那才是真正天下第一的山茶王！"这时，我注意到了他家正堂房间的三组六扉雕刻精美的隔扇门，上面的木刻是6幅花鸟图案（图6）。杨老师不无得意地介绍："这6组木雕是多层透露的漏雕，底层为万字穿花图案，面层雕以栩栩如生的四季花鸟图，其原型是根据我们纳西族大画家周霖的花鸟画而来的。"我一边拍照木扇门，一边感叹道："这才是地道的纳西花文化呀！太美啦！"突然，杨老师非常神秘地问我："你听说过东巴经吗？"我说："东巴经就是用纳西古文字记载的古代经典，这种东巴文字是迄今世界上唯一活着的图画象形文字，对吗？"杨老师点点头，拿过纸笔画了一个人脸，又在人脸的头顶上插了一朵花："这就是东巴文的'美'字，在我们纳西人眼里美就是花、花就是美！"

图7

走出院落，杨老师的这几句话却总是在我脑海中萦绕，直到晚上在丽江古城看东巴宫的纳西民族歌舞，杨老师的话再次在东巴经书法家的笔下得到证明。

东巴宫的民族演出与宣科主持的大研纳西古乐会完全是两种风格，前者是载歌载舞的，其中一项节目由东巴经书法家和老先生，用东巴文字书写家书；演出结束后观众还可请这位纳西书法家书写东巴象形文字。于是我请和老先生写一个"美"字，令我吃惊不已的是这位东巴经书法家挥毫写就的"美"字竟与杨老师的写法不一样，老先生直接在白纸上画了一朵"花"（图7）！

回旅馆的路上，我一再向陪我看演出的纳西朋友提问："为什么东巴文的'美'字要与'花'联系起来？汉语的'美'字可是解释为'羊大为美'哟？"我的纳西朋友回答得更干脆："因为玉龙大雪山上的花朵是世界上最美最美的！"我说："那我们明天就上玉龙山看花去。"纳西友人指了指已经半个月没有露脸的玉龙雪山："现在是雨季，花期早过了。观赏雪山花卉的最佳季节应该是雨季来临前的一个月——阴历四月、阳历五月。"他见我一脸的遗憾，马上又说："不过，我可以借你一本书，作者是李霖灿先生，他虽然是汉人，却是个真正的'东巴通'。这本书有几段描绘玉龙大雪山的花卉，那才叫'美'！"

当我手捧这本书初次阅读时，早已爱不释手、相见恨晚！这本书的题目叫《阳春白雪玉龙山》，其中描绘高山杜鹃的一段文字真是太"美"啦！我迫不及待地将其摘录下来，因为这本书明天还要还给纳西朋友……

现在，笔者就将这段文字奉献给各位读者以先睹为快。

"玉龙雪山是花的雪山。

不曾到过玉龙山的人不能想象到它那遍地白雪遍地鲜花的奇景！说与世人，他也未必肯信，真的白雪中开杜鹃，白雪中开牡丹么？启兄说得好：'所谓玉龙者，半山白雪半山杜鹃是也！'

我们都以为这还算不得最奇，记得我们在接近主峰的那个岭脊边，看到了一些又像龙胆又像杜鹃的矮矮丛树，说它是树实在不正确，不过它们刚刚撑过白雪的面上，圆圆的像一把伞，蓝的，紫的，红的，黄的各自成团成簇，在白雪上又规则又不规则地四方连续地蔓延开去，织成了真的锦绣山河！

这景色引人入宗教境界，令人悠然想到：'造物主真是无限，在这种千古无人欣赏的地方，妙手一挥，亦使百花开放如此灿烂！'

玉龙雪山的花，岂能一口说得尽？但独占花魁的自是杜鹃！这是雪山奇观之一，矮的只匍匐地面，一旦花开，连枝条都看不见一根。高的枝条矫捷地与乔木争高，细细碎碎的，开了个满天星。红的像火，黄的像蜡，白的像纸，紫的像葡萄；枯枝生花的，绿叶扶持的，像一笼绛纱的，如满斛明珠的，艳若桃花的，冷若冰霜的，大的花如牡丹，小的花如丁香，无一不是人间庭园的奇珍，却在千古寂寞的雪山上任意开放！"[6]

离开云南，返回京城已经两个多星期了，但丽江的遗憾使笔者久久未能释怀：假如我能亲眼目睹李霖灿先生笔下的那种玉龙雪山花卉景观的话，我也许才能从真正意义上理解纳西族东巴经的"美"字含义。同样，笔者也深深地体会到：云南少数民族的花文化宝藏是一块远未被开发与利用的处女金矿……

2002年8月25日定稿于北京

参考文献

[1] 王其超. 游"普者黑"、赏"荷趣园"的思考[C]//中国花卉协会荷花分会2002年度（昆明）年会学术交流论文.

[2] 刘先照，李祎辉. 中国少数民族地区旅游大全[M]. 重庆：重庆出版社，1992.

[3] 刘怡涛. 云南少数民族的食花文化[J]. 植物杂志，1997，（05）：14-15.

[4] 董增旭. 南天瑰宝——剑川石钟山石窟[M]. 昆明：云南美术出版社，1998.

[5] 王莲英，秦魁杰[M]. 中国传统插花艺术. 北京：中国林业出版社，2000.

[6] 李霖灿. 阳春白雪玉龙山[C]//和湛. 丽江文化荟萃. 北京：宗教文化出版社，2000.

幽香梅韵味，君子共三清

——清乾隆独创“三清茶”高雅品位的审美净化功能*

陈秀中

乾隆胸有梅花君子情结，具有与梅比德、以美储善的高雅情趣。他植梅、赏梅、咏梅，还画梅、写梅、颂梅，甚至进而吃梅、品梅，这从他独创的“三清茶宴”可以得到历史确证。

乾隆爱梅，曾经在故宫内庭种植过梅花盆景，他甚至亲手为梅花盆景做过摘心的园艺处理，这从他的咏梅诗中可略晓一二。

乾隆四年御制养心殿古干梅诗

为报阳和到九重，一楼红绽暗香浓。
亚盆漫忆辞东峤，作友何须倩老松？
鼻观参来谙断续，心机忘处对春容。
林桩妙笔林逋句，却喜今朝次第逢。

乾隆三十三年御制静怡轩摘梅诗

盆梅开太盛，摘使树头稀。
已喜香盈嗅，兼资色绽肥。
文殊净文榻，天女满天衣。
户外飘飘香，疑从手里飞。

* 本文原文发表于《北京林业大学学报》2015年12月增刊1。

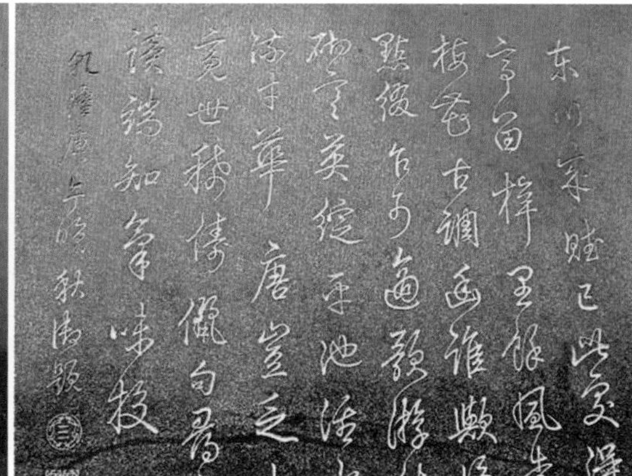

图1、图2　“乾隆御笔梅花石刻”中的梅画与梅诗

乾隆与梅有关的故事最著名的就是乾隆御笔重抄《梅花赋》了。乾隆十五年（1750年），乾隆巡幸河南时，路过唐代名相宋璟的故乡河北邢台十里铺村，因自幼诵读宋璟名篇《梅花赋》而敬仰前贤，于是亲临此村挥毫重抄《梅花赋》，并咏梅画梅，将赋、诗、画刊刻于石，镶嵌在梅花堂内中、东、西三面墙上，史称“乾隆御笔梅花石刻”（图1、图2）。乾隆皇帝游历梅花亭，在深情缅怀古代名相宋璟、极力赞美梅花品格的同时，也为有亭无书、无花而感到美中不足，于是亲笔书赋题诗画梅，以补“东川”之缺，并嘱“慕勒廊壁，以志清标”，期望千百载后，来到这里的人们能够睹梅生情，吟赋起敬，景仰前贤。正如他题《梅花亭诗》所曰：“东川成赋已，此处得停留。梓里余风远，梅花古调幽。谁与凭点缀，乍可适歌游。绕砌寒英绽，平地活水流。才华唐岂乏，忠亮世稀俦。俪句寻廊读，端知气味投。”[1]

乾隆是中国历史上实际执掌国家最高权力时间最长的皇帝，也是中国历史上最长寿的皇帝。乾隆在位期间清朝达到了康乾盛世以来的最高峰，乾隆也是中国封建社会后期一位赫赫有名、奋发有为的皇帝。在他的身上我们也同样可以看到中国人所特有的梅花情结！

每年新春刚过，从正月初三至十六，乾隆都要在重华宫举行“三清茶”盛宴，吟诗联句，君臣酬唱。入宴者多为文臣，品位很高。初时18人，取唐太宗“十八学士登瀛州”之意，后增28人，喻合天上“二十八星宿”。说是茶宴，其实既不设酒，也不备佳肴，而是以他自己配制的“三清茶”佐以饽饽点心为席，文臣学士与皇帝边饮茶品尝，边吟咏赋诗。茶宴联句的内容，大到政治典章，小到梅花香月，无所不涉，极力渲染着一个“清”字。

乾隆御制诗《三清茶》（图3）诗云：“梅花色不妖，佛手香且洁。松实味芬腴，三品殊清绝。烹以折脚铛，沃之承筐雪。火候辨鱼蟹，鼎烟迭生灭。越瓯泼仙乳，毡庐适禅悦。五蕴净大半，可悟不可说。馥馥兜罗递，活活云浆澈。偓佺遗可餐，林逋赏时别。懒举赵州案，颇笑玉川谲。寒宵听行漏，古月看悬玦。软饱趁几馀，敲吟兴无竭。乾隆丙寅小春御题。”[2]

台湾中医师陈旺全说，梅花舒肝解郁化痰、佛手舒肝理气健胃，松实富含营养素，都可调养五臟，预防心血管疾病。三清是梅花、松实、佛手，有些御制诗提到以雪水烹茶，还有些提到当龙井新茶进贡到宫中时，也会以龙井茶冲泡。

“台湾国立故宫博物院”图书文献处科长郑永昌指出，从清宫档案及御制诗中，可以看出乾隆皇帝对三清茶的喜好，在正月等特殊时节会在重华宫举办茶宴，邀请大臣、翰林学士共同喝三清茶及作诗。郑永昌说，文献记载，乾隆壮年时因金黄色葡萄球菌从毛囊或汗腺侵入，引起急性化脓性感染，形成疖肿，是一种热疮，症状是畏寒发热、头痛、无力等。值得一提的是梅花对于此症具有疗效。

前台北市中医师公会理事长陈旺全说，佛手属芸香科，具有五味（辛、甘、酸、苦、咸），功效包括舒肝理气、和胃止痛、改善呼吸道不好者的燥湿化痰、胸胁胀痛，泡起来好喝、不苦。梅花，象征坚忍，对肝、脾、胃都有功效，且梅花气清香、味苦、微甘，功能包括舒肝解郁、瘰瘡疮毒、化痰梅核气等。

梅核气是指化喉咙痰凝结，即改善咽喉异物感。肝胃不好者常皱眉头，代表郁闷、心情不好，梅花具有舒肝解郁功效。此外，梅花对皮肤发炎也可改善。

陈旺全说，松实就是松子，含钙、磷、铁及维生素，且所含蛋白质低，油脂偏似亚麻酸等不饱和脂肪酸，可预防心血管疾病。古人说吃松子可滋补强身。松子来自松树，具有延年益寿象征，有长寿果之称。松子性温味甘，主治骨节风湿、便秘、润肺、感冒等，还有调养五脏功用。

他指出，梅花、松子及佛手都没有毒性，对五脏（肝、心、脾、肺、肾）都好，可预防自由基（ROS）增加，减少自由基对身体的威胁。

依文献记载，陈旺全说，若以龙井茶冲泡，透过绿茶的抗氧化功效则会消除自由基，增加高密度脂蛋白（好胆固醇）、减少低密度脂蛋白（坏胆固醇），预防心血管疾病。

重华宫三清茶宴，是乾隆年间最重要的皇家宴会，也是每年正月最为重要的一次君臣雅集活动，有人甚至把它看成是决定廷臣官场命运的风向标。表面上看，三清茶宴，只是闲暇正月的一次君臣雅集，不涉政务，只是品茶赋诗。而且，这种雅集，赢得了文人们的一致称赞。诗人夏仁虎仰慕这一宫廷茶宴，称赞：“沃雪烹茶集近臣，诗肠先为涤三清。”实际上，三清茶宴，既是乾隆皇帝风雅情趣的一种具体表现，更是他笼络廷臣的一种高明手段。

乾隆十一年，弘历独出心裁，作咏三清茶诗，雅兴所致，令将诗句饰于瓷碗之上，使之成为日后茶宴上专用之器。据档案记载，乾隆十一年七月二十八日命唐英作瓷杯，“画枝叶，松、梅、佛手花，将诗文字摆匀。”十一月初七日呈样览。奉旨“照样准烧”。这应是烧造最早的一批三清茶诗句碗。档案还显示乾隆时期至少还烧

三清茶 以雪水沃梅花松實佛手啜之名曰三清
梅花色不妖佛手香且潔松實味芳腴三品殊清絕烹
以折脚鐺沃之承筐雪火候辨魚蟹鼎煙迭生滅越甌
潑仙乳氊廬適禅悅五蘊淨大半可悟不可說馥馥兜
欽定四庫全書 御製詩集
羅邇活活雲漿澈偓佺遺可餐林逋賞時別懶舉趙州
案頗笑玉川譎寒宵聽行漏古月看懸玦軟飽趁幾餘
敲吟興無竭

图3 收入四库全书中的乾隆御制诗《三清茶》

图4、图5　流入拍卖市场的乾隆“三清茶”诗句碗

造过三次。其他工艺的三清茶碗，也是在乾隆皇帝的命令下陆续仿造的。而它们的制作时间，无疑应在第一批瓷碗之后。在三清茶碗问世后，受其影响，其他咏茶诗句碗也有烧造，并一直延续到嘉庆、道光时期，其作品也流传到了今天（图4、图5）。

《三清茶联句》（并序）是乾隆皇帝与傅恒、尹继善、刘统勋、陈宏谋、阿里衮、刘纶、于敏中、董邦达、舒赫德、裘日修、苏昌、王际华、彭启丰等18位王公大臣的长篇联句，共2000余字。乾隆在《序》中讲得很明白，他写道：“遑云我泽如春，与灌顶醍醐比渥；共曰臣心似水，和沁脾诗句同真。藉以连情，无取颂扬溢美。”也就是令臣下在共品三清茶时，无须颂扬溢美，歌功颂德，而是借茶与诗，讲真心话，以加深君臣之情。这里乾隆特别强调“共曰臣心似水”，是水就应当清澈明净。品三清茶，共曰臣心似水，实是教诲臣下要做一个“清官”。在联句的最后乾隆总结说：“治安均我君臣责，勤政乘时共勖诚。”还是勖勉鼓励群臣要真诚勤政。

乾隆独创三清茶及三清茶诗句碗，并与群臣联句做《三清茶联句》，其中都饱含着梅花情结，所蕴含的审美净化功能至少有3个独特高雅品位之处值得文化传承。

第一，将梅花、松实、佛手三样清雅之物和贡茶一起沃雪烹茶，三样雅品列为饮品，称为三清茶，既有益于身心肝脾的滋补，更有益于高雅人格的熏陶。

第二，茶宴联句的内容，大到政治典章，小到梅花香月，无所不涉，极力渲染着一个“清”字。这是运用中国古代诗教的传统，借茶与诗，讲真心话，潜移默化之中以加深君臣之情，并教诲臣下要像梅花松树那样清新高雅、不染尘俗。

第三，乾隆更有闲情逸致，为三清茶赋诗，将《三清茶》诗句镌刻或烧制到茶碗上，用带有三清诗句的茶碗来品尝三清茶，并将高雅的三清茶诗句碗赏赐给那些参加茶宴的大臣带回家去珍存，可见乾隆皇帝之风雅情趣及良苦用心。

参考文献

[1] 许联瑛. 中国名人与北京梅花[J]. 现代园林，2013, 10（6）：64-69.

[2] 清・乾隆. 御制诗集・初集・卷三十六. 三清茶.

钟情山水花鸟，感受自然律动

——中国古代文人赏梅审美实践活动成功案例的美学分析*

陈秀中

大自然充满了生机活力，生命的韵律广泛普遍地渗透在整个自然界的宏观世界和微观世界之中，而人类作为大自然的产物与骄子同样也是最富生机活力的高级动物。人类来源于大自然，人类更离不开大自然！人类需要大自然生机活力的不断滋补——包括身与心两方面的滋补，而赏花审美正是获得这种身心滋补的一个重要来源。自然美的审美领域无限广阔，中华民族赏花审美、与花交流的优良花卉文化传统源远流长，深入研究中国古代赏花审美实践活动中所体现出的赏花审美智慧，我们会发现这些代表东方自然审美的精华结晶，可以为安顿当代中国人浮躁空虚的心灵提供丰富而深刻的智慧资源[1]；本文从宋代文人赏梅审美实践活动中采撷三粒梅文化的结晶体，静心品味、凝神把玩，我似乎嗅到了梅花这一大自然恩赐给中华民族的“尤物”身上散发出的阵阵宇宙自然生机律动的清香气息……

1. 疏影横斜水清浅，暗香浮动月黄昏

北宋诗人林逋一生不做官，隐居杭州西湖孤山，不婚娶，种梅养鹤以自娱，有“梅妻鹤子”之称。其咏梅诗作风格淡远、意境清淳，代表作《山园小梅》被公认为是“古今咏梅之冠”：

* 本文原文发表于《北京林业大学学报》2012年2月增刊1。

众芳摇落独暄妍，占尽风情向小园。
疏影横斜水清浅，暗香浮动月黄昏。
霜禽欲下先偷眼，粉蝶如知合断魂。
幸有微吟可相狎，不须檀板共金樽。

首联写梅花凌霜傲雪、独领风骚的可贵生物学特性。大意是：冬天百花凋残，唯独梅花迎风斗雪率先开放，花色鲜艳明丽、占尽小园风光！

颔联写梅花的姿、色、香。“疏影”用“横斜”来描绘，再配上“水清浅”的淡雅环境；“暗香”用“浮动”来形容，再点上“月黄昏”的朦胧色调，细腻传神地描绘出了高洁淡雅、不染尘俗的梅花体态，俨然一幅淡雅朦胧的溪边月下梅花清赏图。颔联二句被誉为“咏梅千古绝唱”！大意是：梅枝稀疏横斜的影子倒映在清浅的溪水中，梅花清幽的香气在朦胧月色之中阵阵飘散。

颈联用拟人与映衬手法，以禽蝶爱梅销魂来反衬梅花高雅风姿的魅力。大意是：洁白的仙鹤爱梅之甚，它还未来得及飞落，就迫不及待地先偷看几眼；但如果粉蝶知道如此幽香醉人的梅花也一定会为之神魂颠倒、魂夺神消的（梅花寒冬开放，此时不会有夏季的蝴蝶）。

尾联着意点染梅花的神韵、品格。大意是：幸亏有吟诗风雅的清高文人可与梅花结伴亲近；最不宜富贵人家在赏梅时用酒宴金樽、和乐檀板来附庸风雅。

此时的诗人林逋与梅花融为一体，陶冶沉醉于梅花的色、香、韵、姿之中，使主客体之间在生命本源上求得同化和融合，审美主体以微妙之心去体悟大自然中活泼的生命律动。诗人在尾联发出感叹：啊，梅花有幸，可以将我这微吟的诗人引为知己，相伴相亲！用意在于强调诗人孤高清傲的隐士性格与梅花不染尘俗的高雅品格是一脉相通的，含蓄地传达出了咏梅诗人不附流俗、洁身自好的生活情操。至此，花魂与人品已经水乳交融、合为一体了[2]。

2. 零落成泥碾作尘，只有香如故

南宋爱国诗人陆游平生痴迷梅花：“当年走马锦城西，曾为梅花醉似泥。二十里中香不断，青阳宫到浣花溪。”大诗人陆游醉心赏梅，全身心陶醉在成都西门外二十里梅花香阵之中。他把如雪的梅花纷乱地插戴在桐帽（古代的一种便帽）上，驴鞍上斜挂着满满一壶酒，心想着能有高明的丹青画师来为自己画一幅骑驴赏梅夜归图：“乱簪桐帽花如雪，斜挂驴鞍酒满壶。安得丹青如顾陆（指东晋画家顾恺之与南朝画家陆探微），凭渠画我夜归图。”（《梅花绝句》）

在放翁的眼中，梅花画品远胜牡丹：“月中疏影雪中香，只为无言更断肠。曾与诗翁定花品，一丘一壑过姚黄。”（《梅花绝句》）牡丹为国色天香、百花之王，“姚黄”为牡丹极品，而在放翁心目中的梅花，其花品远胜“姚黄”。“幽香淡淡影疏疏，雪虐风饕亦自如。正是花中巢许辈，人间富贵不关渠。”（《雪中寻梅》其二）诗人赞美梅花坚贞高洁、不慕富贵的气节品格，在风雪肆虐的严寒中，梅花依然以清幽的香气和稀疏的花影傲霜斗雪、无所畏惧，真好比花中的巢父和许由，是值得称颂的高士君子！

陆游的代表作《卜算子·咏梅》则是一首对当代中国人影响最为深远的咏梅词：

驿外断桥边，寂寞开无主。已是黄昏独自愁，更著风和雨。

无意苦争春，一任群芳妒。零落成泥碾作尘，只有香如故。

当陆游面对驿外断桥边的一株野梅，其恶劣、孤独的生长环境使诗人联想到自己作为抗金爱国的大臣屡遭贬官去职的痛苦经历；诗人借梅言志，通过对梅花的礼赞自勉自励，坚定自己的人生态度，即使自己的爱国才智不能施展，也要像梅花那样保持高洁清香的精神：“零落成泥碾作尘，只有香如故。”在这里，赏花者借梅花的傲骨香心寄托了自己的人格理想，梅花的花格香品转而成为了赏梅者追求的人格与气节。大诗人陆游在与梅花“比德”的赏花审美观照之中，受到了潜移默化的高雅花品的感染，自己的人品也自觉不自觉地变得高尚起来。这正是从赏玩自然山水花木之象中直觉地把握自然如人生一样的生命律动，从而悟解天地人生之道，并由此而获得精神的畅快与自适，人的身心均获得了自然美的滋补、疗养与慰藉[3]。

3. 等恁时重觅幽香，已入小窗横幅

南宋末年词人张炎在《词源》论及咏梅诗词时写道：“诗之赋梅，惟和靖一联而已，世非无诗，不能与之齐驱耳。词之赋梅，惟姜白石《暗香》《疏影》二曲，前无古人，后无来者，自立新意，真为绝唱。”清人郑文焯称赞姜夔的《暗香》《疏影》二词道：“此二曲为千古词人咏梅绝调。”（郑校《白石道人歌曲》）从以上引录的评语中，可见姜夔在中国咏梅诗史上的地位。

姜夔存词108首，其中咏梅词计17首，约占六分之一。《暗香》《疏影》二词是他咏梅词的代表作。这两首词的词牌，是姜夔独创的，其名取自林逋《山园小梅》词中最著名的一联——“疏影横斜水清浅，暗香浮动月黄昏。”从词前小序中可以看出，他创此二词，是应范成大之请而作的，时间是在宋绍熙二年（1191年）冬天。当时范成大已65岁，正隐居苏州石湖别墅。姜夔时年36岁，在范成大面前应算后辈。范成大特别喜爱梅花，曾亲自辟梅园植梅，并著有《梅谱》。姜夔做客范成大的石湖别墅，住了一个月，作此二曲，正是为了投主人之雅好。范成大对此二曲颇为赞赏，“把玩不已”，并立即叫来乐工与歌伎照曲演练。作者自己听后也自认为“音节谐婉”，颇为满意，“乃名之曰《暗香》《疏影》”。

暗香

辛亥之冬，余载雪诣石湖。止既月。授简索句，且征新声，作此两曲。石湖把

玩不已，使工妓隶习之，音节谐婉，乃名之曰《暗香》《疏影》。

旧时月色，算几番照我，梅边吹笛。唤起玉人，不管清寒与攀摘。何逊而今渐老，都忘却春风词笔。但怪得竹外疏花，香冷入瑶席。

江国，正寂寂。叹与路遥，夜雪初积。翠尊易泣，红萼无言耿相忆。长记曾携手处，千树压，西湖寒碧。又片片吹尽也，几时见得？

疏影

苔枝缀玉，有翠禽小小，枝上同宿。客里相逢，篱角黄昏，无言自倚修竹。昭君不惯胡沙远，但暗忆江南江北。想佩环月夜归来，化作此花幽独。

犹记深宫旧事，那人正睡里，飞近蛾绿。莫似春风，不管盈盈，早与安排金屋。还教一片随波去，又却怨玉龙哀曲。等恁时重觅幽香，已入小窗横幅。

《暗香》借梅起兴，而主旨在于忆旧怀人。“旧时月色”与眼前月色并无不同，不同的是词人的感受。回首当年，与美人携手，踏着清幽的月光，冒着早春的薄寒，漫步西湖，摘梅清赏，那是何等美妙的光景！而眼下却是青春逝去，孑然独处，竹外数点梅花寂寞地开着，冷香唤起词人的一怀愁绪，抚今追昔，此情何堪？“但怪得”的“怪”字，下得准确细腻，犹言：“你这久违的梅花，何事又来打扰我这穷愁落寞的旅人，来折磨我这颗久已破碎的心呢？”而梅花也仿佛与词人有着同样的感触，也沉浸在对往昔繁盛时光的回忆之中，故曰“红萼无言耿相忆”。眼前只有几点疏花，而当年曾携手处，却是“千树压，西湖寒碧”，写梅如此，古来罕见；而梅花的繁盛，正象征往日美好的年华和热烈的爱情。结尾处不说恋念往日梅花的繁盛，却说要珍重这眼前的几点稀疏的梅花，唯恐其“又片片吹尽也”，凄凉感伤的思念情调更跃然纸上！

《暗香》《疏影》两词为姊妹篇，作于同时同地，亦同负盛名。《暗香》旨在忆旧怀人，《疏影》主旨则在叹美惜花、赞梅惜花，梅花的形象自花开写至花落，描绘传神、想象奇特、意境高妙、回味无穷，抒情主人公对梅花的一片深情也表达得淋漓尽致。上片将人人爱怜的昭君化作梅花，使“幽独”的梅花具有了人的生命，特别富有人情味。下片从梅花的飘落着笔，从遥远的“深宫旧事”引出寿阳公主额头上的梅花妆，又巧妙地从这一片梅花落花引出惜花之情，提醒赏花人要早早为梅花“安排金屋”。但作者知道要留住梅花的鲜亮青春是不可能的，她迟早还得一片片随波飘逝，到那时，就再也见不到梅花的亮丽倩影，闻不到梅花那沁人心脾的幽香了。幸而人们早已在梅花国画的画幅中留下了她鲜亮青春的倩影，那形神兼备的梅花仿佛还在画幅上向人们吐着生命的清香，作者终于又能和她重逢了。也许，这“小窗横幅”就是人们为梅花安排的“金屋”吧？词在不尽的余韵中收尾，给读者留下了广阔的想象和回味的余地，很妙很美！我们似乎又一次嗅到了梅花这一大自然恩赐给中华民族的“尤物”身上散发出的阵阵宇宙自然生机律动的清香气息[4][5]……

4. 结语

我国当代美学家陈望衡说得极为透彻："自然界的风物，不管是有生命还是无生命的，是静态的，还是动态的，只要它的力的结构形式与人的生机的力的结构形式相契合，就可以构成一种审美情景……云南路南的石林虽然没有我们通常说的生命，但峰峭峥嵘的形状，那石峰统统指向青天的整体气势，都体现出强烈的动感、力感。这种动感、力感正好成为了人的创造精神、蓬勃活力的感性肯定。它所存在的力的结构式样与人的生机力的结构式样异质同构，故它是很美的。山东泰安的岱庙有几株枯死的汉柏，尽管已经没有生命了，但它枝干挺拔，线条遒劲，仍然保留着生命的形式。就是这生命的形式与人的生机力实现了同构。人们站在这枯死的汉柏面前，从它的线条，从它的形状，强烈地感受到生机的律动。作为欣赏主体的人，总是以自己富有生机的本质特点去看待世界上的一切，情不自禁地把自己对生活的热爱，对生命的追求寄托到自然物中去。"[6]

对于自然美中所表现出的这种生机和活力，不少中外美学家早已有所论及。如黑格尔就在他的名著《美学》中说："我们只有在自然形象的符合概念（指人的心灵，笔者注）的客体性相（指自然事物的感性形式，笔者注）之中见出受到生气灌注的互相依存的关系时，才可以见出自然的美。""这里的意蕴并不属于对象本身，而是在于所唤醒的心情。"西方现代美学的格式塔心理学派则用"异质同构说"来解释此种自然与心灵互相沟通的审美现象，鲁道夫·阿恩海姆说："虽然身与心是两种不同的媒质——一个是物质的，另一个是非物质的——但它们之间在结构性质上还是可以等同的。"[7]格式塔派把自然界外在的物质的东西称为"物理世界"，把人类内在的精神的东西称为"心理世界"；"物理世界"（即自然事物的感性形式）与"心理世界"（即人的心灵）的质料是不同的，但其力的结构可以是相同的。当"物理世界"与"心理世界"的力的结构相对应而沟通时，那么审美主体就进入到了身心和谐、物我同一的境界，人的审美体验也就由此境界而产生了。《孔子·论语·雍也篇》曰："知者乐水，仁者乐山；知者动，仁者静。"水是流动的，它和聪明的人灵活多变的智慧，虽然质料不同，其力的结构却是相同的；同样，山是沉静、稳重的，它和仁者的端正、厚道的人品正构成一种"异质同构"的关系，于是孔子的这种山水体验便具有了深刻的审美意义。

宋代画家郭熙在《林泉高致》中有一段名言："春山淡冶而如笑，夏山苍翠而如滴，秋山明净而如妆，冬山惨淡而如睡。"众人皆称此话美，造园家甚至按此话意境造出了扬州个园的四季假山。此话何以为美？美就美在发现了大自然山水的生机韵律与人的内在生机韵律的"异质同构"关系，沟通了自然与心灵这两个不同的世界，并从中引发出诗意。清代怪才郑板桥在其竹石兰图上题道："四时不谢之兰，百节长青之竹，万古不移之石，千秋不变之人，写三物与大君子为四美也。"正因为郑板桥特别擅长于发现并微妙地表达出竹石兰与君子之间的这种"异质同构"关系，所以他的竹石兰图历来均被视为中华民族最具审美趣味的艺术珍品。

“美在发现！”（罗丹语）当我们欣赏大自然的山水风月、花鸟虫鱼时，应该善于寻找并发现那些契合人的内在生机韵律的自然同构物、对应物。你发现的这种自然同构物、对应物越多、越独特、越微妙，你获得的审美享受就越丰富，你获得的自然美滋补与疗养就越有效，也就越有益于你的身心发展[8]。

人类既然与大自然的花草树木同命运共呼吸，自有其彼此潜在的生命力律动的共鸣，这就叫“异质同构”。在赏梅审美实践活动中，能够品赏梅花的一花一蕾、一枝一叶之美者，自能斟酌宇宙自然生机律动的点点滴滴……

凝神把玩从宋代文人赏梅审美实践活动中采撷的三粒梅文化结晶体，我们似乎嗅到了阵阵宇宙自然生机律动的清香气息……

参考文献

[1] 陈秀中，王琪. 花人合一，畅神乐生[J]. 北京林业大学学报，2010, 32（S2）：118-124.
[2] 陈秀中，王琪. 中华民族传统赏花理论探微[J]. 北京林业大学学报，2001, 23（S1）：16-21.
[3] 陈秀中，王琪. 与花比德　以美储善[J]. 北京林业大学学报，2010, 32（S2）：114-117.
[4] 孙映逵. 中国历代咏花诗词鉴赏辞典[M]. 南京：江苏科学技术出版社，1989.
[5] 孙振涛. 解读姜夔词中的“梅花”意象[J]. 集宁师专学报，2008,（01）：19-21.
[6] 陈望衡. 生机是山水美的灵魂[J]. 风景名胜, 1992,（3）.
[7] [美] 鲁道夫·阿恩海姆. 艺术与视知觉[M]. 北京：中国社会科学出版社，1984.
[8] 陈秀中. 美在发现——奇石审美漫谈[J]. 科技潮, 1995,（09）：54-55.

中国古代文人咏梅赏梅审美趣味分析研究*

陈秀中

本文对中国古代文人有关梅花最有代表性的诗词曲文赋谱等进行分析研究，设计了一个表格，在各项因素的对照中，反映出人们欣赏梅花的角度与侧重点，从中寻找中国人赏花趣味和赏花审美评价标准的规律性。

中国是梅花的原产地，有着悠久的栽培历史；而在中国璀璨的花文化领域内，梅文化更占有举足轻重的地位，可以说是家喻户晓、深入民心。中国古代文人在赏梅的审美体验中，留下了众多的花文化遗产，凝聚着中国人独特的赏花趣味与民族文化情结。

受时间与篇幅的限制，笔者仅从中国古代文人浩如烟海的有关梅花的文学作品中，选取最有代表性的诗、词、曲、文、赋、谱等30篇，进行解剖对照分析研究，现设计分析研究表格参见附录一“中国古代文人咏梅赏梅审美趣味分析表格”。

1.“欣赏部位”对照分析

从附录一表格拿出欣赏部位（包括色、香、花、枝、干、叶、果、根等）来对照分析，在这30篇咏梅名作中，中国古代文人在赏梅时关注的欣赏部位，按照在作品里的出现频率多少排序如下：

（1）花（16次）；

* 本文原文发表于《北京林业大学学报》2007年1月增刊1。

（2）枝（15次）；
（3）香（15次）；
（4）色（7次），其中白色5次、墨色1次、红色1次；
（5）梅树（4次）；
（6）落英（2次）；
（7）梅果（1次）。

深入分析研究上述排序，我们可以看到，中国人赏梅重视花香的程度超过了花色；而花朵与花枝排在第一、二位也是自然而然的，这是因为赏花审美活动主要是诉诸赏花者的视觉感受器官。

2.“欣赏方式”对照分析

从欣赏方式（视、听、嗅、味、触、联想等）这一栏目来对照分析，按照在作品里的出现频率多少排序如下：
（1）视觉（30次）；
（2）嗅觉（15次）；
（3）听觉（3次）；
（4）联想（3次）；
（5）味觉（1次）；
（6）触觉（1次）。

我们不难看出，中国人赏梅重视动用嗅觉感受器官，这是因为作为中华传统名花的梅花在花朵、枝干、香味上，都具有自己独特的风格与特色。

首先看花朵与枝干，中国明代古文献《潜确类书》曰：“梅有四贵：贵稀不贵繁，贵老不贵嫩，贵瘦不贵肥，贵含不贵开。”其中“贵老不贵嫩”是梅花枝干的审美标准，“贵稀不贵繁，贵瘦不贵肥，贵含不贵开”则是梅花花朵的审美标准。南宋范成大在其名作《范村梅谱》当中提出的梅花枝干的审美标准是：“梅以韵胜，以格高，故以横斜疏瘦与老枝怪奇者为贵。”

再看花香——这是中国文人赏梅咏梅必不可少的感受，也是中国梅花最具特色的品质！梅花花香的特色为：暗香、清香、淡香、冷香。对于梅花花香特色的分析，南京的程杰先生分析得非常透彻：“据古人观察，‘历数花品，白而香者十花八九也’（何薳《春渚纪闻》卷七）。梅花也是如此，花色淡薄，而香却有殊致。这是桃李、海棠、牡丹等以色著名的花卉所不可比拟的。‘香者，天之轻清气也，故其美也常彻于视听之表。’（刘辰翁《芗林记》）香味不同于人的视觉、听觉内容那样明确，它是一种实在刺激，但带给人的感官愉悦难以言传。与色彩视觉相比，气味嗅觉总有几分玄妙的意味。正是这难以言传的玄妙美感，使嗅味自古以来就成了人类精神面貌、品格气质、审美感觉的隐喻。常言所谓‘其志洁故其称物芳'，'流芳百世'，说的都是精神的境界及其魅力。梅之有香，已是奇妙，而其芳香，又是一种特殊的品型。晚唐以来，人们使用最多的是'冷香''冻香''寒香''清香''幽香''暗香''远香''淡香'等概念，庶几得其香型嗅觉之仿佛，另外也不排除有梅树花枝形态和季节环境等因素的交感作用。细加分析又主要有两个特点，一是冷冽，梅花与瑞香花那种'短短薰笼小，团团锦帕围；浮阳烘酒思，沈水著人衣'（杨万里《瑞得花新开》）的温软熏醉感是不一样的。二是幽妙淡远，宋人描写梅香多取象于月下气浮、竹间暗度，穿林隔水，意在朦朦胧胧，似有若无。这两种感觉都能有效地表喻闲静淡雅的精神气质和人格神韵。"[1]

3. 梅花情结 寄托情趣

从内容简介（梅花情结、寄托情趣）这一栏目来对照分析，可以归纳出6种情趣，按照在作品里的出现频率多少排序如下：

（1）赞赏梅花傲霜斗雪的品格，寄托高节自守、坚贞不屈的情操；(13次）

（2）褒赞梅花之美，爱梅、惜梅之情可见真淳；(13次）

（3）寄托真挚的爱情；(2次）

（4）寄托对朋友的思念；(1次）

（5）寄托思乡之情；(1次）

（6）记载梅花品种，提出欣赏梅花的审美标准。（1次）

分析研究上述排序，情趣（1）排在第一位应该是不言自明的：梅花不畏严寒，独步早春；它赶在东风之前，向人们传递着春天的消息，被誉为"东风第一枝"。梅花这种不屈不挠的精神和顽强意志，历来被人们当作崇高品格和高洁气质的象征。元代诗人杨维帧咏之："万花敢向雪中出，一树独先天下春。"可惜，查遍文献资料该诗只留下此联咏梅名句，原诗全文似已散佚，故未收入本表格。

情趣（2）则是一种较为宽泛的归纳概括，具体的情景交融的艺术形象千变万化、因景而异；但是"褒赞梅花之美，倾吐爱梅、惜梅之情"则是其共同点，有咏梅名句为证："梅花本是神仙骨，落在人间品自奇！"不知此联又出自何人何诗，故也未收入本表格。

至于"自然环境与景物配置"与"典故、习俗、名句与历史地位"两个栏目，涉及方方面面，内容丰富多彩，虽属管蠡窥豹，亦足见中国梅文化之博大精深，这里不再赘述，可参见本文附录一"中国古代文人咏梅赏梅审美趣味分析表格"以及本文附录二"中国古代文人咏梅赏梅诗词曲赋谱精选30篇"。

参考文献

[1] 程杰. 梅花象征生成的三大原因[C]//宋代咏梅文字研究. 合肥：安徽文艺出版社, 2002.

附录一

中国古代文人咏梅赏梅审美趣味分析表格

	内容简介（梅花情结、寄托情趣）	欣赏部位（包括色、香、花、枝、干、叶、果、根等）	欣赏时间	自然环境与景物配置	欣赏方式（视、听、嗅、味、触觉等）	典故、习俗、名句与历史地位
1. 先秦民歌《诗经·召南·摽有梅》	以梅果成熟落地比兴少女追求爱情。	梅果	初夏	梅林、梅果	视觉	习俗：以梅为媒。我国最早的咏梅诗歌
2. 南北朝·宋·陆凯《赠范晔》	借赠给朋友一枝梅花，寄托对朋友的深切思念。	带花梅枝	初春	赏梅逢驿使	视觉	典故：折梅寄情，折梅报春。我国最早的文人咏梅诗
3. 南北朝·宋·鲍照《梅花落》	以对话的形式褒奖赞美梅花、贬斥鄙视杂树，对比衬托梅花坚贞不屈、不附尘俗的品格。	梅树开花	冬季	庭院中的梅树与杂树	视觉	第一个在诗中称颂梅花傲霜斗雪品格的诗人
4. 南北朝·何逊《咏早梅诗》	诗人睹梅惊时、伤春怨逝，写梅细腻、想象新奇，被誉为文人咏梅之祖。	梅花、梅枝	初春	却月观前梅枝交错、凌风台下梅雪缤纷	视觉	典故：何逊咏梅、居洛思梅。第一个在诗中从审美角度赏梅、咏梅的文人
5. 南北朝·梁·简文帝《梅花赋》	赞美梅花在万木枯悴之时却能不惧冰雪、吐艳报春。梅花那清新的花色与扑鼻的芬芳令文人墨客提笔吟咏，让闺房佳丽爱不释手、弄梅娇姿。	色、香、疏影、低枝	冬末春初	万木枯悴、色落摧风，只有梅花舒荣吐艳，令文人墨客、闺房佳丽惊讶不已	视觉、嗅觉	目前所见中国古文献中最早的一首文人咏梅赋
6. 唐·宋璟《梅花赋》	借一株杂草丛中怒放的梅花，寄托自己高节自守、淡泊自持的情趣。	白梅、清香	冬季	断壁残垣、杂草丛生、冰凝霜冻	视觉、嗅觉	典故：广平赋梅、铁石心肠
7. 唐·王维《杂诗》（其二）	诗人是久在异地他乡的游子，忽然遇到来自故乡的旧友，但是诗人问同乡的却不是亲朋旧友、故土人情，问的竟是一株绮窗前的寒梅是否开花！落笔新颖奇特，故乡那株寒梅已不是一般的自然之物，而是诗人思乡、怀旧的象征与寄托。	绮窗寒梅	冬季	绮窗、开花的寒梅	视觉、联想	习俗：绮窗寒梅
8. 唐·张籍《梅溪》	梅溪边山石上落的梅花瓣，诗人不让扫去，爱梅、惜梅之情可见真淳。	梅花、梅花落英	春季	梅溪、山石	视觉	
9. 唐·朱庆馀《早梅》	赞赏梅花傲寒斗雪的品格，并将梅与松竹媲美，褒扬梅花超凡脱俗的审美价值。	根性、花色、冷香	冬末春初	傲冬斗雪，与松竹共栽	视觉、嗅觉	典故：岁寒三友。在中国古诗文中较早地把梅与松竹相媲美，“岁寒三友”在这里已具雏形
10. 北宋·林逋《山园小梅》	借一幅淡雅的溪边月下梅花清赏图，寄托诗人洁身自好、不附流俗的情操。	梅枝横斜、暗香浮动	冬末的一个月夜	溪边月下、洁白的仙鹤、高雅的诗人	视觉、嗅觉	典故：梅妻鹤子、孤山处士。此诗为古今咏梅之冠、千古咏梅绝唱。名句：疏影横斜水清浅，暗香浮动月黄昏
11. 北宋·晁补之《盐角儿·亳社观梅》	词人盛赞梅花乃花中奇绝，借梅花的傲骨香心寄托自己的理想情操。	白梅似雪、骨中香彻	初春	山风溪月、白梅飘香	视觉、嗅觉	名句：香非在蕊，香非在萼，骨中香彻
12. 南宋·陆游《卜算子·咏梅》	写梅花在艰苦的生长环境之中依然迎风怒放、气节不改，象征诗人刚正不阿的高尚节操。	梅花怒放、清香如故	初春	驿外断桥、风雨黄昏	视觉、嗅觉	对于当代中国人影响最为深远一首咏梅词，毛泽东的《卜算子·咏梅》是反其意而用之。名句：零落成泥碾作尘，只有香如故
13. 南宋·陆游《古梅》	写一株古梅超凡脱俗的神韵，其重叠的碧藓、苍劲的虬枝，令其他梅花相形见绌。	重叠碧藓、苍劲虬枝		古涧水、苍虬枝	视觉	梅以老枝怪奇者为贵
14. 南宋·范成大《梅谱》	记载了宋代12个品类的梅花，提出了梅花的欣赏标准是：以韵胜、以格高，以横斜疏瘦、老枝怪奇者为贵。	梅花品种的植物学特征			视觉、嗅觉	中国古代第一部梅花品种专著。习俗：横斜疏瘦、古怪清奇
15. 南宋·范成大《古梅》	写古梅独特的格调神韵，只消两三只瘦老苍曲的古梅枝干便已压倒了其他仅以花繁叶茂取胜的花卉。	瘦老的梅枝		两三只古梅枝干	视觉	在古代诗文中奠定了梅花以横斜疏瘦、老枝怪奇者为贵的审美风骨
16. 南宋·张镃《梅品》	作者出于爱梅惜梅之情，总结归纳了南宋赏梅的58条标准，其中花宜称、花荣宠为欣赏梅花时应具备的标准，花憎嫉、花屈辱为欣赏梅花时应避讳的标准。	欣赏梅花的58条标准		花宜称26条、花荣宠6条	视觉、听觉、嗅觉、味觉、触觉。	中国古代第一部梅花欣赏专著。典故：三闾大夫、首阳二子

（续）

	内容简介（梅花情结、寄托情趣）	欣赏部位（包括色、香、花、枝、干、叶、果、根等）	欣赏时间	自然环境与景物配置	欣赏方式（视、听、嗅、味、触觉等）	典故、习俗、名句与历史地位
17. 南宋·张镃《菩萨蛮·鸳鸯梅》	鸳鸯梅是梅花的一个品种，花重瓣，红色，最明显的特征是结实时必定成双成对，故名。该词抓住鸳鸯梅的特征落笔，上片写花，设想鸳鸯梅是由鸳鸯鸟转世而来，她那成双成对的花影倒映在晴溪中，就像鸳鸯鸟在暖沙上交颈而眠；下片写人，少女将鸳鸯梅插在鬓边，娇羞地说出了“愿郎同白头”的心愿。该词将鸳鸯梅、鸳鸯鸟与人间的鸳鸯侣交织为鲜明的艺术形象，寄托着作者对真挚爱情的赞颂	梅枝花影		梅枝花影、晴溪鸳鸯、窗下少女、插梅笑语	视觉	习俗：鸳鸯梅、娇女簪梅
18. 南宋·杨万里《瓶中梅花长句》	写诗人月夜入船斋，一瓶梅花插花的香气，引来诗人去年西湖赏梅盛景的回忆；一瓶梅插也好，万株梅树也好，最后诗人的结论是：梅花是我的朋友、故人。	猛香、梅枝、梅树	月下	月下水边船斋，一瓶梅花、一壶老酒	嗅觉、视觉	中国古诗中最长的一首咏瓶插梅花的长诗
19. 南宋·辛弃疾《临江仙·探梅》	这首词写作者晚年探梅赏梅的情致。上片写梅花冰清玉洁的高雅品格，下片写词人对梅花的钟情留连。梅花那种“更无花态度，全是雪精神”的气质也是作者人格的象征。	含雪开花的梅枝	早春	含雪开花的梅枝、江村溪水、空山流云、竹林、月黄昏等	视觉	名句：更无花态度，全是雪精神
20. 南宋·陈亮《梅花》	诗人借歌颂梅花傲霜斗雪勇报春天信息的可贵精神，来寄托其抗金爱国的不屈意志。	横斜的梅枝、含苞的梅萼	早春	疏影横斜的梅枝、含苞待放的梅萼、冰雪、春天的气息、笛曲《梅花三弄》等	视觉、嗅觉	典故：梅花三弄 名句：欲传春消息，不怕雪埋藏
21. 南宋·卢梅坡《雪梅二首》	梅以芳香专美，雪以洁白取胜，然而观赏雪梅更少不了诗人高雅的情趣；只有三者互相映衬，才能装点出“十分春色”，深化观赏雪梅的意境韵味。	雪中梅花、梅香	雪天	梅花、白雪诗人等。	视觉、嗅觉、联想	中国咏梅诗中最著名的雪梅诗。名句：梅须逊雪三分白，雪却输梅一段香
22. 南宋·姜夔《疏影·苔枝缀玉》	该词主旨在赞梅惜花，梅花的形象自花开写至花落，描绘传神、想象奇特，意境高妙、回味无穷，抒发主人公对梅花的一片深情也表达得淋漓尽致。上片将人人爱怜的昭君化作梅花，使“幽独”的梅花具有了人的生命，特别富有人情味。下片从梅花的飘落着笔，从遥远的“深宫旧事”引出寿阳公主额头上的梅花妆，又巧妙地从这一片梅花落花引出惜花之情，提醒赏花人要早早为梅花“安排金屋”。	长着苔藓的梅枝、晶莹如玉的白梅、落花花瓣、梅香等		长着苔藓的梅枝、晶莹如玉的白梅、翠鸟、篱笆、修竹、落花花瓣的幽香等。	视觉、嗅觉、听觉、联想	典故：昭君暗忆、梅花宫妆
23. 南宋·萧泰来《霜天晓角·梅》	该词上片歌颂梅花经受千霜万雪的折磨仍能怒放，依靠的是天生的“瘦硬”、品格的坚强。下片赞叹梅花疏影的“清绝”别致、高雅超凡，绝不趋炎附势，那只知争占春光、大显妩媚的海棠是无法与梅花相提并论的。	瘦硬的枝条、清绝的花影	冬末	霜、雪、月、笛曲	视觉	典故：霜天晓角、梅聘海棠
24. 南宋·魏了翁《十二月九日雪融夜起达旦》	诗人晨起在梅树旁研读《周易》，表达了南宋儒家借赏梅观造化之妙、得乾坤消息的独特理趣。	梅花初放的梅树	冬末月夜	窗前赏梅，读《周易》、听天籁。	视觉、听觉	典故：傍梅读《易》
25. 元·景元启《双调·殿前欢·梅花》	写画家黎明伫立窗前，欣赏着晨曦淡月中显得格外“清佳”的梅花疏影，心灵完全沉浸在“梅花是我，我是梅花”的天人合一的审美境界之中。	绮窗前的梅枝疏影	清晨	晨曦淡月、窗前疏影	视觉	习俗：绮窗梅影
26. 元·王冕《墨梅》	这是王冕自题墨梅的题画诗。这枝墨梅不仅墨色清素淡雅，而且清香扑鼻，俨然是文人高士清高脱俗的气质和品格的代表。	梅画珍品墨梅花朵的色与香	冬末春初	洗砚池旁的一棵珍品墨梅	视觉、嗅觉	中国古代梅文化中最为著名的一首题画诗。名句：不要人夸颜色好，只留清气满乾坤
27. 元·杨朝英《双调·水仙子·雪晴天地一冰壶》	该元曲写的是西湖踏雪寻梅的乐趣。在一个冬季雪晴之日，曲家骑驴踏雪过溪桥去西湖孤山探梅，一路上诗人看梅花痛饮酒，无钱买酒便当剑而沽，不惜醉倒在西湖，在大自然雪梅美景的陶醉之中寻求精神上的慰藉。	雪梅	冬季雪晴之日	西湖梅花、骑驴踏雪、溪桥小路、对酒赏花等	视觉	典故：骑驴踏雪寻梅
28. 明·高启《梅花》	把梅花比拟为雪中高士、月下美人，写其不畏严寒的节操和幽雅超凡的神韵。	雪中、月下的白梅	冬末春初	雪中白梅、月下梅林、翠竹、青苔等	视觉、嗅觉	典故：高士袁安卧雪，罗浮梦遇梅仙
29. 清·金农《画梅》	这是一首题画诗，写诗人模仿唐代诗人孟浩然骑驴踏雪寻梅，爱梅之情跃然纸上。	梅枝、梅香。	冬末春初	溪边梅枝横斜、骑驴踏雪寻梅	视觉、嗅觉	典故：孟浩然骑驴踏雪寻梅
30. 清·龚自珍《鹊桥仙·种红梅》	写诗人为竹丛配植一株红梅，词中的翠竹像一名身穿青衫的寒士，红梅像一名身着红装的美女，梅竹相伴是诗人心中的一种理想境界。	红梅树	秋天的清晨	窗外竹丛新植一株红梅	视觉	习俗：梅竹相依

附录二

中国古代文人咏梅赏梅诗词曲赋谱精选30篇

1. 《诗经·召南·摽有梅》

先秦·民歌

［原诗］	［译文］
摽有梅，	梅子落地纷纷，
其实七兮。	树上还有七分。
求我庶士，	追求我的小伙子啊，
迨其吉兮！	切莫放过了吉日良辰！
摽有梅，	梅子落地纷纷，
其实三兮。	树上只剩三成。
求我庶士，	追求我的小伙子啊，
迨其今兮！	就在今朝切莫再等！
摽有梅，	梅子落地纷纷，
顷筐塈之。	收拾到斜筐之中。
求我庶士，	追求我的小伙子啊，
迨其谓之！	你一开口我就答应！

2. 《赠范晔》

南朝·宋·陆凯

折梅逢驿使，寄与陇头人。江南无所有，聊赠一枝春。

3. 《梅花落》

南朝·宋·鲍照

中庭杂树多，偏为梅咨嗟。问君何独然？念其霜中能作花，露中能作实。

摇荡春风媚春日，念尔零落逐寒风，徒有霜华无霜质。

4. 《咏早梅诗》

南朝·梁·何逊

兔园标物序，惊时最是梅。衔霜当路发，映雪拟寒开。
枝横却月观，花绕凌风台。朝洒长门泣，夕驻临邛杯。应知早飘落，故逐上春来。

5. 《梅花赋》

南朝·梁·简文帝

层城之宫，灵苑之中。奇木万品，庶草千丛。光分影杂，条繁干通。寒圭变节，冬灰徙筒，并皆枯悴，色落摧风。年归气新，摇芸动尘。梅花特早，偏能识春。或承阳而发金，乍杂雪而披银。吐艳四照之林，舒荣五衢之路。既玉缀而珠离，且冰悬而雹布。叶嫩出而未成，枝抽心而插故。漂半落而飞空，香随风而远度。挂靡靡之游丝，杂霏霏之晨雾。争楼上之落粉，夺机中之织素。乍开华而傍山县巘，或含影而临池。向玉阶而结采，拂网户而低枝。七言表柏梁之咏，三军传魏武之奇。于是重闺佳丽，貌婉心娴。怜早花之惊节，讶春光之遣寒。袂衣始薄，罗袖初单。折此芳花，举兹轻袖。或插鬓而问人，或残枝而相授。恨鬓前之太空，嫌金钿之转旧。顾影丹墀，弄此娇姿。洞开春牖，四卷罗帷。春风吹梅畏落尽，贱妾为此敛蛾眉。花色持相比，恒愁恐失时。

又附　梁·简文帝五言古诗《雪里梅花》

绝讶梅花晚，争来雪里窥。下枝低可见，高处远难知。俱羞惜腕露，相让道腰羸。定须还剪綵，学作两三枝。

6. 《梅花赋》

唐·宋璟

垂拱三年，余春秋二十有五，战艺再北，随从父之东川，授馆官舍。时病连月，故瞻圮墙，有梅一本，敷花于榛莽中。喟然叹曰："斯梅托非其所，出群之姿，何以别乎？若其贞心不改，是则可取也已。"感而成兴，遂作赋曰：

高斋寥阒，岁晏山深。景翳翳以斜度，风悄悄而龙吟。坐穷檐以无朋，命一觞而孤斟。步前除以踯躅，倚藜杖于墙阴。

蔚有寒梅，谁其封植？未绿叶而先葩，发青枝于宿枿。擢秀敷荣，冰玉一色。胡杂遝乎于众草，又芜没于丛棘？匪王孙之见知，羌洁白其何极！

若夫琼英缀雪，绛萼著霜，俨如傅粉，是谓何郎。清香潜袭，疏蕊暗臭，又如窃香，是谓韩寿。冻雨晚湿，夙露朝滋，又如英皇，泣于九疑。爱日烘晴，明蟾照夜，又如神人，来自姑射。烟晦晨昏，阴霾昼閟，又如通德，掩褎拥髻。狂飙卷沙，飘素摧柔，又如绿珠，轻身坠楼。半含半开，非默非言，温伯雪子，目击道存。或俯或仰，匪笑匪怒，东郭慎子，正容物悟。或憔悴若灵均，或欹傲若曼倩，或妩媚如文君，或轻盈若飞燕。口吻雌黄，拟议难遍。

彼其艺兰兮九畹，采蕙兮五柞，缉之以芙蓉，赠之以芍药，玩小山之丛桂，掇芳洲之杜若，是皆物出于地产之奇，名著于风人之托。

然而艳于春者，望秋先零；盛于夏者，未冬已萎。或朝华而速谢，或夕秀而遄衰。曷若兹卉，岁寒特妍。冰凝霜冱，擅美专权。相彼百花，谁敢争先？莺语方涩，蜂房未喧，独步早春自全其天。

至若栖迹隐深，寓形幽绝，耻邻市廛，甘遁岩穴。江仆射之孤镫向寂，不怨凄迷；陶彭泽之三径长闲，会无愔结。谅不移于本性，方可俪乎君子之节。聊染翰以寄怀，用垂示于来哲。

从父见而勖之曰："万木僵仆，梅英再吐。玉立冰姿，不易厥素。子善体物，永保贞固。"

7.《杂诗》（其二）

唐・王维

君自故乡来，应知故乡事。来日绮窗前，寒梅著花未？

8.《梅溪》

唐・张籍

自爱新梅好，行寻一径斜。不教人扫石，恐损落来花。

9.《早梅》

唐・朱庆馀

天然根性异，万物尽难陪。自古承春早，严冬斗雪开。
艳寒宜雨露，香冷隔尘埃。堪把松竹依，良涂一处栽。

10.《山园小梅》

北宋・林逋

众芳摇落独暄妍，占尽风情向小园。

疏影横斜水清浅，暗香浮动月黄昏。
霜禽欲下先偷眼，粉蝶如知合断魂。
幸有微吟可相狎，不须檀板共金樽。

11. 《盐角儿·亳社观梅》

北宋·晁补之

开时似雪，谢时似雪，花中奇绝。香非在蕊，香非在萼，骨中香彻。
占溪风，留溪月，堪羞损、山桃如血。直饶更疏疏淡淡，终有一般情别。

12. 《卜算子·咏梅》

南宋·陆游

驿外断桥边，寂寞开无主。已是黄昏独自愁，更著风和雨。
无意苦争春，一任群芳妒。零落成泥碾作尘，只有香如故。

13. 《古梅》

南宋·陆游

梅花吐幽香，百卉皆可屏。一朝见古梅，梅亦堕凡境。重叠碧藓晕，夭矫苍虬枝。谁汲古涧水，养此尘外姿。

14. 《梅谱》

南宋·范成大

梅：天下尤物。无问智贤愚不肖，莫敢有异议。学圃之士，必先种梅，且不厌多，他花有无多少，皆不系重轻。余于石湖玉雪坡既有梅数百本，比年又于舍南买王氏僦舍七十楹，尽拆除之，治为范村，以其地三分之一与梅。吴下栽梅特盛，其品不一，今始尽得之，随所得为之谱，以遗好事者。

江梅，遗核野生，不经栽接者。又名直脚梅，或谓之野梅。凡山间水滨荒寒清绝之趣，皆此本也。花稍小而疏瘦有韵，香最清，实小而硬。

早梅，花胜直脚梅。吴中春晚，二月始烂漫，独此品于冬至前已开，故得早名。钱塘湖上亦有一种，尤开早，余尝重阳日亲折之，有"横枝对菊开"之句。行都卖花者争先为奇，冬初折未开枝置浴室中，熏蒸令坼，强名早梅，终琐碎无香。余顷守桂林，立春梅已过，元夕则见青子，皆非风土之正。杜子美诗云："梅蕊腊前破，梅花年后多。"惟冬春之交，正是花时耳。

官城梅，吴下圃人以直脚梅择他本花肥实美者接之，花遂敷腴，实亦佳，可入煎造。唐人所称官梅，止谓在官府园圃中，非此官城梅也。

消梅，花与江梅、官城梅相似，其实圆小松脆，多液无滓。多液则不耐日干，故不入煎造，亦不宜熟，惟堪青啖。北梨亦有一种轻松者，名消梨，与此同意。

古梅，会稽最多，四明、吴兴亦间有之。其枝樛曲万状，苍藓鳞皴，封满花身，又有苔须垂于枝间，或长数寸，风至，绿丝飘飘可玩。初谓古木久历风日致然，详考会稽所产，虽小株亦有苔痕，盖别是一种，非必古木。余尝从会稽移植十本，一年后花虽盛发，苔皆剥落殆尽；其自湖之武康所得者，即不变移。风土不相宜；会稽隔一江，湖、苏接壤，故土宜或异同也。凡古梅多苔者，封固花叶之眼，惟罅隙间始能发花，花虽稀而气之所钟，丰腴妙绝。苔剥落者则花发仍多，与常梅同。去成都二十里有卧梅，偃蹇十余丈，相传唐物也，谓之梅龙，好事者载酒游之。清江酒家有大梅如数间屋，傍枝四垂，周遭可罗坐数十人。任子严运使买得，作凌风阁临之，因遂进筑大圃，谓之盘园。余生平所见梅之奇古者，惟此两处为冠，随笔记之，附古梅后。

重叶梅，花头甚丰，叶重数层，盛开如小白莲，梅中之奇品。花房独出，而结实多双，尤为瑰异，极梅之变，化工无余巧矣，近年方见之。蜀海棠有重叶者，名莲花海棠，为天下第一，可与此梅作对。

绿萼梅，凡梅花跗蒂皆绛紫色，惟此纯绿，枝梗亦青特为清高，好事者比之九嶷仙人萼绿华。京师艮岳有萼绿华堂，其下专植此本，人间亦不多有，为时所贵重。吴下又有一种，萼亦微绿，四边犹浅绛，亦自难得。

百叶缃梅，亦名黄香梅，亦名千叶香梅。花叶至二十余瓣，心色微黄，花头差小而繁密，别有一种芳香，比常梅尤秾美，不结实。

红梅，粉红色，标格犹是梅，而繁密则如杏，香亦类杏，诗人有“北人全未识，浑作杏花看”之句。与江梅同开，红白相映，园林初春绝景也。梅圣俞诗云“认桃无绿叶，辨杏有青枝”，当时以为著题。东坡诗云“诗老不知梅格在，更看绿叶与青枝”，盖谓其不韵，为红梅解嘲云。承平时此花独盛于姑苏，晏元献公始移植西冈圃中。一日贵游赂园吏，得一枝分接，由是都下有二本。尝与客饮花下，赋诗云：“若更开迟三二月，北人应作杏花看。”客曰：“公诗固佳，待北俗何浅耶？”晏笑曰：“伧父安得不然！”王琪君玉时守吴郡，闻盗花种事，以诗遗公曰：“馆娃宫北发精神，粉瘦琼寒露蕊新。园吏无端偷折去，凤城从此有双身。”当时罕得如此。比年展转移接，殆不可胜数矣。世传吴下红梅诗甚多，惟方子通一篇绝唱，有“紫府与丹来换骨，春风吹酒上凝脂”之句。

鸳鸯梅，多叶红梅也，花轻盈，重叶数层。凡双果必并蒂，惟此一蒂而结双梅，亦尤物。

杏梅，花比红梅色微淡，结实甚扁，有斓斑色，全似杏，味不及红梅。

蜡梅，本非梅类，以其与梅同时，香又相近，色酷似蜜脾，故名蜡梅。凡三种：以子种出，不经接，花小香淡，其品最下，俗谓之狗蝇梅；经接花疏，虽盛开花常半含，名磬口梅，言似僧磬之口也，最先开；色深黄，如紫檀，花密香浓，名檀香梅，此品最佳。蜡梅香极清芳，殆过梅香，初不以形状贵也，故难题咏，山谷、简斋但作五言小诗而已。此花多宿叶，结实如垂铃，尖长寸余，又如大桃奴，子在其中。

后序

梅以韵胜，以格高，故以横斜疏瘦与老枝怪奇者为贵。其新接稚木，一岁抽嫩枝直上或三四尺如酴醾、蔷薇辈者，吴下谓之气条。此直宜取实规利，无所谓韵与格矣。又有一种粪壤力胜者，于条上茁短横枝，状如棘针，花密缀之，亦非高品。近世始画墨梅，江西有杨补之者尤有名，其徒仿之者实繁。观杨氏画，大略皆气条耳，虽笔法奇峭，去梅实远。惟廉宣仲所作，差有风致，世鲜有评之者，余故附之谱后。

15.《古梅》

南宋·范成大

孤标元不斗芳菲，雨瘦风皴老更奇。
压倒嫩条千万蕊，只消疏影两三枝。

16.《梅品》

南宋·张镃

梅花为天下神奇，而诗人尤所酷好，淳熙岁乙巳，予得曹氏荒圃于南湖之滨，有古梅数十，散漫弗治，爰辍地十亩，移种成列，增取西湖北山别圃红梅，合三百余本，筑堂数间，以临之。又挟以两室，东植千叶缃梅，西植红梅，各一二十章，前为轩楹，如堂之数。花时居宿其中，环洁辉映，夜如封月，因名曰："玉照"。复开涧环绕，小舟往来，未始半月舍去。自是客有游桂隐者，必求观焉。顷者太保周益公秉钧，尝造予东阁，坐定，首顾予曰："一棹径穿花十里，满城无此好风光"。人境可见矣！盖予旧诗尾句，众客相与歆艳，于是游"玉照"者，又必求观焉。值春凝寒、又能留花，过孟月始盛，名人、才士，题咏层委，亦可谓不负此花矣。但花艳并秀，非天时清美不宜。又标韵孤特，若三闾大夫、首阳二子，宁槁山泽，终不肯俯首屏气，受世俗煎拂。间有身亲貌悦，而此心落落，不相领会。甚至于污亵附近，略不自揆者，花虽眷客，然我辈胸中空洞，几为花呼叫称冤，不特三叹、屡叹、不一叹而足也。因审其性情，思所以为奖护之策，凡数月乃得之。今疏花：宜称、憎疾、荣宠、屈辱四事，总五十八条，揭之堂上，使来者有所警省。且示人徒知梅花之贵，而不能爱敬也，使与予之言，传布流诵，亦将有愧色。云：

花宜称二十六条

为淡阴、为晓日、为薄寒、为细雨、为轻烟、为佳月、为夕阳、为微雪、为晚霞、为珍禽、为孤鹤、为清溪、为小桥、为竹边、为松下、为明窗、为疏篱、为苍崖、为绿苔、为铜瓶、为纸帐、为林间吹笛、为膝上横琴、为石枰下棋、为扫雪煎茶、为美人淡妆簪戴。

花憎疾凡十四条

为狂风、为连雨、为烈日、为苦寒、为丑妇、为俗子、为老鸦、为恶诗、为谈时事、为论差除、为花径喝道、为对花张绯幕、为赏花动鼓板、为作诗用调羹驿使事。

花荣宠凡六条

为烟尘不染、为铃索护持、为除地镜净落瓣不淄、为王公旦夕留盼、为诗人搁笔评量、为妙妓淡妆雅歌。

花屈辱凡十二条

为主人不好事、为主人悭鄙、为种富家园内、为与粗婢命名、为蟠结作屏、为赏花命猥妓、为庸僧窗下种、为酒食店内插瓶、为树下有狗屎、为枝上晒衣裳、为青纸屏粉画、为生猥巷秽沟边。

17. 《菩萨蛮·鸳鸯梅》

南宋·张镃

前生曾是风流侣，返魂却向南枝住。疏影卧晴溪，恰如沙暖时。
绿窗娇插鬓，依约犹交颈。微笑语还羞，愿郎同白头。

18. 《瓶中梅花长句》

南宋·杨万里

幽人草作月满阶，月随幽人登船斋。推门欲开犹未开，猛香排门扑我坏。
经从鼻孔上濯顶，拂拂吹尽髪底埃。恍然堕我众香国，欲问何祥无处觅。
冥搜一室一物无，瓶里一枝梅的皪。平生为梅到断肠，何曾知渠有许香。
夜来偶忘挂南窗，贮此幽馥万斛强。却忆去年西湖上，锦屏下瞰千青嶂。
谷深梅盛一万株，千顷雪波浮欲涨。是时雨后初开前，日光烘花香作烟。
政如新火炷博山，蒸出沉水和龙涎。醉登绝顶撼疏影，掇叶餐花照冰井。
蜀人老张同舍郎，唤作谪仙侬笑领。如今茅屋卧山村，更无载酒来叩门。
一尊孤斟懒论文，犹有梅花是故人。

19. 《临江仙·探梅》

南宋·辛弃疾

老去惜花心已懒，爱梅犹绕江村。一枝先破玉溪春，更无花态度，全是雪精神。
胜向空山餐秀色，为渠著句清新。竹根流水带溪云，醉来浑不记，归去月黄昏。

20. 《梅花》

南宋・陈亮

疏枝横玉瘦，小萼点珠光。一朵忽先变，百花皆后香。
欲传春信息，不怕雪埋藏。玉笛休三弄，东君正主张。

21. 《雪梅二首》

南宋・卢梅坡

其一

梅雪争春未肯降，骚人搁笔费评章。梅须逊雪三分白，雪却输梅一段香。

其二

有梅无雪不精神，有雪无诗俗了人。日暮诗成天又雪，与梅并作十分春。

22. 《疏影・苔枝缀玉》

南宋・姜夔

苔枝缀玉，有翠禽小小，枝上同宿。客里相逢，篱角黄昏，无言自倚修竹。昭君不惯胡沙远，但暗忆，江南江北。想佩环月夜归来，化作此花幽独。

犹记深宫旧事，那人正睡里，飞近蛾绿。莫似春风，不管盈盈，早与安排金屋。还教一片随波去，又却怨玉龙哀曲。等恁时，重觅幽香，已入小窗横幅。

23. 《霜天晓角・梅》

南宋・萧泰来

千霜万雪，受尽寒磨折。赖是生来瘦硬，浑不怕，角吹彻。
清绝，影也别，知心唯有月。原没春风情性，如何共，海棠说。

24. 《十二月九日雪融夜起达旦》

南宋・魏了翁

远钟入枕报新晴，衾铁衣棱梦不成。
起傍梅花读《周易》，一窗明月四檐声。

25.《双调·殿前欢·梅花》

元·景元启

月如牙，早庭前疏影印窗纱。逃禅老笔应难画，别样清佳。
据胡床再看咱，山妻骂："为甚情牵挂？"大都来梅花是我，我是梅花。

26.《墨梅》

元·王冕

我家洗砚池边树，朵朵花开淡墨痕。
不要人夸好颜色，只留清气满乾坤！

27.《双调·水仙子·雪晴天地一冰壶》

元·杨朝英

雪晴天地一冰壶，竟往西湖探老逋，骑驴踏雪溪桥路。笑王维作画图，拣梅花多处提壶。对酒看花笑，无钱当剑沽，醉倒在西湖。

28.《梅花》

明·高启

琼姿只合在瑶台，谁向江南处处栽？雪满山中高士卧，月明林下美人来。
寒依疏影萧萧竹，春掩残香漠漠苔。自去何郎无好咏，东风愁寂几回开！

29.《画梅》

清·金农

一枝两枝横复斜，林下水边香正奢。我亦骑驴孟夫子，不辞风雪为梅花。

30.《鹊桥仙·种红梅》

清·龚自珍

种红梅一株于竹下，赋此。

文窗一碧，萧萧相依，静袅茶烟一炷。箨龙昨夜叫秋空，似怨道天寒如许。
安排疏密，商量肥瘦，自劚苔痕辛苦。从今翠袖不孤清，特著个红妆伴汝。

梅花院士与《卜算子·咏梅》

陈秀中

父亲生平喜欢梅花诗词，尤其非常喜欢陆游和毛泽东的两首《卜算子·咏梅》，经常随口吟诵。

《卜算子·咏梅》
陆游

驿外断桥边，寂寞开无主。已是黄昏独自愁，更著风和雨。
无意苦争春，一任群芳妒。零落成泥碾作尘，只有香如故。

《卜算子.咏梅》
毛泽东

风雨送春归，飞雪迎春到。已是悬崖百丈冰，犹有花枝俏！
俏也不争春，只把春来报。待到山花烂漫时，她在丛中笑。

我记得在“文革”前，有一年的春节联欢会上，父亲带着我去参加，园林系的学生们突然齐声高喊：“欢迎陈先生来一个节目！”于是父亲就唱起了毛泽东的那首《卜算子·咏梅》：“风雨送春归，飞雪迎春到；已是悬崖百丈冰……”那音容笑貌、那有意强调的节奏感，至今在我的回忆中历历在目、犹绕耳旁……

然而，万万没有想到1966年夏天，“横扫一切牛鬼蛇神”的龙卷风席卷中国大地，陈

图1　1979年陈秀中与父亲合影于云南昆明

图2　1997年2月陈秀中与父亲合影于武汉东湖梅花节

图3　2007年3月父亲陈俊愉在书房为陈秀中的画梅习作题字

俊愉教授变成了专政对象，1967年初春，他和他的学生们辛辛苦苦培育出来的抗寒梅花新品种“竟在蕴蕾、吐蕊、含苞待放之际”，连同他过去20多年单枪匹马，跑遍十多个省市拍摄、记录、整理出来的“梅花照片和研究资料等物”被勒令付之一炬！“25年梅花研究成果毁于一旦！”研究工作被迫中断。父亲曾经说，那20多棵精心培育出来的抗寒新品种至今还没有能够重新培育出来！“一想到这些就心疼！”其痛心疾首之状仍然溢于言表，一点儿不亚于“文革”期间妻子被迫害致死、家破人亡在心中留下的创伤！也就是在这人生最艰难的时刻，我的父亲也写下了一首《卜算子·咏梅》。

我在纪念父亲逝世的一篇文章里曾经写道：

“父亲将自己挚爱一生的梅花事业做到了极致，然而大家可能并不知道在我父亲一生最困难的时候，正是梅花傲霜拒冰、迎风怒放的英姿激励着他顽强地与命运抗争。那是在‘文革’期间，1971年北京林学院下放云南来到丽江，军宣队搞极左政策，父亲‘挨批斗’被关进牛棚隔离审查，情绪极度低沉，甚至自杀的念头都有。一日清晨，父亲在外出伐木时（当时被强迫劳动改造）突见山中一枝野梅迎风怒放，顿时引发父亲的激情。父亲自年青起就从事梅花科研，顽强追求，矢志不改，梅花是他心中最爱，在人生最艰难的时刻，正是那株傲霜拒冰的山中梅花的风骨与形象，成为他顽强生存下来的精神支柱。于是他悄悄写下了一首咏梅词，以自我鼓励、自我振奋，不至于在打压下精神崩溃。”

《卜算子·咏梅》

陈俊愉

村外小石桥，冰雪红梅傲。已是隆冬腊月时，枝劲花犹俏！
山野百花凋，只有梅花笑。敢以铁骨拒霜天，真金何畏燎？！

1971年岁末寒冬作于云南丽江

父亲在云南时，曾把这首词念给我听，我当时就把它记下来，后来原稿找不到了，但整首词的意思我还有极深的印象，尽管个别字词不合“卜算子”的平仄格律，但为了事业成功而顽强与命运抗争的不屈不挠之精神堪称典型的“梅花精神”！2003年秋季北京电视台编导来采访收集父亲的资料，听我谈起这首词，希望能得到它，编导走后，我翻箱倒柜就是无法找到原词记录稿，我只好凭记忆将这首词“主观”恢复，其他词句无法保证原样记录，但这首词的最后两句绝对是原词原句，可以从中体会父亲“梅花精神”之可贵！

许联瑛在其文章《陈俊愉咏梅词欣赏》里写道:“应该是2010年春天的一天吧，我在梅菊斋与先生谈完主要事情，先生从茶几下面拿出了一个小本子，给我讲了这首《卜算子·咏梅》词。我当时记了下来，但后来给弄丢了。在先生辞世后，我专为此事询问过先生的夫人，也不得而知。不想在《中国园林》2012年第8期陈秀中《梅花院士的梅花精神》一文中见到。下面，根据我的理解作如下欣赏。

图4 2007年3月父亲陈俊愉为陈秀中的画梅习作题字：冷俏报春

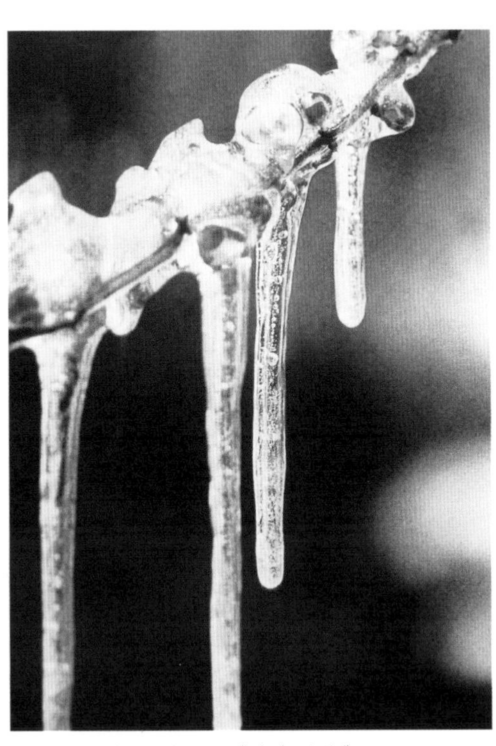

图5 梅花摄影艺术照《冰中孕蕾》

图6　华海镜教授书陈俊愉《卜算子·咏梅》词

1969年北京林学院被疏散到云南。在这期间先生因研究和热爱梅花受到了残酷地迫害和隔离审查，不但株连家人，母死妻亡，当时的造反派甚至极其愚昧和残忍地命令作者亲手烧掉已经培育成功的杂种幼苗和相关资料。这是对作者所钟爱的梅花事业最无情地摧残，也是作者思想和感情一生最低迷和困难的时期。这首词就创作于这个时期，时年作者54岁。

隆冬腊月的清晨，作者外出伐木，突然见到山中，一树盛开的红梅。他的爱梅之心由此受到了强烈地震撼，梅花传达出来的气息和力量深深地感染着他。上半片实写，描写了梅花的生物学特性。下半片，作者的视野转向开阔，承接上片，从由近及远又由远而近，最终又落到眼前的梅花。视野的一放一收，使空间景物、植物色彩、明暗变化产生了强烈对比，表现了作者思想感情和精神境界因外在景物而产生的变化过程。最后一句通过眼前情景所产生对往事的瞬间联想，在这里产生的爆发力量，'敢以铁骨拒霜天，真金何畏燎。'充分表现了梅花不畏任何艰难险阻的社会学特性。最后一个'燎'字，既点明了1967年3月作者的梅花成果被强令用火焚烧这件事情，又表明真金不怕火炼的坚定信念。而这正是作者一生爱国爱梅伟大人格的真实写照。"

这就是"梅花院士的梅花精神"，这就是"用梅花精神干梅花事业"，其坚忍不拔、百折不挠的事业心，真是难能可贵！"梅花院士的梅花精神"将永远长存在我们的心中！这是一笔最珍贵的精神遗产，它教导我们陈家子弟如何做人，如何做事，如何靠自己的勤奋努力与顽强追求去获取人生道路上的价值与成功……

我特别喜欢父亲收藏的梅花画册里的一张梅花摄影艺术照（图5），我觉得这正是"梅花院士的梅花精神"在最困难的时刻不惧寒冬、向往成功、坚忍不拔、顽强拼搏的再恰当不过的艺术写真，于是我有感而发，三易其稿，也写下了一首《卜算子》词，与我们梅花爱好者共勉：

《卜算子·冰中孕蕾》

陈秀中

何惧雪埋藏，春讯冰中闹。阅尽严冬冻与寒，照样仰天笑！
冰里孕生机，花蕾红红俏。一剪寒梅品自清，铁骨香格调！

论中国梅文化*

程 杰

梅花是我国最重要的传统名花，积淀了丰富深厚的花卉人文历史和文化情结，构成了中华民族精神文明的重要象征。本文论述了我国梅文化历史发展的重要环节，涉及与梅花文化有关的文学、音乐、绘画、园艺、园林风景等广泛领域，对深化整个中国梅花文化史研究大有裨益。

梅，拉丁学名*Prunus mume*，是蔷薇科李属梅亚属的落叶乔木，有时也单指其果（梅子、青梅）或花（梅花）。今通行英译为Plum，西方人最初见梅，不知其名，以为是李，且认为来自日本，故称Japanese plum（日本李）。我国梅花园艺学大师陈俊愉先生主张以汉语拼音译作Mei[1]。梅原产于我国，东南亚的缅甸、越南等也有自然分布，朝鲜、日本等东亚国家最早引种，近代以来逐步传至欧洲、大洋洲、美洲等地。树高一般5~6米，也可达10米。树冠开展，树干褐紫色或淡灰色，多纵驳纹。小枝细长，枝端尖，绿色，无毛。单叶互生，常早落，叶宽卵形或卵形，先端渐尖或尾

图1 梅，古人又写作槑、楳，又称橑（lǎo）。梅原产于我国，为蔷薇科李属植物，花朵五瓣，以花期早，洁白幽香著称，果实称为梅子。图片引自高明乾主编《植物古汉名图考》

* 此篇原为周武忠先生所编农林院校教材《中国花文化》所撰，与河北传媒学院程宇静女士合作。为纪念陈俊愉先生诞辰100周年，应主编陈秀中先生之邀，略作修订，谨献于此。

尖，基部阔楔形，边缘有细密锯齿，背面色较浅。花单生或2朵簇生，先叶开放，白色或淡红色，也有少数品种红色或黄色，直径2~2.5厘米，单瓣或多瓣（千叶）。核果近球形，两边扁，有纵沟，直径2~3厘米，绿色至黄色，有短柔毛。每年的12月中旬至翌年的4月，岭南、江南、淮南、北方的梅花渐次开放，江南地区一般在2月至3月中旬，果期在5~6月间。

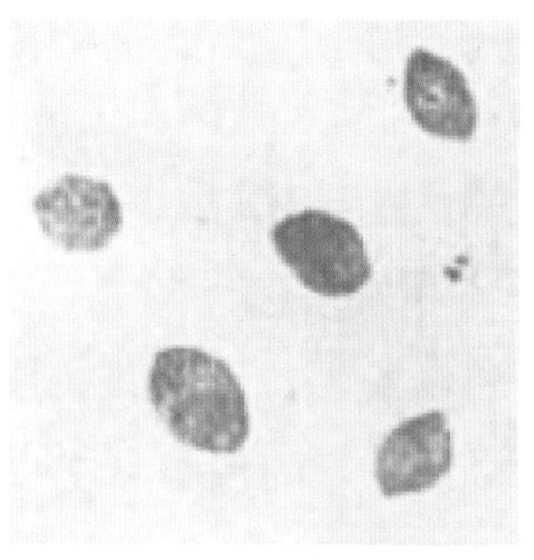

图2　梅核。江苏铜山龟山二号西汉崖洞墓第九室水井中出土[2]

梅在我国至少有7000年的利用历史。梅花花期特早，被誉为“花魁”“百花头上”“东风第一”“五福”之花，深受广大人民的喜爱。其清淡幽雅的形象、高雅超逸的气质尤得士大夫文人的欣赏和推崇，引发了丰富多彩的文化活动，被赋予崇高的道德品格象征意义，产生了广泛的社会影响，形成了深厚的文化积淀，在我国观赏花卉中地位非常突出，值得我们特别重视。

1. 梅文化的历史发展

先秦是梅文化的发轫期。据考古发现及先秦文献，我国先民对梅的开发利用历史最早可以追溯到、七千年前的新石器时代[3]。这一时期梅的分布远较今天广泛，黄河流域约当今陕西、河南、山东一线，都应有梅的生长。上古先民主要是采集和食用梅实，又将梅实作为调味品，烹制鱼、肉。[4]出土文物中，商、周以来铜鼎、陶罐中梅与兽骨、鱼肉同在[5]，就是有力的证据。相应地，这一时期的文献记载也表现出对果实的关注。《尚书·说命》有“若作和羹，尔惟盐梅”，是以烹饪作比方，称宰相的作用好比烹调肉汤用的盐和梅（功能如醋），能中和协调各方，形成同心同德、和衷共济的社会氛围。《诗经》中“摽有梅，其实七兮。求我庶士，迨其吉兮”，是说树上的梅子已经成熟，不断掉落，数量越来越少，求婚的男士要抓紧行动，不要错过时机。人类对物质的认识总是从实用价值开始的，梅的花朵花色较为细小平淡，先秦时人们尚未注意，这两个掌故寓意不同，却都是着眼于梅的果实，代表了梅文化最初的特点，我们称作梅文化的“果实实用期”。

汉、魏晋、南北朝、隋唐时期，是梅文化发展的第二阶段。与先秦时期只说果实不同，人们开始注意到梅的花朵，欣赏梅的花色花香，欣赏早春花树盛开的景象，相应的观赏活动和文化创作也逐步展开，我们称之为梅文化的“花色欣赏期”。南宋杨万里《洮（táo）湖和梅诗序》有一段著名的论述，说梅之起源较早，先秦即已知名，但“以滋不以象，以实不以华”，到南北朝始“以花闻天下”[6]，说的就是梅文化发展史上这一划时代的转折。其实，《西京杂记》记载，早在汉初修上林苑时，远方所献名果异树即有朱梅、紫叶梅、紫华梅、丽枝梅等7种，刘向《说苑》卷十二记载“越使诸发执一枝梅遗梁王”，可见春秋末期至战国中期越国已经把梅花作为国礼赠送。但这些记载未必十分可靠，所说也是一种偶然、零星现象，西汉扬雄《蜀都赋》、东汉张衡《南都赋》都写到城市行道植梅，人们所着意的仍主要是果树，并非花色，梅花引起广泛注意是从魏晋开始的。

魏晋以来，梅花开始在京都园林、文人居所明确栽培。西晋潘岳《闲居赋》：“爰我定居，筑室穿池……梅杏郁棣之属，繁荣丽藻之饰，华实照烂，言所不能极也。[7]” 东晋陶渊明《蜡日》诗：“梅柳夹门植，一条有佳花。[8]” 居处都植有梅树，并有明确的观赏之意。南北朝更为明显，梅花成了人们比较喜爱的植物，观赏之风逐步兴起。乐府横吹曲《梅花落》开始流行，诗歌、辞赋中专题咏梅作品开始出现。如梁简文帝萧纲《梅花赋》中的“层城之宫，灵苑之中。奇木万品，庶草千丛……梅花特早，偏能识春……乍开花而傍巘，或含影而临池。向玉阶而结采，拂网户而低枝”[9]，铺陈当时皇家园林广泛种植梅树的情景。东晋谢安修建宫殿，在梁上画梅花表示祥瑞。诗人陆凯寄梅一枝给长安友人，“江南无所有，聊赠一枝春”，以梅传情，遥相慰问。每当花期，妇女们都喜欢折梅妆饰，相传南朝宋武帝公主在宫檐下午休，有梅花落额上，拂之不去，后人效作“梅花妆”。这些都表明，人们对梅花的欣赏热情高涨。隋唐沿此发展，梅花在园林栽培中更为普遍，无论是园林种植、观赏游览，还是诗歌创作都愈益活跃。中唐以来，梅花开始出现在花鸟画中，显示了装饰、欣赏意识的进一步发展。

宋、元、明、清是梅文化发展的第三阶段。与前一阶段不同的是，人们对梅花的欣赏并不仅仅停留在花色、花香这些外在形象的欣赏，而是开始深入把握其个性特色，发现其品格神韵。甚至人们并不只是一般的喜爱、观赏，而是赋予其崇高的品德、情趣象征意义，视作人格的“图腾”、性情的偶像、心灵的归宿。梅花与松、竹、兰、菊等一起，成了我们民族性格和传统文化精神的经典象征和“写意”符号。正是考虑这些审美认识和文化情趣上的新内容，我们将这一阶段称之为梅文化的“文化象征期”[10]。

开创这一新兴趋势的是宋真宗朝文人林逋（967—1028）。他性格高洁，隐居西湖孤山数十年，足迹不入城市，种梅放鹤为伴，人称“梅妻鹤子”。他有《山园小梅》等咏梅作品八首，以隐者的心志、情趣去感觉、观照和描写梅花，其中“疏影横斜水清浅，暗香浮动月黄昏”等名句，抉发梅花“暗香”“疏影”的独特形象和闲静、疏淡、幽逸的高雅气格，形神兼备，韵味十足，寄托着山林隐逸之士幽闲高洁、超凡脱俗的人格精神。稍后苏轼特别强调“梅格”，其宦海漂泊中的咏梅之作多以林下幽逸的“美人”作比拟，所谓“月下缟衣来扣门”“玉雪为骨冰为魂”[11]，进一步凸显了梅花高洁、幽峭而超逸的品格特征。这一由林逋开始，由清新素洁到幽雅高逸，由物色欣赏到品格寄托的转变，是梅花审美认识史上质的飞跃，有着划时代的意义，从此梅花的地位急剧飙升。

南宋可以说是梅文化的全面繁荣阶段。京师南迁杭州后，全社会艺梅爱梅成风，不仅皇家、贵族园林有专题梅花园景，一般士人舍前屋后、院角篱边三三两两的孤株零植更是普遍，加之山区、平原乡村丰富的野生资源，使梅花成了江南地区最常见的花卉风景，也逐步上升为全社会的最爱：“呆女痴儿总爱梅，道人衲子亦争栽”[12]，“便佣儿贩妇，也知怜惜”[13]。梅花被推为群芳之首、花品至尊，“秾华敢争先，独立傲冰雪。故当首群芳，香色两奇绝”[14]，“梅，天下尤物，无问智贤愚不肖，莫敢有异议。学圃之士，必先种梅，且不厌多，他花有无多少，皆不系轻重”[15]。在咏梅文学热潮中，梅花的人格象征意义进一步深化，人们不仅是以高雅的“美人”作比喻，而是以“高士”、有气节、有风骨的“君子”来比拟，梅花成了众美毕具、至高无上的象征形象，奠定了在中国文化中的崇高地位。与思想认识相表里，相应的文化活动也进入鼎盛状态，体现在园艺、文学、绘画、日常生活等许多领域，奠定了中华民族梅文化发展的基本方式和情趣。

元代处于两宋梅文化高潮的延长线上。以宋朝故都杭州为中心的江南地区延续了崇尚梅花的风潮，随着大一统局面的巩固，梅花被引种到了元大都即今北京地区，改变了燕地自古无梅的格局。梅花品格象征中气节意识进一步加强，理学思想进一步渗透，梅花被更多地与《易经》、太极、太极图、阴阳八卦等理论学说联系在一起。明清两代是高潮后的凝定期，主要表现为对传统的继承和发扬。梅花的栽培区域仍以江南为重心进一步拓展，新的野生梅资源不断发现，梅花成了广泛分布的园艺品种，随着社会人口的增加，梅的规模种植增加，产生了不少“连绵十里”的梅海景观。文学艺术中的梅花题材创作依然普遍，尤其是绘画中，梅花作为“四君子”之一广受青睐。以琴曲《梅花三弄》为代表的音乐广泛流行。许多学术领域对梅花的专业阐说和理论总结成果迭出，普通民众对梅花的喜爱不断增强和提高，红梅报春、梅开夺魁、古梅表寿等吉祥寓意大行其道，成了各类装饰工艺中最常见的图案。这些都进一步显示了梅文化的普及和繁荣。

2. 梅文化的丰富表现

梅是我国的原生植物，花果兼用，资源价值显著。我国对梅的开发利用历史极其悠久，在我国的自然和栽培分布十分广泛。梅是我国重要的果树品种，梅实的经济价值显著，广受社会各界关注。梅花的观赏价值更是深得民众的喜爱和推重，士大夫欣赏它的幽雅、疏淡和清峭，普通民众则喜欢它的清新、欢欣与吉祥。从物质和精神两方面看，梅在我国有着极为广泛的社会基础，广泛的利用、普遍的爱好反映到文学、音乐、绘画、工艺、宗教、民俗、园林等广泛领域，呈现出丰富多彩、灿烂辉煌的繁荣景象。

梅在我国的分布

梅在我国的分布比较广泛，我国陕西、四川、河南、湖北、湖南、江苏、上海等地出土的新石器至战国时期遗址、墓穴中都曾有梅核发现，说明这些地区都有梅的分布[16]。《山海经·中山经》：“灵山……其木多桃、李、梅、杏。”灵山当今大别山脉东北支脉。《诗经》召南、秦风、陈风、曹风中都提到梅，说明今陕西、湖北、河南、山东等地当时都有梅。魏晋时流行的乐府《梅花落》属胡羌音乐，起于北方地区，北魏《齐民要术》把“种梅杏”列为重要的农业项目，记载了一些梅子制作的方法。初唐诗人王绩，是“初唐四杰”王勃的叔祖，绛州龙门（今山西河津）人，诗中多次回忆老家的梅花[17]。中唐王建曾有诗写到塞上梅花[18]，晚唐李商隐诗写及今陕西凤翔一带梅花[19]。至于京、洛一线，杜甫《立春》有“春日春盘细生菜，忽忆两京梅发时”[20]，李端《送客东归》有“昨夜东风吹尽雪，两京路上梅花发”[21]，说明当时长安、洛阳之间早春梅花一路盛开。这些信息都表明，自古以来梅不仅在南方，在我国黄河流域至少是在陕、甘以东的黄河中下游地区，都有着广泛的分布，这种情况至少一直延续到唐朝。

梅花能凌寒开放，但梅树并不耐寒，自然生长一般不能抵御-15℃以下的低温。宋代以来，随着气温走低，特别是北方地区整体生态环境的不断恶化，梅的自然分布范围较唐以前明显收缩，主要集中在秦岭、淮河以南，尤其是长江以南。北宋仁宗朝苏颂《本草图经》：（梅）“生汉中川谷，今襄汉、川蜀、江湖、淮岭（引者按：淮河、秦岭）皆有之。[22]” 在淮岭、江南、岭南，“山间水滨，荒寒迥绝”[23]之地野梅比较常见，古人作品中经常提到连绵成片的梅景，如南宋吕本中称怀安（今福建闽侯）“夹路梅花三十里”[24]，喻良能也称“怀安道中梅林绵亘十里”[25]，杨万里《自彭田铺至汤田道旁梅花十余里》说今广东顺丰县北境当时有连绵梅林[26]，叶适说温州永嘉“上下三塘间，萦带十里余”[27]，清人记载黄山浮丘峰下“老梅万树，纠结石罅间，约十里”[28]，金陵燕子矶江边有十里梅花[29]，都是大规模的野生梅林。20世纪后期，现代科技工作者考察发现，自今西藏东部、四川北部、陕西南部、湖北、安徽、江苏至东海连线以南地区仍有不少成片野梅存在，这其中“川、滇、藏交界的横断山区是野梅分布的中心”，而山体河谷相对发达的川东、鄂西一带山区，皖东南、赣东北及浙江一带山区，岭南，贵州荔波、赫章、威宁一带和台湾地区都是亚中心，都有一定规模的野生梅林[30]，这种情况应该愈古愈甚。这种丰富的野生资源是我国梅之经济应用和观赏文化发展得天独厚的自然条件，我国梅文化的繁荣发展首先包括，同时也归功于这一深厚的自然基础。

梅实的社会应用和文化反映

梅文化的发展是从梅之果实应用开始的。梅是我国重要的果树，梅实俗称梅子、青梅、黄梅，是我国较为重要的水果，在我国至少有7000年开发利用的历史。大致说来，梅的果实有这样几种生长和应用情景值得关注。

①“盐梅”。指盐和梅，都是重要的调味品，主要用作烹煮鱼肉、兽肉等荤食。在食用醋没有发明之前，梅子是重要的酸味调料，不仅可以加速肉食的熟烂，更重要的是改善滋味，在先秦、两汉一直发挥着重要的烹调价值，并出现了“盐梅和羹”这样比较重要的说法。人们借用这一生活经验表达对朝政协调、政通人和的希望。

②“摽梅”。即《诗经・摽有梅》，说的是采摘收获梅子的情景，诗人以树上果实的减少来表达时光流逝、婚姻及时的紧迫感。类似的情景，后人多以梅花开落来表达，而这首朴实的民歌以梅子来比兴，对后世产生了深远的影响，“摽梅”成了青年男女尤其是女性

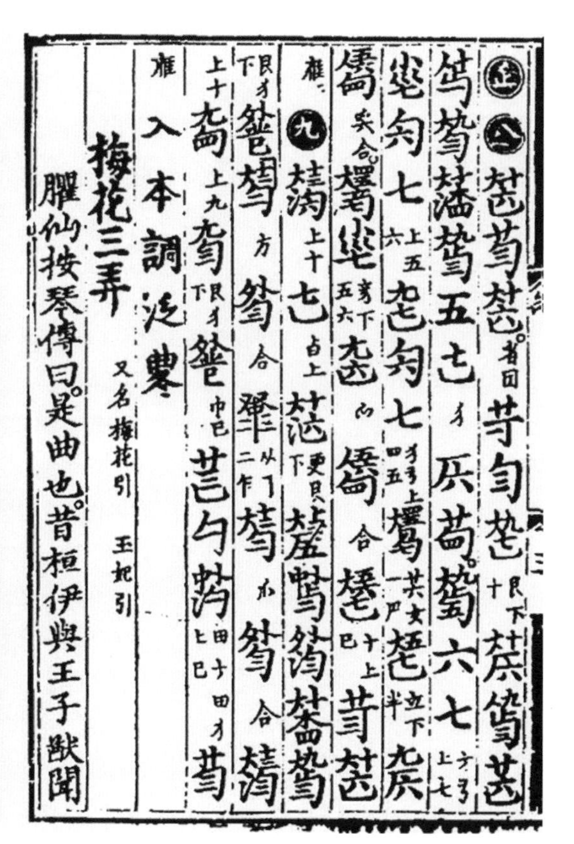

图3　（明）洪熙刻本朱权《臞仙神奇秘谱》卷中《梅花三弄》曲谱页影。琴曲《梅花三弄》是梅花音乐最为经典的作品，今所见传谱即始见于朱权《臞仙神奇秘谱》

婚姻、爱情心理抒写的一个重要典故或符号。

③黄梅。成熟的梅子呈黄色，故称黄梅。人们对黄梅深刻印象主要不在果实，而是收获季节的气候。在淮河以南、长江中下游地区，每当这个时候常有数十日连绵阴雨的天气，空气极为潮湿，俗称“梅雨”“黄梅雨”，给人们的生产、生活影响很大。“楝花开后风光好，梅子黄时雨意浓”[31]，“黄梅时节家家雨，青草池塘处处蛙”（宋·赵师秀《有约》），“江南四月黄梅雨，人在溟蒙雾霭中”（明·钱子正《即事》），“试问闲愁都几许？一川烟草，满城风絮，梅子黄时雨”（宋·贺铸《青玉案》），透过这些诗句，不难感受到黄梅季节的绵绵细雨给人们带来的深刻印象和情绪变化。黄梅的这一气候标志意义，也可以说是梅实一个有趣的文化风景。

④乌梅。由成熟的黄梅或未成熟的青梅烟火熏烘而成，色泽乌黑，有生津止渴、敛肺涩肠、驱蛔止泻之功效，是治疗虚热口渴、肺热久咳、久泻久痢等疾病的常用中药，汉代张仲景《金匮要略》所载乌梅丸即是一副安蛔止痢的经典方。除药用治人疾病外，也用作酸梅汤一类饮料的原料，明清以来染坊用作染红黄等颜色的媒染剂，需求量比较大，经济价值和社会意义都极为显著。

⑤青梅。本指未成熟的梅子，古今都有以此统称所有梅之果实乃至整个梅果产业的

现象。青梅是食品也是一道风景，文化意义比较丰富。青梅以味酸著称，《淮南子》记汉时有“百梅足以为百人酸，一梅不足为一人和”[32]之语，是说多能济少，少则不易成事的道理，《世说新语》所载曹操军队“望梅止渴”之事更是广为人知，都是与青梅酸味相关的典故。文学中食梅成了人们形容内心酸苦的一个常用比喻，如鲍照《代东门行》“食梅常苦酸，衣葛常苦寒。丝竹徒满座，忧人不解颜”，白居易《生离别》“食檗（引者按：黄檗，也作黄柏，树皮入药，味较苦）不易食梅难，檗能苦兮梅能酸。未如生别之为难，苦在心兮酸在肝”。梅之果实圆小玲珑，未成熟时青翠碧绿，古人说“青梅如豆”、如“翠丸”，都较形象，讨人喜爱，尤得少年儿童之欢心。古人诗词中描写较多的是儿童采摘戏嬉之景。“儿时摘青梅，叶底寻弹丸。所恨襟袖窄，不惮颊舌穿”（宋·赵汝腾《食梅》），李白诗中所说“郎骑竹马来，绕床弄青梅”，也是此类儿童游戏。晚唐韩偓“中庭自摘青梅子，先向钗头戴一双”（《中庭》），李清照“和羞走，倚门回首，却把青梅嗅”（《点绛唇》）的诗句，写少女把弄青梅的顽皮、娇羞姿态，美妙动人，给人深刻印象。梅实较酸，多制乌梅、糖梅应用，但也有一些品种可以鲜食，如宋人所说消梅，“圆小松脆，多液无滓”，“惟堪青噉”[33]，即属纯粹的鲜食品种。人们也发明了以白盐、糖霜伴食的方法。生活中最常见的情景则是青梅佐酒，南朝鲍照诗中即有“忆昔好饮酒，素盘进青梅”（《代挽歌》）的诗句，宋人所说“青梅煮酒”是两种春日初夏风味之物，饮新开煮酒，啖新鲜青梅，相佐取欢，情趣盎然[34]。这本属生活常景，而文人引为雅趣，英雄以舒豪情，便具有了丰富的人文意味，产生了广泛的影响[35]。

青梅与桃、杏、梨等水果不同，青、熟均可采摘收获，然后以烘、晒、腌等法加工，利于保存和运输，因而可以大规模经济种植，正因此，古代经常出现一些大规模种植的梅产区，形成梅花连绵如海的景观，如苏州香雪海、杭州西溪、湖州栖贤、桐庐九里洲、广州萝岗、杭州超山等地历史上都或长或短地出现这种情况，给人们的梅花游赏提供了丰富的资源[36]。

咏梅文学

有关梅花的描写和赞美以文学领域内容最为丰富，成就最大。汉魏以来诗赋中开始写及梅花，南朝以来，专题咏梅诗赋开始出现，何逊《咏早梅诗》“兔园标物序，惊时最是梅。衔霜当路发，映雪拟寒开。枝横却月观，花绕凌风台”，苏子卿《梅花落》“只言花是雪，不悟有香来”，陈叔宝《梅花落》“映日花光动，迎风香气来”，都紧扣梅花的花期和色、香，写出了梅花的形象特色。唐代诗人杜甫《和裴迪登蜀州东亭送客逢早梅》“江边一树垂垂发，朝夕催人自白头”，《舍弟观赴蓝田取妻子到江陵喜寄》“巡檐索共梅花笑，冷蕊疏枝半不禁”，或抒时序感伤之情，或抒聚会游赏之乐，展示了当时文人赏梅的风尚。晚唐崔道融《梅花》“香中别有韵，清极不知寒”，齐己《早梅》“前村深雪里，昨夜一枝开”都属专题咏梅，语言浅近而韵味鲜明。

宋以来梅花受到推重，文学作品数量剧增，名家名作频繁涌现，“十咏”“百咏”组诗大量出现，还出现了黄大舆《梅苑》（词）、李龏《梅花衲》（诗）等大规模咏梅总集。元、明、清三代延续了这一繁荣景象，明·王思义《香雪林集》26卷，收集诗、赋、词、散曲、对联、记、序、传、说、引、文、颂、题、启等文体，清·黄琼《梅史》14卷也大致相近，都是咏梅作品的大型通代总集。这些都反映了我们咏梅文学的极度繁荣，咏梅作品的数量可以说位居百花之首。

当然繁荣并不只是数量的，宋以来的咏梅“神似”重于“形似”，“写意”重于“写实”，“好德”重于“好色”。林逋是第一个着力咏梅的诗人，有所谓“孤山八梅”，其中“疏影横斜水清浅，暗香浮动月黄昏”，“雪后园林才半树，水边篱落忽横枝”，“湖水倒窥疏影动，屋檐斜入一枝低”三联，尤其是第一联，抓住了梅花“疏影横斜”独特形象和水、月烘托之妙，不仅如古人所说“曲尽梅之体态”[37]，也写出梅花闲静、疏秀、幽雅的韵味。苏轼《红梅》“诗老不知梅格在，更看绿叶与青枝”，提出了咏梅要得“梅格”的问题，而所作《和秦太虚梅花》“江头千树春欲暗，竹外一枝斜更好”，《松风亭梅花》三首“罗浮山下梅花村，玉雪为骨冰为魂。纷纷初疑月挂树，耿耿独与参横昏”，“海南仙去娇堕砌，月下缟衣来扣门”，或正面描写，或星月烘托，或人物比拟，都进一步凸显了梅花的清雅和高逸。

南宋陆游《卜算子·咏梅》：“驿外断桥边，寂寞开无主。已是黄昏独自愁，更著风和雨。无意苦争春，一任群芳妒。零落成泥碾作尘，只有香如故。[38]” 谢翱《梅花》“水仙冷落琼花死，只有南枝尚返魂”[39]，强调的都是梅花坚贞不屈的品格。而姜夔《暗香》“旧时月色，算几番照我，梅边吹笛”，《疏影》“客里相逢，篱角黄昏，无言自倚修竹”，刘翰《种梅》“惆怅后庭风味薄，自锄明月种梅花”[40]，则展示了文人赏梅爱梅的幽雅情趣。

元代画家王冕《梅花》“忽然一夜清香发，散作乾坤万里春”，《墨梅》“吾家洗砚池头树，个个花开淡墨痕。不要人夸好颜色，只留清气满乾坤”，都是水墨画的题诗，一颂梅之气势，一表梅之志节，简洁而精确，代表了文人画梅的写意精神。明·高启《梅花》“雪满山中高士卧，月明林下美人来”，遗貌取神，以东汉袁安卧雪和隋·赵师雄所遇罗浮梅比拟梅花，用事、俪对自然贴切，梅之高逸品格与幽美形象呼之欲出，广为传诵。汤显祖《牡丹亭》中男主人公叫柳梦梅，女主人公死后葬在梅花院中梅花树下，《红楼梦》第四十九回“琉璃世界白雪红梅”以梅花作为情节元素，也都广为人知。总之，文学中的梅花创作起源早，又多出于精英阶层，加之语言艺术表达明确、灵活等优势，在整个梅文化的历史长河中，一直处于领先和主导的地位，发挥了广泛而深刻的影响。

梅花音乐

以梅为题材的音乐作品很多，有早期的雅乐和清乐、唐宋时期的燕乐、还有元明清时期的器乐曲。这些作品主题前后演进，由时节感伤到春色欣赏，再到品格赞颂，逐步上升，贯穿了整个梅文化发展的历史进程。《诗经·召南·摽梅》是最早的涉梅民歌，晋唐时盛行的乐府横吹曲《梅花落》则是最早关注梅花的音乐作品，从后来文人同题乐府诗可知，该曲主要属于笛曲，也有角、琴等不同乐器的翻奏，通过“梅花落”的意象来表达征人季节变换、久戍不归的感伤情怀，音调悲苦苍凉。诗歌中有关描写多置于深夜、高楼、明月等环境气氛中，如李白《与史郎中钦听黄鹤楼上吹笛》“黄鹤楼中吹玉笛，江城五月落梅花”[41]，给人以深刻的印象和强烈的共鸣。唐宋时期新兴燕乐蓬勃发展，各类乐曲新声竞奏，词牌曲调层出不穷，以梅花为主题的乐曲也不例外，如《望梅花》《岭头梅》《红梅花》《一剪梅》《折红梅》《赏南枝》，赞美梅花的花色之新、时令之美。南宋姜夔《暗香》《疏影》为代表的文人自度曲，用诗乐一体的艺术方式，歌颂梅花清峭高雅的神韵品格，与同时诗歌和文人画中的情趣已完全吻合，对后来梅花音乐主题影响深远。琴曲《梅花三弄》可以说是梅花音乐最为经典的作品，唐宋时始有相关传说，宋元之际正式独立成曲[42]，今所见传谱始见于明洪熙元年（1425）朱权《神奇秘谱》。该曲共十段：一、溪山夜月；二、一弄叫月·声入太霞；三、二弄穿云·声入云中；四、青鸟啼魂；五、三弄横江·隔江长叹声；六、玉箫声；七、凌风戛玉；八、铁笛声；九、风荡梅花；十、欲罢不能。其中第七、八段音乐转入高音区，曲调高亢流畅，节奏铿锵有力，表现了梅花在寒风中凛然搏斗、坚贞不屈的形象。总之，在梅花这一中华民族精神象征的历史铸塑中，音乐一直以积极的姿态把握时代的脉搏，做出了显著的贡献。

梅花绘画

“问多少幽姿，半归图画，半入诗囊”[43]，中国古代以梅花为题材的绘画作品相当丰富。唐五代花鸟画中，梅花是画家所喜爱的花卉之一，画梅“或俪以山茶，或杂以双禽”[44]，多取其花色、时令之美，如五代徐熙的《梅竹双禽图》。宋代文人画兴起，水墨写梅确立，梅花开始作为题材独立入画。北宋文人水墨写意画开始兴起，画史公认的墨梅创始者为衡州（今湖南衡阳）花光寺长老仲仁（1052？—1123）。仲仁画梅多“以矮纸稀笔作半枝数朵”[45]，花头以墨渍点晕，辅以“疏点粉蕊”，轻扫香须。树干出以皴染，富于质感[46]。南宋扬无咎（字补之）改墨晕花瓣为墨线圈花，又学欧阳询楷书笔画劲利，飞白发枝，点节剔须，都别有一分清劲之气，奠定了后世水墨写梅的基本技法和风格，传世作品有《四梅图》《雪梅图》等。元代王冕墨梅主要继承扬无咎的画法，大都枝干舒展奔放、强劲有力，构图千丛万簇、千花万蕊，开密体写梅之先河。重要的传世墨梅有签题《南枝春早图》《墨梅》等。王冕画梅多题诗著文，诗、画有机结合，更具主观写意色彩。同时，王冕有明显售画谋生的色彩，代表了元明以来部分画家艺术市场化、作品商品化的趋势。

明代后期以来梅花大写意风气出现，水墨写梅意态恣肆。如徐渭的墨梅落笔萧疏横斜，干湿快慢，略不经意，风格狂率豪放。清代“扬州八怪”金农画梅成就突出，所作墨梅质朴中寓苍老、繁密中含萧散。晚清吴昌硕喜欢画红梅，以墨圈花，以色点染，花色在红紫之间，如“铁网珊瑚”，艳而不俗。并将书法、篆刻的行笔、运刀及章法、体势融入绘画，形成富有金石味的独特画风，在近现代画坛上影响颇大。

梅花号称春色第一花，喜庆吉祥的色彩深得画家和大众喜爱，而细小的花朵、花期无叶、疏朗的枝条以及古梅虬曲的树干都形象疏朗，构图简单，易于入画，尤其适宜非专业的文人画家。这些题材优势，是梅花绘画极度繁荣的重要原因，而其淡雅的形象、线条

图4 （明）落花流水纹两色锦，故宫博物院藏[52]

图5 安徽黟县某院落喜鹊登梅图案石雕漏窗

化的构图与传统诗歌、书法乃至于整个士大夫文人的高雅情趣都有更多的亲缘关系和相通之处，而广大的画家尤其是文人画家以泼墨、戏笔、诗情画意有机结合等写意方式作画，使绘画中的梅花具有更多超越写实的意象形态，更多笔墨化、形式化的写意情趣和符号语汇，拓展了梅花形象的想象空间，深化了梅花审美的思想境界，同时又以视觉艺术的直观效果发挥了广泛而强烈的影响，因此在整个梅文化的发展体系中有着举足轻重的地位。

工艺装饰中的梅花

梅花是陶瓷、纺织服饰、金银玉器等各类实用工艺中重要的装饰题材。陶瓷中使用梅花纹饰以吉州窑最为领先，图案形式主要有散点朵梅和折枝梅两种，受到当时新兴墨梅的影响。明代陶瓷中“岁寒三友”纹开始流行，清代陶瓷中经常出现的构图是梅枝、喜鹊及绶带一类吉祥喜庆图案，如景德镇陶瓷馆藏同治朝黄地粉彩梅鹊图碗[47]。清代瓷器中还有一种在当时流行的冰梅纹，由不规则的冰裂纹缀以梅朵和梅枝图案组成。梅和冰是冬、春两季的代表性意象，破裂的冰纹与梅花相结合，寓含着春天的来临和美好的祝福。

纺织、编绣、印染装饰也多梅枝或“三友”构图，折枝梅纹如福建省博物馆藏明折枝梅花缎[48]、落花流水纹两色锦[49]，“三友”纹如承德避暑山庄博物馆藏清代松竹梅缎带[50]，朵梅纹如故宫博物院藏明梅蝶锦[51]。五点朵梅纹是最常见的梅花装饰图案，由五个正圆圈或圆点组成，这应该是蔷薇科植物最常见的花形，南朝宋武帝公主“梅花妆”应该即是这种图形，此前所见正圆五瓣花纹未必定属梅花造型（图4）。

在金、银、玉质器皿与饰件中，有的是在器皿的壁上压上梅花纹，有的从整体造型到局部设计创意都取自梅花，如1980年四川平武发掘的窖藏银器中有一件银盏，腹壁呈五曲梅花形，外壁錾刻梅枝花蕾纹，另内壁、圈足、器柄都从梅花造型获得灵感。在金玉佩饰中，妇女的头饰以五瓣花朵的造型最为常见，簪头和纽扣等都常制成梅花形。建筑装饰中的梅花图案，最早可以追溯到东晋宫殿雕梁画梅之事，而到明清时期，梅花成了建筑中土木、砖石构件的重要纹饰。如安徽黟县某院落喜鹊登梅图案石雕漏窗[53]（图5）。木制家具中也有梅花纹饰，如某清代衣架，架身上的横撑就雕成梅枝形，上有一喜鹊，取喜上眉梢之意[54]。

民俗中的梅花

“梅花呈瑞”，是报春第一枝，一般民众对梅花的喜爱都是与夏历春节前后一系列年节活动联系在一起的。从六朝至唐宋时期，立春、人日、元宵，还有新年初一等节日剪彩张贴或相互赠送，称为“彩胜”。梅花与杨柳、燕子是最常见的图案，表达辞旧迎新、纳福祈祥的心愿。唐以来的仕女画或塑像额间多有五瓣朵纹，当即所谓“梅花妆”。宋以来人们强调梅花为春信第一，开始出现“花魁”“东风第一”“百花头上”等说法。宋真宗朝有一位宰相王曾，早年参加科举考试时，写了一首《早梅》诗：“雪压乔林冻欲摧，始知天意欲春回。雪中未问和羹事，且向百花头上开。”后来他进士第一，正是应了“百花头上开”一句，梅花就被视为一个瑞象吉兆。元以来送人赶考，多以咏梅或画梅花作为礼物，以表祈祝。不仅是送考，祝寿等也常为寿星画梅、咏梅。梅花代表了春回大地，否极泰来，古梅更是象征春意永驻，老而弥坚。元人郭昂诗更是结合梅花五瓣形状，称梅花“占得人间五福先”[55]。这些丰富的寓意都主要是从梅花报春先发引申来的，寄托了广大民众对美好生活的向往，因而宋元以来梅花成了民俗文化中最流行的吉庆祥瑞符号之一。

园艺、园林中的梅花

梅花的栽培与观赏是整个梅花审美文化活动中最直接、最核心的方面，也是影响最广泛的方面。从花色和枝干形态看，梅花有不同的种类，如江梅、红梅等。江梅是最接近野生原种的一种，花色洁白，单瓣疏朵，香味清冽，果实小硬。“潇洒江梅似玉人，倚风无语淡生春”[56]，是一种简淡、萧散的美感，最得野逸幽雅之士的喜爱。红梅，应是梅和桃、杏之间的天然或人工杂交品种，“粉红色，标格犹是梅，而繁密则如杏，香亦类杏”[57]，人们表达喜庆、吉祥之意时候，多乐于使用。绿萼梅是一种特殊的梅花品种，白花，重瓣，萼片和枝梗都呈青绿之色，花开季节成片的绿萼梅白花青梗相映，一片晕染朦胧的嫩白浅绿，一片碧玉翡翠妆点的世界，煞是清妙幽雅，古人喻为“绿雪”，比作九嶷神仙萼绿华。玉蝶梅，白花，重瓣，花头丰缛，花心微黄，韵味十足。黄香梅，“花叶至二十余瓣，心色微黄，花头差小而繁密，别有一种芳香”[58]，花期较江梅迟一些。新中国成立后，园艺工作者又从国外引进了一些梅花新品种，如美人梅，它是重瓣粉型梅花与红叶李杂交而成，花色娇艳，较耐寒抗旱，尤其适合在黄淮以北地区推广种植。蜡梅别名腊梅[59]，属蜡梅科蜡梅属，灌木，而梅属蔷薇科李属，两者并非同类。蜡梅花色似黄色蜜蜡，与梅同时开放，香味也近，故名，古人多将其视作梅之一种，因此我们所说梅文化是包含蜡梅的。

最迟从汉代开始，梅花就用于园林种植。唐宋以来，尤其是宋以来梅花在园林种植

中的地位大幅提升，成了最为重要的园林植物。皇家园林中，宋徽宗艮岳中有梅岭、梅渚等景点。士大夫宅园与别业专题小景中较为常见，如南宋范成大的苏州石湖别墅“玉雪坡”、范村梅圃，张镃南湖“玉照堂”都较著名。文人士大夫多在小园浅院、墙隅屋角、窗前檐下小株孤植，或在稍具规模的别墅山庄中因势造景，种植梅花，形成梅岭、梅坞、梅谷、梅坡、梅溪、梅涧、梅池、梅渚、“三友径”等名目，颇能展示幽谧、闲适的情趣。而丘陵山区自然形成或乡间农户经济种植的大片梅林，多有连绵十里、万树成片，清香弥漫、花雪繁盛的大规模林景，更是人们乐于游赏的风景，即今日所说农林观光资源。著名者如六朝时的广东南雄与江西大余交界的大庾岭、唐宋时的杭州西湖孤山、宋元时的广东惠州罗浮山下梅花村、明中叶至清中叶的苏州邓尉山（光福镇）、杭州西溪，晚清以来的浙江桐庐、广州萝岗、杭州超山等，梅花风景都盛极一时，成了闻名遐迩乃至名振全国的名胜景观。

古代梅花品种谱录类的文献成果颇多，著名的有范成大的《梅谱》，该书记录吴中梅花品种江梅、官城、消梅、绿萼（又一种）、百叶缃梅、红梅等蔷薇科和蜡梅科品种14种。张镃的《玉照堂梅品》，虽名“梅品”，却不是品种，而是赏梅规范、品格的意思。全书有“花宜称”淡阴、晓日、薄寒等26条，“花憎恶”狂风、连雨、烈日等14条，“花荣宠”主人好事、宾客能诗等6条，“花屈辱”俗徒攀折、种富家园内、赏花命猥妓等12条，通过正反两方面的条例，指示欣赏梅花的正确方法，标举梅花观赏的高雅品位。

3. 梅花的审美特色和象征意义

上述是各方面的历史发展，而贯穿其中的却是对梅花审美价值的感受和认识，对思想文化意义的把握和发扬。

梅花的形象特色

梅花的观赏价值极高。以江梅系列为核心的梅花品种，最接近野生原种，代表了梅花形象的基本特征，大致说来，有这样几个方面。1，花色洁白。梅花花朵细小，单瓣五片，以白色为主，十分素淡雅洁，古人所谓“翻光同雪舞，落素混冰池”说的即是。2，花香清雅。梅花具有鲜明的香味，香气较为清柔、幽细、淡雅，与桂花、百合之类的香气浓郁、热烈不同，若隐若现，似无还有，格外诱人，古人常以“暗香”“幽香”“清香”来形容。花色、花香是“花”之美感的两大要素，古人描写梅花“朔风飘夜香，繁霜滋晓白”，“风递幽香去，禽窥素艳来”，尤其是直称其为“香雪”，正是抓住了这两方面的特点。3，“疏影横斜”、古干虬曲。梅是木本植物，树之枝干是一大观赏元素。梅树的新枝生长较快，一年生嫩枝较为条畅秀拔，而且次年枝之顶端不再发芽生长，而是枝侧萌发新枝，因此梅树一般没有中心主干，树冠多呈放射状分布，颇耐修剪塑形。梅树是长寿树种，数百上千年的高龄老树较为常见，枝干多虬曲盘屈乃至苔藓斑驳。梅花花期无叶，唯淡小花朵缀于峭拔枝间，枝干形态较为突出，呈现出或疏秀淡雅，或苍劲峭拔的美感。梅花丰富的枝干形态之美，是梅花重要的生物特征，与菊花、兰花之娇小草本，与牡丹、玫瑰红花绿叶的浓艳品类多有不同，而与松、竹一类以枝干形态称胜的植物颇多相类之处，在众多花卉植物中特色极为鲜明。4，花期较早，凌寒冲雪。梅树虽不耐寒，但花期较早，一般在数日气温达到10℃的情况下即可开放，因此在三春花色最先，古人称其为“花魁”“百花头上”“东风第一枝”，都是说的这个意思。人们不只认其为春花第一，还进一步视其为冬花、“寒香”“冷艳”。上述这些形态和习性是梅花主要的生物特征，正是这些元素的有机统一，使梅花显示出淡雅、疏秀、幽峭、瘦劲的独特神韵，受到了人们特别关注和喜爱。

梅花的象征意义

上述梅花的生物特征是梅花的自然属性，透过这些自然美的要素，人们可以感受到一种神韵和气质，这就是人们所说梅花的神韵之美，并且借以寄托主观的情趣和精神，这就是人们所说梅花的品格之美或象征意义。这些主观、客观不同因素高度融合、有机统一的美感，大致有这样三个方面。

①“生气”。生气是生命的活力，与死气相对而言。人们都喜欢生气勃勃，而不愿死气沉沉。梅花是春花第一枝，是报春第一信，这是梅花最主要的生物特点。它代表了冬去春来，万象更新，欣欣向荣，令人们感受到时节的更替和时运的好转，自然的生机和生命的活力。人们喜爱梅花，赞赏梅花，这是最原始的出发点、最基本的因素，也是最普遍的心理。人们对梅花的“生气”，也是从不同角度去感受和欣赏的。梅花是春天的象征，“梅花特早，偏能识春”（萧纲《梅花赋》），“腊月正月早惊春，众花未发梅花新”（江总《梅花落》），梅花成了冬去春来、万象更新的代表符号，人们借以表达对春天的希望和新年的祝福。六朝至唐宋时期，立春、人日、元宵，还有新年初一等节日剪彩张贴或相互赠送，称为“彩胜”，梅花与杨柳、燕子是最常见的图案，寄托的都是这类辞旧迎新、纳福祈祥的心愿。“梅花呈瑞”（宋无名氏《雪梅香》）成了梅花形象一个基本的符号意义。宋以来人们进一步强调梅花为春信第一，开始出现“花魁”“东风第一”“百花头上”等说法。元以来送人赶考，多以咏梅或画梅作为礼物[60]，以表祈祝。不仅是送考，祝寿等也常为画梅、咏梅。梅花代表了春意永驻，否极泰来，古梅更是象征长生不老，老而弥坚。元人周权“历冰霜、老硬越孤高，精神好”（《满江红·叶梅友八十》），明人顾清“岁寒风格长生信，只有梅花最得知”（《陆水村母淑人寿八十》），说的就是这个意思，在绘画和工艺图案中，梅与松、鹤等一起成了寓意幸福、长寿的常见题材和图案。元人郭昂诗更是结合梅花五瓣形状，称梅花“占得人间五福先”[61]。这些丰富的寓意都主要是从梅花报春先发、“老树着花无丑枝”（宋·梅尧臣《东溪》）等“生气”之美引申来的，寄托了人们对美好生活的向往，因而宋元以来梅花成了民俗文化中最流行的吉庆祥瑞符号。宋元理学家对梅花的“生气”之美还有自己独到的感悟，他们把梅花那样的春气盎然看作是道贯天地，

生生不息的象征，梅花那样的一颖先发是君子“端如仁者心，洒落万物先”（《丙辰十月见梅同感其韵再赋》），在道德修养上先知先觉的象征，进一步丰富了梅花“生气”之美的思想内涵。

②“清气”。在古人花卉品鉴中，梅被称为“清友”“清客”。所谓“清”是相对“浊”而言的，梅花的花色素洁、枝干疏淡、早花特立都是“清”的鲜明载体，“色如虚室白，香似玉人清”[62]，“质淡全身白，香寒到骨清”[63]，“姑将天下白，独向雪中清”[64]，“不要人夸颜色好，只留清气满乾坤”，都显示一种幽雅闲静、超凡脱俗的神韵和气质，这就是“清气”。

③“骨气”。古人又称为“贞节”，是相对于软弱、浮媚而言的，主要体现在梅的先春而放、枝干横斜屈曲等形象元素中。陆游“雪虐风饕愈凛然，花中气节最高坚”（《落梅二首》）说的就是岁寒独步、凌寒怒放的骨气。元朝诗人杨维桢“万花敢向雪中出，一树独先天下春”，曾丰“御风栩栩臞仙骨，立雪亭亭苦佛身”（《梅》）说的也是这个意思。在水墨写梅中，画家就着力通过枝干纵横、老节盘屈、苔点斑驳的视觉元素来抒写梅花的气节凛然、骨格老成之美[65]。

梅花的“清气”“骨气”之美是梅花审美意蕴和文化象征的核心，从北宋林逋、苏轼以来，人们的欣赏意趣主要集中在这两方面。从思想性质上说，“清”和“贞”，“清气”和“骨气”都是典型的封建士大夫文人的品德理想和审美情趣，但有着价值取向和情趣风格上的差别。“清气”是偏于阴柔的，而“骨气”是偏于阳刚的。“清气”是偏于出世或超脱的人生态度，而“骨气”则是一种勇于担当和执着的道义精神。前者主要是一种隐逸、淡退之士的情趣风范，出于老庄、释禅哲学的思想传统，而后者是一种仁人志士的气节意志，主要归属儒家的道义精神。众所周知，我国传统的思想文化是一种“儒道互补”的结构，反映为士大夫的道德信念和人格结构，也是儒家与道、释两种思想兼融互补，相辅相成的结构模式，“清”“贞”二气无疑正是这种互补结构中的两个核心。王国维《此君轩记》说：“古之君子，其为道者也盖不同，而其所以同者，则在超世之致，与不可屈之节而已。”[66]所谓“超世之致”，就是“清气”；所谓“不可屈之节”，就是“骨气”。王国维是说不管什么身份、处境和立场，凡属正人君子，都不缺乏这两种品德，也就是说，这两种品德是封建士大夫最普遍的人格理想、最核心的道德信念。这两种品格的有机统一，构成了封建社会士大夫阶层人格追求乃至整个中华民族品格的普遍范式。

梅花的可贵之处在于两“气”兼备，“清”“贞”并美。“涅而不缁兮，梅质之清，磨而不磷兮，梅操之贞。”[67]“梅有标格，有风韵，而香、影乃其余也。何谓标格，风霜面目，铁石柯枝，偃蹇错樛，古雅怪奇，此其标格也；何谓风韵，竹篱茅舍，寒塘古渡，潇洒幽独，娟洁修娉，此其风韵也。”[68]所谓“风韵”即“清气”，所谓“标格”即“骨气”。这种两“气”兼备，“风韵”“标格”齐美的深厚内蕴，正好完整地体现了“儒道互补”的思想传统和精神法式。放诸花卉世界，同样是“比德”之象，兰、竹重在“清气”，松、菊富于“骨气”，只有梅花二“气”相当，相辅相成，有机统一，从而全面而典型地体现了这种民族文化传统和士人道德品格的核心体系。这是梅花形象思想意义之深刻性所在，也是其作为民族文化象征符号的经典性所在，值得我们特别的重视和珍惜[69]。

梅花的“生气”之美是相对表层和直观的。人们对梅花春色新好，尤其是其喜庆吉祥之义的欣赏，出现早，流行广，更多表现为大众的、民俗的情结和方式，寄托着广大民众对生活的美好愿望和积极情怀，是梅花象征意义不可忽视的一个方面。如果说“清气”“骨气”之美主要对应“士人之情”，体现精英阶层的高雅情趣，属于封建士大夫“雅文化”范畴，那么“生气”之美则主要对应“常人之情”，深得广大普通民众的喜爱，主要属于大众“俗文化”的范畴。如此不同阶层、不同群体普遍的喜爱和着意，使梅花获得了雅、俗共赏的鲜明优势，赢得了最广大的群众基础。这是梅花形象人文意义的丰富性所在，也是其作为民族文化符号的广泛性、普遍性所在，同样值得我们重视和珍惜。

梅花的审美经验

梅花的生物形象提供了人们欣赏和想象的客观对象或物质基础，而一切还有待于人们主观感受、认识和发挥，有着物质环境、知识背景、生活处境和思想情趣等主体及其社会因素的参与和渗透，从而使梅花的欣赏和创造活动呈现着极为丰富、生动的情景，积累了丰富的审美经验，形成了一些流行的观赏方法、思维模式、表达范式和文化语境，无论是对梅花欣赏还是审美创造都富有启迪，值得我们认真总结和汲取。大致说来有以下几个方面。

①梅花的形象。梅花香优于色，“花中有道须称最，天下无香可斗清”（宋葛天民《梅花》）。梅花是花更是树，从林逋以来，梅之“疏影横斜”之美受到关注，就成了梅花形象的一个核心元素，在文人水墨梅画中更是成了最主要的内容，诗画相互影响，进一步促进了植物观赏和园艺种植和盆景制作的情趣。范成大《梅谱》：“梅以韵胜，以格高，故以横斜疏影与老枝怪奇者为贵。”明·陈仁锡《潜确类书》：“梅有四贵，贵稀不贵密，贵老不贵嫩，贵瘦不贵肥，贵含不贵开。”[70]清·龚自珍《病梅馆记》：“梅以曲为美，直则无姿；以欹为美，正则无景；梅以疏为美，密则无态。”都是这方面的精彩总结。

②梅花的环境。就梅的生长环境而言，以野梅、村梅、山间水边为雅，以“官梅”“宫梅”之类为俗。范成大欣赏“山间水滨、荒寒迥绝之处”的野梅[71]，画家扬补之相传曾自称是“奉敕村梅”[72]，南宋画家丁野堂称自己所见只在“江路野梅”[73]，诗人裘万顷“竹篱茅舍自清绝，未用移根东阁栽”[74]，这些传说和诗句都寄托了人们对梅为山人野逸之景的定位，这样的环境更能显示梅花清雅幽逸之神韵。就梅之欣赏和描写而言，“水”“月”是烘托和渲染梅花清雅幽逸气韵两个最常见也最得力的意象，林逋的名句“疏影横斜水清浅，暗香浮动月黄昏”最早开创这种感受和描写模式，后来的诗人多加取法[75]，并有发展，诗人称梅“迥立风尘表，长含水月清”（宋·张道洽《梅花》），“孤影棱棱，暗香楚楚，水月成三绝”（元·仇远《酹江月》），都是说的这个意思。影响到园林多水边梅景的设置，“作屋延梅更凿池，是花最与水相宜”（宋·陈元晋《题曾审言所寓僧舍梅屋》），画家多画梅月烘托之景，甚至有墨梅画最初的灵感来自月窗映梅的传说。梅花与“雪”的关系也是梅花欣赏和创作中的一个常见话题和模式。南朝·苏子卿《梅花落》“只言花是雪，不悟有香来”，宋·王安石《梅花》“遥知不是雪，为有暗香来”，卢梅坡《梅》“梅须逊雪三分白，雪却输梅一段香”[76]，人们直称梅为“香雪”，

主要就“形似”而言，更为关键的是雪里着花，“前村深雪里，昨夜一枝开”（齐己《早梅》），这是早梅的极致，而“雪里梅花，无限精神总属他”[77]，更是品格气节的欣赏。在实际生活中，凌寒赏景、踏雪寻梅虽然机缘难得，但却是人们公认的风雅之事、幽逸之趣，《踏雪寻梅》也成了人物画中一个常见的题材。

③梅花的配景。梅是植物，与其他花木景观的关系就成了观赏、认识的基本视角，其中有三个经典的组合模式和思考方式。一是梅柳。梅柳都是春发较早的植物，因而成了早春意象的经典组合。杜审言《和晋陵陆丞早春游望》“云霞出海曙，梅柳渡江春”，李白《携妓登梁王栖霞山》“碧草已满地，柳与梅争春”，杜甫《西郊》“市桥官柳细，江路野梅香”，辛弃疾《满江红》“看野梅官柳，东风消息”，都是很著名的诗句，“梅与柳对”是诗歌中出现频率最高的对偶。二是梅与桃、杏，三者同属蔷薇科李属植物，有更多近似之处，尤其是梅、杏，人们常相混淆，这样梅与它们的比较、抑扬就成了常见的话题和思路。宋以前桃、杏还是仙人、隐者常用之物，也属高雅之品，而随着人们对梅花的日益推重，梅花开始凌轹桃杏，桃、杏被视为艳俗之物，成了梅花的反衬、梅花的“奴婢”，“韵绝姿高直下视，红紫端如童仆”（宋·苏仲及《念奴娇》），苏轼明确提出梅之“暗香”“疏影”之美，桃杏李“不敢承当”[78]。三是梅与松竹、兰菊。梅与松竹本不同类，宋人始称“岁寒三友”，后人称“梅兰竹菊”为“四君子”，共推为崇高的“比德”之象，这无论在诗、画、工艺装饰还是园林营置中都成了流行的组合。梅与杨柳、桃杏、松竹三组物象的并列、比较和抑扬，展示了梅花美的不同侧面，同时也反映出梅花文化地位不断提升的历史步伐[79]。

④梅花的人格类比。梅花首先是花，美人如花、花如美人的联想是普遍的，梅花最初也是与美人联系在一起的，南朝咏梅诗赋中多是表达美人“花色持相比，恒愁恐失时”（萧纲《梅花赋》）的感伤，宋代以来的仕女画中多有梅花、修竹的取景，如美国费城艺术馆所藏《修竹仕女图》[80]。宋以来，诗中多以月宫嫦娥、姑射神女、深宫贵妃、林中美人、幽谷佳人来比拟形容梅花，彰显梅花超拔于一般春花时艳的风神格调，而进一步人们觉得“以梅花比贞妇烈女，是犹屈其高调也”[81]，“神人妃子固有态，此花不是儿女情”[82]，“脂粉形容总未然，高标端可配先贤”[83]，“花中儿女纷纷是，唯有梅花是丈夫”[84]，于是人们开始将儒家圣贤、道教神仙、苦志高僧、山中高士、铁面御史、泽畔骚人，尤其是山林隐士、守节遗民来形容梅花。这种性别由“美人”到“高士”的变化，使梅花形象进一步脱弃了花色脂粉气，强化了气节、意志的象征意义和作为士大夫人格“图腾”的文化属性，可以说是梅花审美描写中最为顶级，也最为简明有力的方式[85]。

4. 现代梅文化

我国梅文化的悠久传统在现代社会得到了继承和发展，梅花的文化影响深入人心。北伐战争胜利后（1928—1929），国民党南京政府曾创议梅花为“国花”，并正式通令全国作为徽饰图案，最终被全社会公认为“国花”[86]。这一政治遗产为迁台后的国民党政权所继承，虽然早已失去正统之地位，但这一现象本身即表明梅花在当时国人心目中的地位。

这一时期不少著名画家都特别钟爱梅花，吴昌硕为晚清遗老，爱梅成癖，题梅画诗云“十年不到香雪海，梅花忆我我忆梅”，去世后葬在梅花风景名胜杭州超山十里梅海之中。齐白石将住所命名为“百梅书屋”，张大千自喻“梅痴”，他们都留下了许多梅花题材的画作。京剧表演艺术家梅兰芳姓梅亦爱梅，取姜夔《疏影》中“苔枝缀玉”句，将自己在北京的居室命名为“缀玉轩”。新中国成立后，由于无产阶级革命思想和传统道德品格意识的潜在熏陶，长期以来，人们对梅花的喜爱和推崇都要远过于其他花卉。开国领袖毛泽东特别爱好梅花，有《卜算子·咏梅》（风雨送春归）等词作，以其崇高的政治地位，产生了巨大的社会影响，咏梅、红梅、玉梅、冬梅、笑梅、爱梅之类的人名、店名、地名、商标风靡全国。与古人重视白色江梅不同，由于我国红色革命的政治思想传统，人们热情颂美多称红梅，这也可以说是特有的时代色彩。

民国以来，梅园的建设进入了新的时代，取得了一定的成就。江苏无锡梅园由我国民族资本家荣宗敬、荣德生兄弟于1912年创建，标志着我国现代专类梅园的出现，并在新中国成立后正式捐献给人民政府，完成了从豪门私园到人民公园的彻底转型。梅园位于无锡西郊东山、浒山、横山南坡，面临太湖。经数十年来再三拓展，今统称梅园横山风景区，简称梅园，总占地1000多亩，其中梅树有七八千株，占地300多亩。中山陵梅花山位于今江苏南京东郊钟山（紫金山）南麓，紧傍明孝陵，起源于孙中山陵园所属纪念植物园的蔷薇科植物区，从1929年开始，便具有典型的现代公共园林性质，经过多年的建设，到1937年日本占领前，花树满山，成了当时京郊春游赏梅的一大胜地[87]。梅花山的名称始于40年代中期，改革开放以后，梅花山建设进入了新阶段。截至2008年，整个梅花山风景区总面积已达1533亩（102.2公顷），地栽梅花3.5万余株，盆栽6000余盆，品种350多个[88]，成了全国占地面积最大的观赏梅园，号称“天下第一梅山”。东湖梅园位于今武昌东湖风景区磨山景区的西南麓。它萌芽于20世纪50年代初期，属于磨山植物园的一个分区，是新中国创办最早的梅花专类园，数十年来，积极开展梅花品种的收集、培育和引进，是目前国内观赏品种最为丰富的梅园。改革开放以来，随着经济建设的蓬勃兴起和人民生活水平的不断提高，园林建设和旅游产业迅猛发展，梅花专类园如雨后春笋不断涌现，尤其是近二十年来，政府和社会资本多方面积极投入，梅园的数量进一步增加，规模扩大，设施提高，而“南梅北移”的科研工作逐步展开，梅花的栽培分布范围明显扩大，给人们的赏梅活动提供了丰富的条件。

梅是我国的传统水果，传统的梅产区如苏州光福（邓尉）、杭州超山、广州萝岗等地的梅田花海仍有程度不等的延续，其中杭州余杭超山为上海冠生园陈皮梅的原料基地，随着陈皮梅在上海等大都市的畅销，青梅种植面积进一步扩大，成了当时民国年间最大的赏梅胜地，威震全国[89]。同时广州东郊萝岗的青梅产业也较兴旺，其势头一直延续到20世纪五六十年代，“萝岗香雪”成了名动一方的胜景。改革开放以来，随着水果种植业的兴起，尤其是青梅制品的大量出口，在浙东、苏南、闽南、粤东、川西、广西、贵州、云南等地都有大规模的梅产地，这些乡村田园风光的梅景气势壮阔，风味浓厚，正逐步引起人们的注意[90]。

各地梅园尤其是产区梅景包含着丰富的观光旅游资源，各地政府和社会正在逐步加以开发和建设，南京、武汉、丹江口、泰州等城市将梅花推举为市花，武汉、南京、无锡、青岛等梅园，四川大邑、贵州荔波、福建诏安、广东从化等青梅产地也都积极举办梅花、青梅文化节，形成了广泛的社会影响。在旅游成为时尚的今天，这些地区性的花事活动大多闻名遐迩，吸引了不少游客，极大地丰富了人们的精神生活，有力促进了梅文化的传播。

当代民众对梅花的美好形象和传统意趣热情不减，这鲜明地体现在传统名花与国花的评选活动中。1987年5月由上海文化出版社和上海园林学会等5家单位联合主办"中国传统十大名花评选"活动，经过海内外近15万人的投票推选和全国100多位园林花卉专家权威、各方面的知名人士评定，最后选出"中国十大传统名花"，梅花名列其首，这充分反映了当代梅花种植的广泛开展和民众对梅花的由衷热爱。在1994年以来的"国花"评选活动中，各界人士的意见一共有三类四种，一是"一国一花"，而这一花又有牡丹、梅花两种不同主张；二是"一国两花"，主要主张牡丹与梅花同为国花；三是"一国多花"，1994年全国花协曾组织过一次评选活动，结论是以牡丹为国花，兰、荷、菊、梅四季名花为辅。无论是哪种方案，梅花都是"国花"的重要选项。梅花曾一度是硬币装饰图案，1992年，我国所发行的金属流通币装饰图案，一元是牡丹，五角是梅花，一角是菊花。这都反映了我国人民对梅花作为民族精神和国家气象之象征的深度认同[91]。

对梅花的科学研究和文艺创作也取得了不少的成就，1942年园艺学家曾勉发表《梅花——中国的国花》[92]，对我国梅艺历史、梅花主要品种、品种分类体系等进行专题论述。北京林业大学陈俊愉院士对梅花的热爱既出于专业研究的责任，更有几分品格情趣的契合。他用几十年心血研究梅花，在梅花品种分类、品种培育和"南梅北移"等方面做出了杰出的贡献，主要有《中国梅花品种图志》《梅花漫谈》等著作。他长期担任中国花协梅花蜡梅分会会长，1997年当选中国工程院院士，人称"梅花院士"。1998年被国际园艺学会任命为梅品种国际登录权威，这是中国首次获得国际植物品名登录殊荣。

画家于希宁（1913—2007）别号"梅痴"，斋号"劲松寒梅之居"，精通诗、书、画、篆刻之道，擅长花鸟，尤擅画梅，曾多次赴苏州邓尉、杭州超山、天台国清寺等地写生，所作墨梅多以整树入画，古干虬枝盘曲画面，繁简兼施，并自觉融会草书篆刻、山水皴擦、赭青渲染诸法，意境生动而个性鲜明，洵为当代画梅大家，有《于希宁画集·梅花卷》（山东美术出版社2003年版）、《论画梅》等著作。古琴演奏家张子谦也爱梅花，其《梅花三弄》是根据清代《蕉庵琴谱》打谱的广陵派琴曲，将梅花迎风摇曳、坚忍不拔的品格表现得淋漓尽致，曾自赋《咏梅》诗云"一树梅花手自栽，冰肌玉骨绝尘埃。今年嫩蕊何时放，不听琴声不肯开"，其爱梅可见一斑。这些名流对梅花的热忱是我国人民爱梅风尚的缩影，其卓越的科学研究和文艺创作成就对梅文化的传播和弘扬无疑又是有力的表率和促进。

注释

[1] 如陈俊愉先生所译宋人林逋《山园小梅》诗，诗题即译作Delicate Mei Flowers at The Hill Garden，见其主编《中国梅花品种图志》卷首，中国林业出版社2010年版。

[2] 南京博物院、铜山县文化馆《铜山龟山二号西汉崖洞墓》,《考古学报》1985年第1期。

[3] 1979年河南裴李岗遗址发现果核，距今约7000年，见中国社科院考古所河南一队《1979年裴李岗遗址发掘报告》,《考古学报》1984年第1期。

[4]《礼记·内则》:“脍，春用葱，秋用芥。豚，春用韭，秋用蓼。脂用葱，膏用薤，三牲用藙，和用醯（xī），兽用梅。”这是一组烹调原料单，因时节、原料不同，调料也各有所宜，其中梅主要用来烹调兽肉。

[5] 陕西考古研究所《高家堡戈国墓》，三秦出版社1995年版，第50、62、102、135页。

[6] 杨万里《洮湖和梅诗序》,《诚斋集》卷七九，《四部丛刊初编》本。“滋”，滋味，指《尚书》所说“盐梅和羹”之事；“象”，指形象，指梅花的观赏价值；“实”，果实；“华”，即花；“闻”，闻名。

[7] 萧统《文选》卷一六，《影印文渊阁四库全书》本。

[8] 陶渊明《陶渊明集》卷三，《影印文渊阁四库全书》本。

[9] 张溥《汉魏六朝百三家集》卷八二上，《影印文渊阁四库全书》本。

[10] 关于我国花卉文化发展分为经济实用、花色审美和文化象征三大阶段的详细情况，请参阅程杰《论中国花卉文化的繁荣状况、发展进程、历史背景和民族特色》，载《阅江学刊》2014年第1期。

[11] 苏轼《十一月二十六日松风亭下梅花盛开》《再用前韵》，王文诰辑注，孔凡礼点校《苏轼诗集》卷三八，中华书局1982年版。

[12] 杨万里《走笔和张功父玉照堂十绝句》其三，《诚斋集》卷二一。

[13] 吕胜己《满江红》，唐圭璋编《全宋词》，中华书局1965年版，第3册，第1759页。

[14] 程俱《山居·梅谷》，北京大学古文献研究所编《全宋诗》，北京大学出版社1991-1998年版，第25册，第16304页。（以下各论文《全宋诗》皆不再注编者和版本信息，只注册数与页码。）

[15] 范成大《范村梅谱》,《影印文渊阁四库全书》本。

[16] 程杰《中国梅花审美文化研究》，巴蜀书社2008年版，第3-6页。

[17] 王绩《在京思故园见乡人问》:“旧园今在否，新树也应栽。……经移何处竹，别种几株梅。”《薛记室收过庄见寻，率题古意以赠》:“忆我少年时，携手游东渠。梅李夹两岸，花枝何扶疏。”《全唐诗》卷三七，《影印文渊阁四库全书》本。（以下《全唐诗》不再注版本信息。）

[18] 王建《塞上梅》:“天山路傍一株梅，年年花发黄云下。昭君已殁汉使回，前后征人惟系马。”《王司马集》卷二，《影印文渊阁四库全书》本。

[19] 李商隐《十一月中旬至扶风界见梅花》,《全唐诗》卷五三九。

[20]《全唐诗》卷二二九。

[21]《全唐诗》卷二八四。

[22] 唐慎微《证类本草》卷二三，《四部丛刊初编》本。

[23] 范成大《范村梅谱》。

[24] 吕本中《简范信中钤辖三首》,《东莱诗集》卷一四，《四部丛刊续编》本。

[25] 喻良能《雪中赏横枝梅花》诗注，《香山集》卷九，民国《续金华丛书》本，中华书局1961年版。

[26] 杨万里《诚斋集》卷一七。对杨万里此诗写作地点有不同看法，具体考证见本书现代部分广东“梅州城东梅园”条下注释。

[27] 叶适《中塘梅林,天下之盛也,聊伸鄙述,启好游者》,《叶适集》水心文集卷六。

[28] 闵麟嗣《黄山志》卷一，清康熙刻本。

[29] 蔡朢（réng）《江边》，朱绪曾《国朝金陵诗征》卷九，清光绪十三年（1887）刊本。

[30] 陈俊愉主编《中国梅花品种图志》，第20–21页。

[31]《全唐诗》卷七九六。

[32] 刘安撰、许慎注《淮南鸿烈解》卷一七，《四部丛刊初编》本。此语下句，《艺文类聚》卷八六作"一梅不足为一人之酸"。

[33] 范成大《范村梅谱》。

[34] 详参程杰《论青梅的文学意义》，《江西师范大学学报》（哲学社会科学版），2016年第1期；程杰《"青梅煮酒"事实和语义演变考》，《江海学刊》2016年第2期。

[35] 请参阅林雁《论"青梅煮酒"》，《北京林业大学学报》2007年增刊第1期。

[36] 请参阅程杰《中国梅花名胜考》，中华书局2014年版。

[37] 司马光《续诗话》，明《津逮秘书》本。

[38] 唐圭璋编《全宋词》，第3册，第1586页。

[39] 谢翱《晞（xī）发遗集》卷上，清康熙四十一年（1702）刻本。

[40]《全宋诗》，第45册，第27842页。

[41]《全唐诗》卷一八二。

[42] 请参阅程杰《〈梅花三弄〉起源考》，《梅文化论丛》，中华书局2007年版，第125–133页。

[43] 岳珂《木兰花慢》，唐圭璋编《全宋词》，第3册，第2516页。

[44] 宋濂《题徐原甫墨梅》，《宋学士文集》卷一〇，《四部丛刊初编》本。

[45] 刘克庄《花光梅》，《后村先生大全集》卷一〇七，《四部丛刊初编》本。

[46] 华镇《南岳僧仲仁墨画梅花》，《云溪居士集》卷六，《影印文渊阁四库全书》本。

[47] 汪庆正主编《中国陶瓷全集》，上海人民美术出版社2000年版，第15册，清代下，第192页。

[48] 高汉玉、包铭新《中国历代织染绣图录》，商务印书馆香港分馆、上海科学技术出版社1986年版，第103页，图80。

[49] 黄能馥、陈娟娟《中国历代装饰纹样》，中国旅游出版社1999年版，第664页。

[50] 高汉玉、包铭新《中国历代织染绣图录》，第95页，图71。

[51] 吴山主编《中国历代服装、染织、刺绣辞典》，江苏美术出版社2011年版，第326页。

[52] 黄能馥、陈娟娟《中国历代装饰纹样》，第664页。

[53] 陈绶祥主编《中国民间美术全集》（3，起居编民居卷），山东教育出版社等1993年版，第171页，图228。

[54] 陈绶祥主编《中国民间美术全集》（4，起居编陈设卷），第251页，图342。

[55] 解缙等《永乐大典》卷二八一〇，中华书局1986年版。

[56] 赵孟頫《梅花》，《松雪斋集》卷五，《影印文渊阁四库全书》本。

[57] 范成大《范村梅谱》。

[58] 范成大《范村梅谱》。

[59] 蔷薇科梅花因其冬日开放也常泛称腊梅，并非品种之义。

[60] 骆问礼《赋得梅送人会试》，《万一楼集》卷一八，清嘉庆活字本；张大复《画梅送叙州杨先生

会试》,《梅花草堂集》卷一六，明崇祯刻本。
[61]解缙等《永乐大典》卷二八一〇。
[62]司马光诗句，陈景沂《全芳备祖》前集卷一，浙江古籍出版社2014年版。
[63]张道洽《梅花》,方回《瀛奎律髓》卷二〇，《影印文渊阁四库全书》本。
[64]张道洽《梅花》,方回《瀛奎律髓》卷二〇。
[65]详细论述请参阅程杰《论梅花的“清气”、“骨气”和“生气”》,《现代园林》(农业科技与信息)2013年第6期。
[66]姚淦铭、王燕编《王国维文集》,中国文史出版社1997年版，第1卷，第132页。
[67]何梦桂《有客曰孤梅访予于易庵孤山之下……》,《全宋诗》,第67册，第42160页。
[68]周瑛《敖使君和梅花百咏序》,《翠渠摘稿》卷二，《影印文渊阁四库全书》本。
[69]有关论述请参阅程杰《两宋时期梅花象征生成的三大原因》,《梅文化论丛》,第47-69页。
[70]汪灏等《广群芳谱》卷二二，《影印文渊阁四库全书》本。
[71]范成大《范村梅谱》。
[72]许景迂《野雪行卷》,解缙等《永乐大典》卷一八一二。
[73]夏文彦和《图绘宝鉴》卷四，元至正刻本。
[74]裘万顷《次余仲庸松风阁韵十九首》其四，陈思《两宋名贤小集》卷二五二，《影印文渊阁四库全书》本。
[75]请参阅程杰《梅与水月》,《宋代咏梅文学研究》,安徽文艺出版社2002年版，第275-295页。
[76]陈景沂编，程杰、王三毛点校《全芳备祖》前集卷一，浙江古籍出版社2014年版。
[77]洪惠英《减字木兰花》,唐圭璋编《全宋词》,第3册，第1491页。
[78]王直方《王直方诗话》,郭绍虞辑《宋诗话辑佚》,中华书局1980年版，上册，第13页。
[79]请参阅程杰《梅花的伴偶、奴婢、朋友及其他》,《宋代咏梅文学研究》,第248-274页。
[80][美] 毕嘉珍《墨梅》,江苏人民出版社2012年版，第100页。
[81]冯时行《题墨梅花》,《缙云文集》卷四，《影印文渊阁四库全书》本。
[82]熊禾《涌翠亭梅花(和无咎)》,《勿轩集》卷八，《影印文渊阁四库全书》本。
[83]刘克庄《梅花十绝》三叠，《后村先生大全集》卷一七。
[84]苏泂《和赵宫管看梅三首》其一，《泠然斋诗集》卷八，《影印文渊阁四库全书》本。
[85]请参阅程杰《“美人”与“高士”》,《宋代咏梅文学研究》,第296-321页。
[86]请参见程杰《中国国花：历史选择与现实借鉴》,《中国文化研究》2016年夏之卷。
[87]请参见程杰《民国时期中山陵园梅花风景的建设与演变》,《南京社会科学》2011年第2期。
[88]南京梅谱编委会《南京梅谱》(第二版)卷首《再版前言》,南京出版社2008年版。
[89]请参阅程杰《论杭州超山梅花风景的繁荣状况、经济背景和历史地位》,《阅江学刊》2012年第1期。
[90]以上梅花名胜风景，请参阅程杰《中国梅花名胜考》,中华书局2014年版。
[91]详参程杰《中国国花：历史选择与现实借鉴》,《中国文化研究》2016年夏之卷。
[92]该文原为英文，1942年4月发表于时迁重庆的中央大学园艺系英文版《中国园艺专刊》第1号，中译文见陈俊愉《中国梅花品种图志》,中国林业出版社2010年版，第200-203页。

论中国国花：历史选择与现实借鉴*

程　杰

历史的经验值得总结，我们这里主要就我国国花选择的有关史实和现象进行全面、系统的梳理、考证，感受其中蕴含的历史经验和文化情结，汲取对我们今天国花问题的借鉴意义。牡丹、梅花双峰并峙的地位是历史形成的，1949年前对两花前后不同的选择充分体现了两花象征意义的两极互补，两花并尊是我国国花的最佳选择。

我国迄今没有法定意义上的国花，国人念及，每多遗憾。30多年来不少热心人士奔走呼吁，也引起了社会舆论和有关方面的一定关注。此事看似简单，但"国"字当头，小事也是大事，加之牵涉历史、现实的许多方面，有些难解的传统纠葛，情况较为复杂，终是无果而终[1]。如今改革开放进一步深入，政治局面愈益安好，世情民意通达和谐，社会、文化事业蓬勃发展，为国花问题的解决创造了良好的环境，带来了许多新的机遇，值得我们珍惜。

国花作为国家和民族的一种象征符号，大都有着深厚的历史文化渊源和广泛的民俗民意基础，在我们这样幅员辽阔的文明古国、人口大国，尤其如此。历史的经验值得总结，我们这里主要就我国国花选择的有关史实和现象进行全面、系统的梳理、考证，感受其中蕴含的历史经验和文化情结，汲取对我们今天国花问题的借鉴意义。

---

* 改革开放之初，陈俊愉先生最早提出新中国的国花问题，认为我国国花应为梅花。1988年，陈先生又建议以梅花、牡丹并为国花，这就是著名的"双国花"主张。陈先生一生爱好梅花，而又能及时提出"双国花"主张，体现了在国花问题上超越个人专业爱好，选花为国、大公无私的襟怀和与时俱进、通达包容、尊重传统、尊重最广大民意的智慧，备受国人欢迎和推重，也值得我们今后进一步处理国花问题时借鉴和学习。笔者对陈先生的"双国花"主张极表赞同，写作此文，意在新形势下，进一步阐明两花并为国花的历史文化传统和现实民意基础，申发牡丹、梅花并为我国国花的科学性、合理性，发表于北京语言大学《中国文化研究》2016年夏之卷，承《新华文摘》《澎湃新闻网》《凤凰网》《搜狐》《腾讯》等媒体转载，可见陈俊愉先生开创的"双国花"主张是深得人心的。2017年1月6日作者记。

1. 我国国花的历史选择

国花是现代民族国家一个重要的象征资源或符号标志，世界绝大多数国家的国花大都属于民间约定俗成，出丁正式法定的少之又少，世界大国中只有美国的国花由议会决议通过。从这个意义上说，我国并非没有国花，至迟从晚清以来，我国民间和官方都有一些通行说法。我们从长远的视角，追溯和梳理一下我国国花有关说法的发展历史。

我国传统名花堪当“国花”之选者

我国地大物博，植物资源极为丰富，有“世界园林之母”之称。我国又有上下五千年的历史，有着灿烂辉煌的文明，因而历史上广受民众喜爱的花卉就特别丰富。今人有“十大传统名花”之说，分别为：梅花、牡丹、菊花、兰花、月季、杜鹃花、山茶花、荷花、桂花、中国水仙[2]。我们也曾就宋人《全芳备祖》、清时期的《广群芳谱》《古今图书集成》三书所辑内容统计过，排在前10位的观花植物依次是梅、菊、牡丹、荷、桃、兰、桂、海棠、芍药、杏[3]。古今合观，两种都入选的为梅花、牡丹、菊花、兰花、荷花、桂花6种，是我国传统名花中最重要的几种，我国国花应在其中。

这其中最突出的无疑又是牡丹和梅花。唐代牡丹声名骤起，称“国色天香”，北宋时推为“花王”。同时，梅花的地位也在急剧飙升，称作“花魁”“百花头上”。也有称梅“国色”的，如北宋王安石《与微之同赋梅花得香字》“不御铅华知国色”、秦观《次韵朱李二君见寄》“梅已偷春成国色”，另清人陈美训《梅花》也说“独有梅花傲雪妍，天然国色占春先”。到了南宋，朱翌《题山谷姚黄梅花》诗称：“姚黄富贵江梅妙，俱是花中第一流。”同时，陆游与他的老师、诗人曾几讨论“梅与牡丹孰胜”[4]，说明当时人们心目中，牡丹与梅花的地位已高高在上，而又旗鼓相当，两者的尊卑优劣开始引起关注，成了话题。元代戏曲家马致远杂剧《踏雪寻梅》虚构诗人孟浩然与李白、贾岛、罗隐风雪赏梅，核心情节是李白、孟浩然品第牡丹、梅花优劣，李白赞赏牡丹，孟浩然则推崇梅花，各陈已见，相持不下。最后由两位后生贾岛、罗隐调和作结，达成共识：“惟牡丹与梅萼，乃百卉之魁先，品一花之优劣，亦无高而无卑。”清朝诗人张问陶说得更为精辟些：“牡丹富贵梅清远，总是人间极品花。[5]” 这些说法显然都不只是诗人个人的一时兴会，而是包含着社会文化积淀的历史共识。透过这种现象不难感受到，从唐宋以来，在众多传统名花中，牡丹、梅花各具特色，各极其致，备受世人推重，并踞芳国至尊地位。也正因此，成了我国国花历史选择中最受关注的两种，这是我们首先必须了解的。

明清时牡丹始称国花

关于古时牡丹称作国花的情况，扈耕田《中国国花溯源》一文有较详细的考述[6]，我们这里就其中要点和扈文注意不周处略作勾勒和补充。

牡丹从盛唐开始走红，史称由武则天发起，首先在西京长安（今陕西西安）。权德舆《牡丹赋》称“京国牡丹，日月寖盛”，是“上国繁华”之盛事，刘禹锡《赏牡丹》诗称“唯有牡丹真国色，花开时节动京城”，又有人誉为“国色朝酣酒，天香夜染衣”（唐人所载此两句前后颠倒），后世浓缩为“国色天香”，都是一种顶级赞誉，与“国”字建立了紧密的联系。宋初陶穀《清异录》记载，五代周世宗派使者南下接触南汉国王刘鋹，对方很是傲慢，大夸其国势，接待人员赠送茉莉花，称作“小南强”。宋灭南汉，刘鋹被押到汴京开封，见到牡丹，大为惊骇。北宋官员故意说，这叫“大北胜”，是借牡丹的丰盈华贵弹压南汉人引以自豪的茉莉，这是牡丹被明确用作一统王朝或大国气势的象征。到北宋中叶，牡丹盛于洛阳，被称作“花王”，为人们普遍认可。唐宋这些牡丹佳话，说明从牡丹进入大众视野之初，就获得人们极力推重，得到“国”字级的赞誉，奠定了崇高的地位。这可以说是牡丹作为国花历史的第一步。

牡丹被明确称作“国花”始于明中叶。李梦阳（1473—1530）《牡丹盛开，群友来看》：“碧草春风筵席罢，何人道有国花存。”[7] 此诗大约作于正德九年（1514），感慨开封故园牡丹的荒凉冷落，所谓“国花”即指牡丹。稍后嘉靖十九年（1540），杭州人邵经济《柳亭赏牡丹和弘兄韵》“红芳独抱春心老，绿醑旋添夜色妍。自信国花来绝代，漫凭池草得新联”[8]，也以“国花”称杭州春游所见牡丹。这都是牡丹被称作“国花”最早的诗例。必须说明的是，这时的“国花”概念，包括整个古代所谓“国花”，与我们今天所说不同。所谓“国”与人们常言的“国士”“国手”“国色”“国香”一样，都是远超群类、冠盖全国的意思，其语源即唐人“国色天香”之类，远不是作为现代民族国家象征的意义。

明万历年间，北京西郊极乐寺的“国花堂”引人瞩目。寺故址在西直门外高梁桥西，本为太监私宅，有家墓在，后舍为寺[9]。据袁中道（1575—1630）《游居柿录》《西山游后记·极乐寺》记载，万历三十一年（1603），有太监在此建国花堂，种牡丹[10]。万历末年，寺院渐衰，清乾隆后期、嘉庆初年，寺院园林复兴，“于寺左葺国花堂三楹，绕以曲阑，前有牡丹、芍药千本”，“游人甚众”[11]。乾隆十一子、成亲王永瑆为题“国花堂”匾额。“后牡丹渐尽，又以海棠名”[12]。1900年“庚子事变”，京城浩劫，极乐寺风光不再[13]。20世纪30年代中叶，曾任北洋政府秘书长的郭则沄（1882—1947）、极乐寺住持灵云等人积极兴复，种植牡丹、芍药等，游人渐多[14]。

这一起于明代，绵延300多年的寺院牡丹名胜，虽然盛衰迭变，却给京师吏民留下了深刻的记忆，强化了牡丹的“国花”专属之称，对民国以来“国花牡丹”的观念和说法产生了深远的影响。民国四年（1915），商务印书馆初版《辞源》解释“国花”一词：“一国特著之花，可以代表其国性者。如英之玫瑰、法之百合、日本之樱，皆是。我国向以牡丹为国花。北京极乐寺明代牡丹最盛，寺东有国花堂额，清成亲王所书（《天咫偶闻》）。”所说“国花”概念完全是现代的，而所举书证正是说的明清这一景观。另民国时颐和园、中央公园（后改名中山公园）等地种植、装饰牡丹，多称国花台[15]，命名应都受其影响。

同样是在北京，另一经常为人们提及的是，慈禧曾经敕定牡丹为国花，在颐和园建

"国花台"。这一说法，信疑参半，扈氏文几无涉及，有必要略作考述。就笔者搜检，该说最早见于中国建筑工业出版社1983年版，陈文良、魏开肇、李学文所著《北京名园趣谈》："国花台又名牡丹台，在排云殿以东，依山垒土为层台，始建于1903年。台上遍植牡丹，慈禧自尊为老佛爷，常以富贵花王牡丹自比，因而敕定牡丹花为国花。并命管理国花的苑副白玉麟将国花台三字刻于石上。[16]"书名既称"趣谈"，自非严肃的史学著作，所说又未提供文献依据，或出于故老传言。首先，所说"敕定"一语措辞不当，以清政府当时情况，就此专门下达诏书，可能性不大。作者反复搜检晚清、民国年间信息，也未见任何相关报道。如今报载《清宫颐和园档案》（营造制作卷、园囿管理卷）出版，不知可有内容涉及，有待检索。其次，白玉麟应作白永麟，该书1994年第二版也未改过，1992年陈文良主编《北京传统文化便览》同样沿其误[17]。白永麟号竹君，满族人，为颐和园八品苑副，因感当时捐税繁重，民不聊生，官吏贪婪，贿赂公行，宣统元年（1909）上书摄政王条陈时事，绝食而死，名动一时[18]。

但这一说法也非全然无根之谈。首先，慈禧喜欢牡丹确有其事。此间曾在宫廷服侍过的德龄和美国女画家凯瑟琳·卡尔的回忆录都曾提到，颐和园"到处是富贵的牡丹、馥郁的郁金香和高洁的玉兰"[19]，仁寿殿慈禧宝座"雕刻和装饰的主题是凤凰和牡丹……实际上整间大殿所有装饰的主题都是凤凰和牡丹。老佛爷的宝座的两侧各有一朵向上开着的牡丹"[20]。其次，清宫颐和园有一处称作"国华台"的地方[21]。清末民初多篇颐和园游记都写到。宣统二年（1910），柴栗湲游记称，颐和园长廊"北有山，山巅有台，曰国华台，高数十仞。台下有殿，殿曰排云殿"[22]。民国六年（1917），加拿大华侨崔通约（1864—1937）曾"在山巅国华台眺望，近之则黄瓦参差，远之则平原无际"[23]。美国画家卡尔称"万寿山麓有一处大花台，宫里称作'花山'。牡丹被看作花中之王，每逢鲜花盛开的时节，便姹紫嫣红，散发着醉人的花香，这里也就成了名副其实的花山"[24]，所谓"花山"所指应即国华台。国华台的规模较大，有可能涵盖今颐和园国花台以上大片山坡。1917年北京铁路部门编印的《京奉铁路旅行指南》称，颐和园"最著者为山巅之国华台"。清宫太监回忆录也称"国华台下排云殿"[25]，而不是反过来讲排云殿旁国华台。民初人们游览颐和园，大多会提到国华台，可见其在当时颐和园景观中的地位。再次是时间，称建于光绪二十九年（1903）也比较合理。从容龄、德龄姐妹和卡尔的回忆录可知，光绪三十年（1904）5月间慈禧已在此款待各国大使夫人游园，并赠送牡丹[26]。而该年底，慈禧七十大寿，一应准备早就开始，国华台之建造应以上年即光绪二十九年（1903）更为合理，最迟也应在光绪三十年（1904）春天。

另一问题是国花台的题匾。今国花台石刻匾额无署款，颐和园管理处所编《颐和园志》称国花台匾由"白永麟奉太后旨所书"[27]，不知所据，疑也出陈文良等人所说。清末民初人所说均为"国华台"，若出白氏所书也当以"国华台"为是。

综合各方面的信息，所谓颐和园国花台本作"国华台"，规模较大，约建于1903年秋冬至1904年早春，以种植和陈设牡丹为主。所谓"华"即花，至迟1935年已见人们写作"国花台"[28]，也称牡丹台[29]。国花台的命名应是沿袭明人极乐寺"国花堂"旧例。清末民初言之者，均未提到有御旨制名颁定国花之事。不仅清末民初，即整个民国时期，尚未见有这方面的任何记载和信息，而只有反指此事“当年固未有明确规定之明文”[30]。可见有关说法掺杂了一些传闻，并不完全可信，但与极乐寺国花堂一样，都属明清旧京遗事，对牡丹国花之称的流行也有显著的促进作用。

民国早期对国花的讨论

中华民国的建立开创了一个全新的时代。人们对国花的认识也随之发生了明显的变化，不再是传统“国色”“花王”之类赞誉，而是具有明确的现代民族国家象征、徽识的概念。民国年间的国花观念和说法可以1927年国民党统治政权的确立为界分为两个时期，此前为北洋政府时期，此后为南京政府时期。我们这里说的民国早期即北洋政府统治时期，具体又以“五四”运动为界分为两个阶段。

最早以现代眼光谈论国花的是民国初年（1912）《少年》刊物上的无名氏时事杂谈《民国花》一文，就当时北洋政府以“嘉禾”（好的禾谷）作勋章（通称嘉禾章）、货币图案一事发表感想，认为嘉禾包含平等和重农的进步思想，“从此，秋来的稻花，可称为民国花了”。这是将“国花”视作民族国家象征的第一例，可见当时也有嘉禾为我国国花一说。

民国最初十年，人们多承明清京师国花堂、国华台之说，主张或直认牡丹为国花。1914年，著名教育家侯鸿鉴应钱承驹之约编写“国花”一课教材，首明国花的意义和地位：“各国均有国花，而与国旗同为全国人民所敬仰尊崇者也。”“国花者，一国之标识，而国民精神之所发现也。”他认为民国国花应为牡丹，我国五千年虽“无国花之称”，但花王牡丹备受尊崇，“牡丹富贵庄严之态度，最适于吾东亚泱泱大国之气象，尊之为国花，谁曰不宜”。他希望通过国花课程的教授，“以见国花之可贵，使由爱物而知爱国”[31]。1920年“双十节”，《申报》发表黛柳《我中华民国之国花（宜以牡丹）》一文，举世界国花的8种情形，认为牡丹为“我华之特产”，“吾华所特艺”，“花之至美者”，“吾国性所寄，吾国民所同好”，“以言国花，则无宁牡丹”。同时报载有谈论牡丹牌牛奶广告者，称“牡丹尤为中国之国花，用之以称牛奶，当得中国人之欢迎”[32]。这期间也有称赞菊、水仙为“国花”的[33]，但都非明确主张，终不似牡丹之说流行。

牡丹为国花之说一直贯穿整个北洋政府时期，即便“五四”新文化运动后社会、文化风气大变，此说仍多认同赞成者。比如1924年《半月》杂志之《各国花王》、《东方杂志》之《各国之国花》两短文，都称我国国花为牡丹[34]。1925年鲁迅《论“他妈的”》也提到牡丹为“国花”的说法。1926年《小朋友》杂志第215期伯攸《国花》一文认为我国国花只有菊、稻（即前言嘉禾）、牡丹三种最有资格，但菊花是日本皇室标志，稻花观赏性不够，所以仍以牡丹最宜为国花。1926年吴宓、柳诒征等人游北京崇效寺赏牡丹，吴宓诗称：“东亚文明首大唐，风流富贵牡丹王。繁樱百合争妍媚，愿取名花表旧邦。”所说樱花、百合分别为日本和法国国花，诗人自注称：“欲以牡丹为中国国花。[35]” 是说牡丹出于我国大唐盛世，作为文明古国的代表，足与日本、法国等列强媲美抗衡。

1919年“五四”运动以后，有关讨论明显进入一个新阶段。受“五四”新文化运动的影响，人们努力摆脱封建帝制皇权传统的影响，因而多抛弃封建时代已蒙国花之称的牡丹，转而主张菊、梅等富有民族性格和斗争精神象征之花，其中尤以赞成菊花者居多。1923年《小说新报》载颍川秋水《尊菊为国花议》一文即认为牡丹是“帝制时代”“君主尊严”下的国花，“而民国时代则否”，应选择菊花，理由是：一、菊之寿可当五千年文明之悠久；二、菊之花期与“双十节”相应；三、菊之色彩多样与国旗五色相配；四、菊分布繁盛与我四亿民众相似。至于香远而益清、花荣而不落、风雨而不摧等更可见国风之清远、国民性之坚劲。“菊花之为德也如是，比之牡丹，实胜万万”，故宜尊为国花[36]。1924年曹冰岩的《国花话》也倾向菊花：菊“不华于盛春时节，而独吐秀于霜风摇落之候，其品格有足高者”，较牡丹更宜为国花[37]。最值得注意的是1925年著名诗人胡怀琛的《中国宜以菊为国花议》：“各国皆有国花，中国独无有。神州地大物博，卉木甚蕃，岂独无一花足当此选？窃谓菊花庶乎可也。菊开于晚秋，自甘淡泊，不慕荣华，足征中国文明之特色，其宜为国花者一也；有劲节，傲霜耐冷，不屈不挠，足征中国人民之品性，其宜为国花者二也；以黄为正色，足征黄种及黄帝子孙，其宜为国花者三也；盛于重阳，约当新历双十节，适逢其时，其宜为国花者四也。夫牡丹富贵，始于李唐，莲花超脱，源于天竺，举世所重，然于国花无与。国花之选，舍菊其谁？爰为斯议，以俟国人公决。[38]”全文不足200字，概括菊花宜为国花的四点理由，言简意赅。当时许多报刊转载[39]，影响甚大。

同时也有举梅花为国花的，如《申报·自由谈·梅花特刊》杨一笑《梅花与中华民族》，罗列梅花的种种美好、高尚之处，均足以表示中华民族的优良品格：“中国民族开化最早，梅花占着春先；中国民族有坚忍性，给异族暂时屈服，不久会恢复，梅花能冒了风雪开花，正复相同；中国民族无论到什么地方，都可生存，梅花不必择地，都可种的；中国民族的思想像梅花的香味，是静远的；中国民族的文学像梅花的姿势，是高古的；中国民族的道德像梅花的坚贞；中国民族的品格像梅花的清洁。以上看来，梅花有中国国花的资格，所以大家要爱他了。[40]” 也有举兰、莲荷，如《申报·自由谈》所载阿难《国华》，一气举牡丹、嘉禾（稻）等前人所言和古人所重兰、莲、菊等多种，“皆可为国花矣”[41]，所举多为传统所重的道德品格寓意之花，而其取喻也多与菊花之意相近，强调高雅的品格、坚定的意志等思想精神象征。

南京民国政府确定梅花为“国花”

在我国国花评选史上，1929年南京国民政府拟定梅花为“国花”是一件不容忽视的大事。对于具体过程，笔者《南京国民政府确定梅花为国花之史实考》一文有详细考述[42]，此处也仅就其关键细节和有关现象简要勾勒。

1926—1927年北伐战争的胜利，奠定了国民党的统治基础，1928年底“东北易帜”，全国基本统一，从此进入以蒋介石为核心的南京国民政府统治时代。随着国民党政权和国民政府机构建设的全面展开，作为国家标志的国旗、国歌、国徽和国花的讨论都逐步提上议事日程。国花虽不如国旗、国歌之类重要，但也引起社会各界的热情关注，从1928年10

月以来，官方有关机构开始行动，拟议梅花为国花。

关于此事的起因，一般认为是国民政府财政部筹铸新币，需要确定国花图案作为装饰，于是向国民党中央执行委员会提出。其实不然，早在该年10月26日，国民政府内政部礼制服章审定委员会第18次会议即决议以梅花为国花[43]，具文呈请行政院报国民政府核准[44]。行政院随即交教育部核议，11月28日教育部完成审议，对内政部的提议深表赞同，并具明三种理由："（甲）梅之苍老，足以代表中华民族古老性；（乙）梅之鲜明，足以代表中华随时代而进化的文明，及其进程中政治的清明；（丙）梅之耐寒，足以代表中华民族之坚苦卓绝性。[45]"同时认为梅之五瓣可以表示"五族共和，五权并重"，采用三朵连枝可以"代表三民主义"[46]。媒体对两部意见随即加以报道[47]，产生了一定的影响。而财政部的申请则在该年末[48]，中央执行委员会与国民党中宣部相应的审议和决定更晚至1929年1月。

国民党中央执行委员会接到财政部的申请后，即批交中央宣传部核办。宣传部函询教育部有关拟议情况，并综合各方意见，最终"审查结果，以为梅花、菊花及牡丹三种中，似可择一为国花之选"[49]，以此具文呈报中央执行委员会。1929年1月28日，中央执行委员会第193次会议讨论了宣传部的报告，形成决议，并据此专函国民政府："经本会第一九三次常会决议：采用梅花为各种徽饰，至是否定为国花，应提交第三次全国代表大会决定。"要求"通饬所属，一体知照"[50]。接到中执会通知，按其要求，国民政府于2月8日发布第109号训令[51]，将中执会的决议通告全国，要求国民政府各部门、全国各省市知照执行。至此完成了法律上的重要一步，即由国民政府通令全国，指定梅花为各种徽饰纹样。

国民党第三次全国代表大会于1929年3月18日在南京开幕，21日上午的第6次、下午的第7次会议，连续讨论中央执行委员会的国花提案。上午讨论中有主张菊花者[52]，有赞成梅花者，也"有主张不用者，往返辩论，无结果，十二时宣告散会"[53]。下午的发言者"多谓系不急之务，结果原案打消"[54]。会后大会秘书机构具文函告中央执行委员会称："经提出本会十八年三月廿一日七次会议，并经决议：不必规定。[55]"整个案程以不了了之。

在整个国花拟议过程中，进入视野的主要有三种花，即国民党中宣部筛选的"梅花、菊花及牡丹"，这也正是民国以来国花选议中最受推重的三种。而国民党三全会的最终讨论只是纠结在梅、菊两花上，则是"五四"运动尤其是国民革命兴起以来，人们更重民族品格、革命精神象征的新风向。两花中梅花又属于后来居上，最终推为国花首选，应与国民党统治体系中江浙一带人士的数量优势和核心地位有关。内政部的拟议可能出于蔡元培的推荐，蔡元培是浙江绍兴人，任教育部的前身大学院院长。据画家郑曼青回忆，1928年初他去拜访蔡元培，蔡氏盛赞梅花不已："访蔡公孑民（引者按：蔡元培字孑民）……孑公亦赞道此花（引者按：指梅花）不已，夏间欣闻孑公举以为国花。[56]"可见早在1928年夏天，蔡元培即已向有关方面提议以梅花为国花。内政部发起的礼制服章审定委员会主要职能是审定各类制服式样、军政徽章图案乃至公私各类礼仪程式，成立于这年6月，蔡元培的建议或即向该会提出。以蔡元培的社会地位，其实际影响不难想见。而决定梅花为徽饰的中央执行委员会第193次会议与会人员，也以南方尤其是江浙一带人士为主，他们一般都熟悉和喜爱梅花，对确定梅花为国花有着不可忽视的潜在作用。

尽管国民党第三次全国代表大会最终并未就国花作出明确决定，但会前国民政府已正式通令全国以梅花为各种徽饰，实际上已经承认了梅花的国花地位。而且早在年前，内政、教育两部拟议意见出台之初即被媒体及时报道，并被人们解读为国民政府已正式确定梅花为国花，受到热情传颂[57]，可见梅花作为国花在当时是一个深得民心的选择。此后无论人们言谈，还是各类大型场合的仪式，多尊梅花为国花，梅花的国花地位得到了全社会的普遍认可，“虽无国花之名，而已有国花之实”[58]。

国民党政府之正式承认梅花为“国花”要等到35年后的1964年，时去1949年败退台湾也过去15年了。同样由“内政部”发起，建议“行政院”明定梅花为“国花”，“行政院”于1964年7月21日以台（五三）内字第五〇七二号指令答复“内政部”：“准照该部所呈，定梅花为‘中华民国国花’。惟梅花之为‘国花’，事实上早为全国所公认，且已为政府所采用，自不必公布及发布新闻。[59]” 与1928—1929年间的情景有些相似，并未就此形成任何正式决定和政令，主要仍属于承认既定事实。

2. 对当今国花评选的借鉴意义

综观明清以来，尤其是民国年间我国国花问题的众多意见和实际选择，包含了丰富的社会文化信息和历史经验教训，值得我们今天思考和处理国花问题时认真汲取，引为借鉴。

国花之事必须引起重视

当代学者研究表明，“在国家相关象征中，尤其是国旗、国歌、国玺、国徽、国花等，乃是近代国家必须遵循一定形式以拥有的”[60]。国旗、国歌等是近代民族国家的主要标志或徽识，国花虽不如国旗、国歌重要，但也同属近代民族国家兴起以来的文明产物，备受人们关注。近代以前，我国可以说是一个统一皇权体制下的巨大文明社会或文明体系，人们怀有“普天之下，莫非王土；率土之滨，莫非王臣”的大一统信念，没有民族主权国家的明确意识。中华民国成立以来，人们的民族国家和国民意识迅速兴起，“国旗”“国歌”等作为国家符号徽识越来越受到重视和尊敬，而“国花”也就受到人们越来越多的关注和期待。对这一观念意识的转变，1924年曹冰岩《国花话》有一段总结：“代表国徽者有国旗、国花……吾国数千年来闭关自守，鄙视邦交，虽数经匈奴、契丹、女真之骚扰，而国民之国家观念至薄，即至尊之国旗，亦漠然视之。故骚人墨客之品花制谱，屡见不鲜，而国花之名，初未之前闻也。自开海禁，国人始稍稍知国旗之当尊也，而连及国花。[61]” 对于国花的重视，可以1926年《小朋友》杂志的常识讲解为代表：“世界各国，都有一种唯一的国花，用来代表一国的国性。它的使命虽不如国旗那么伟大，但是做国民的，自然都应该尽力地爱护它，像爱护我们的国家一般才是。[62]” 正是出于这样的现代立场，虽然牡丹已有国花之称，因其传之帝制时代，未经确认，却很难名正言顺，视

为当然。

因此我们看到，大多数情况下，人们谈及国花问题都明显的底气不足，心存遗憾。比如1914年第1期《亚东小说新刊》之《各国花王一览表》，所举英国蔷薇、日本樱花等均为国花，我国自然是牡丹，称“花王”而不称“国花”，显然是照顾我国国花未明的现实。1924年第6期《东方杂志》几乎同样的《各国之国花》名录，称我国牡丹为“花王”，而其他各国为“国花”。前引1925年“双十”节胡怀琛《中国宜以菊为国花议》开端即言：“各国皆有国花，中国独无有。神州地大物博，卉木甚蕃，岂独无一花足当此选？”而北伐战争胜利，新的“青天白日满地红”“国旗”基本确定之后，人们对国徽、国花等就更为期待。1927年10月2日《申报》发表之张菊屏《规定国徽国花议》：“凡藉一物以表扬国家之庄严神圣者，厥有国旗、国徽、国花之三事……惟国徽、国花，虽勿逮国旗需要之繁，其代表国家之趣旨，要亦相若，每逢庆祝宴会之际，与国旗并供中央，自陈璀灿辉煌之朝气，亦盛大典礼必具之要件也，似不宜任其长付缺如。”1928年10月“双十”节后，该作者又著文称：“国花之为用，虽无济于治道，有时亦有裨于国光。彼世界列邦，凡跻于国际之林者，几罔不有国花。独吾华以四千余年文明之古国，而至今犹付缺如，不可谓非文物上之一缺憾也。[63]” 遗憾之情、急切之意溢于言表。

而一旦1928年底所谓国民政府确定国花的消息传出后，各界人士言之莫不欢欣鼓舞，此后再言国花，则无不理直气壮，扬眉吐气。1936年易君左《中华民国国花颂》：“国花代表国家姿，神圣尊严画与诗。德意志为矢车菊，美利坚国为山栀……或取其香或取色，或嘉其义足昭垂。唯我中华民国国花好，世无梅花将焉归？铁骨冰心称劲节，经霜耐冷岁寒时。品端态正资望老，情长味永风韵宜……论香论色（引者按：原误作香）论品格，此花第一谁能移？仙胎不是非凡种，天赐此花界华夷。我辈爱花即爱国，国与梅花同芳菲。[64]” 将梅花与其他各国论列比较，透过国花的赞颂，寄托民族豪情、爱国热情，这应是当时广大民众的共同心声。总之，人们普遍认为，国花可以表“国性”，见“民性”，可以展“国姿”，扬“国光”，其作用不可小觑。国人“由爱物知爱国”，“爱花即爱国”，国花的确定对社会舆情和国民心理带来的变化是极为鲜明和积极的。

历史何其相似，改革开放前的30年，新中国一穷二白，百废待兴，国花之事远非当务之急，因而长期无人问津。而改革开放以来，经济建设蓬勃发展，国家逐步富强，民众富而好礼，社会日益文明，国际交往更是大大拓展。在这样的情况下，无论是从一般文化知识和公共信息，还是国家象征和社会仪式层面，我国国花是什么的问题就是一个社会各界普遍关心、随时都可能面临的问题。而一旦遇到疑问，“世界列邦诸国，皆有国花，以表一国之光华”，“我国以四千余年之文明古国，开化最早，花卉繁殖甲于全球，岂可无国花一表国之光华乎”[65]，这一民国年间早已出现的诘问就不免油然而生，令人抱憾不已，成了一个长期困扰的文化问题。因此从20世纪80年代以来，我国各界有识之士、热心之人积极建言献策，奔走呼吁，广泛协商，竭力推动，甚而在年度“两会”正式提交提案议案，期求有所改变。应该说，这些行动都代表了广泛的民意需求，值得国家领导机关和社会政治、文化相关层面的关注和重视。

进而从国际交往的角度看，在全球化迅速发展的今天，国家间的文化竞争、“仪式竞争”[66]、软实力竞争日益加剧，作为现代国家象征之一的国花，有必要引起人们重视。不管国花信息的实际来源有怎样的差别，在世界各国“国花”基本明确的情况下，如果我们的说法一直模糊不清，作为一种重要的国家象征元素、民族文化知识长期悬而未决甚至付之阙如，总是一种不应有的信息缺失，这对我们这样一个历史悠久、人口众多的世界大国来说，是极不应该的，社会舆论和普通民意都不免难堪，有必要尽早采取行动，以适当的方式尽快加以弥补。而在另一方面，与国旗、国歌、国徽等国家标志不同，国花有着更多自然美好物色的观赏价值、大众民俗资源的生动形象、民族传统文化的历史内涵，按民国年间人的说法，“亦多轶闻韵事”[67]。不同国家的民众之间，会表现出更多关心和了解的热情，表现出更多互相欣赏、彼此尊重的情感。如今国家倡导“文化强国”建设，对于国花这样一种更为大众化、形象化的国家形象符号，更多美好、温情和人性化色彩的国际文化交流信息，我们更有必要高度重视，主动落实到位，积极加以利用。

国家层面的法律法令是解决国花问题最理想的方式

世界各国的国花中，由来并不统一，有正式立法确认的如美国，但大多只是民间约定俗成或历史传统而已，具体的情景多种多样。1920年黛柳《我中华民国之国花（宜以牡丹）》举世界各国国花有8种类型：“一、其国树艺术所特长者，英国之蔷薇；二、其国所特茂者，印度之罂粟；三、其国民性所最相协者，日本之樱花；四、其国民所公爱者，伊国之雏菊；五、其国诸花中之香艳绝伦者，法国之百合；六、其国历史传说所关系者，苏格兰之蓟；七、其国国王所特爱者，德国之蓝菊；八、其国迷信俗尚所关系者，埃及之芙蕖。[68]” 所说各国国花不尽确切，但所举类型大致全面。而我国是一个世界大国，幅员辽阔，人口众多，历史悠久，植物资源极为丰富，相关情况就远不单纯，其复杂性远非世界其他民族可以比拟。

我国有极为丰富的名花资源，即就历史上以“国”字称颂的就有兰、牡丹、梅花等多种，另如菊、荷等也都历史悠久，种植普遍，备受钟爱和推重。选择多，分歧就大，割舍也更难。民国以来的国花讨论中，上述花卉都有不少主张者，言之者也都头头是道，理由十足，各行其是，喋喋不休，很难形成统一意见。即便如国民党将各方意见归结为梅花、菊花、牡丹三种候选，国民党全代会上依然在梅、菊间相持不下，争论不休，上下午两次会议最终仍是议而未决。

这一现象告诉我们，在我们这样地大物博、人口众多、历史悠久、传统深厚的国家，名花资源十分丰富、历史积淀极其浩瀚、文化传统无比深厚、民意诉求极其多样，如果完全听任社会请议，要想取得一致意见是极为困难的。近30年国花评选的历程，几乎显示了同样的情形，是一花、两花还是多花，是牡丹还是梅花，还有菊花、兰花、荷花等其他，众说纷纭，各行其是，最终只是给问题的解决平添纠结，增加难度。

而反过来，由于民国当年内政、教育两部明确提议梅花为国花，最终国民政府实际也明确规定用作各种徽饰图案，这显然是远不充分和彻底的程序，但就是这一系列政府行为及传言，给民众带来了国家决定的信息。而向来“呶呶于国花问题者”[69]，转而一片赞美之声，迅速形成主流意见。作为新定国花的梅花，也是“一经品题，身价十倍”[70]。由于国民党三次全代会实际并未通过梅花的提案，1929年初社会上仍有零星反对梅花、主张其他花卉的声音[71]。但从1929年3月国民政府正式通令全国以来，所有反对之声几乎音消云散，梅花就成了全社会普遍尊奉的国花了。

这种社情民意的前后变化，充分显示了国家政权的力量。这不仅是因为国花这样的国家礼文之事有着国家层面解决的政治责任、体制要求，更重要的还在于我们这样“官本位”传统比较深厚的社会，由国家权力机构形成决议，颁布法令，具有更权威的色彩，容易得到社会的普遍认同，形成统一的全民共识。而近30多年，我国的国花讨论和评选活动不可谓不积极、不热烈，有关意见也不可谓不合理、不科学，尤其是1994年全国花卉协会这样的民间组织发起的国花评选活动，操作也不可谓不民主、不规范，但最终都无法修成正果，关键就在于民间组织的权威性和公信力易遭轻薄，难孚众望。因此历史和现实都告诫我们，像国花这样与经济民生相去较远的礼文符徽之事，众说纷纭，极难统一，只有通过最高权力机关、政治机构决定和法令的权威方式才易于达成一致。

至于具体的方法或途径，笔者曾提出过系统的建议：一、由全国人大代表或专门委员会提出议案，付诸全国人大或其常委会投票表决，这是最隆重、最具权威性的方式；二、由全国政协成员即委员个人或界别、党团组织等提案，进行联署或表决，交付中央政府即国务院酌定颁布；三、中央政府直接或委派其相关部门进行论证并颁布；四、由全国性的民间组织向中央政府提议和请求，由中央政府酌定颁布。在广泛的社会讨论和民众推选基础上，通过国家权力机关的法律、法令或决议的方式正式确定国花，这样一种民主与法制相结合的方式[72]，应是我们评选和确定国花最理想的方式，也应是最有效的方式。

两花并尊是我国国花的最佳选择

在前引黛柳《我中华民国之国花（宜以牡丹）》一文所说8种情形中，我国的情况十分特殊。与国土狭小、自然生态环境相对单一的国家不同，我国幅员辽阔、人口众多、植物资源丰富、农耕文明极度发达，无论着眼于生物资源、经济种植和观赏园艺，还是其历史作用，任何单一的植物都不可能有绝对优势。我们历史悠久的中央集权大一统体制也不可能有欧洲中小国家那些花卉植物成为民族图腾、王室徽识之类情形。因此，我们的国花形象主要应孕育于悠久的历史陶冶和文化积淀，体现“国民性所最相协”的民族传统文化精神和“国民所公爱”即广大人民的情趣爱好。这应是我国国花的必然特性，也是我国国花产生的基本条件和客观规律。

上述历史梳理充分显示，我国名花资源丰富，而牡丹、梅花尤为翘楚，唐宋以来两花一直高踞群芳之首，倍受人们推重。民国间虽然有北洋政府嘉禾（稻花）和伪满政府的高粱、兰花等国花名目[73]，也有对菊花的强烈呼声，但综观民国年间的各类议论和实际行动，人们最终心愿还是高度聚焦在牡丹、梅花两花上，并先后以一民一官的方式实际视作或用作国花。我国改革开放以来30多年的国花讨论，虽然众说纷纭，主张较多，但呼声最大的仍属牡丹、梅花两花。如1986年11月20日上海文化出版社、上海园林学会、《园林》

杂志编辑部、上海电视台“生活之友”栏目联合主办的“中国传统十大名花评选”，依次是梅花、牡丹、菊花、兰花等。而北方地区的评选，牡丹多拔头筹，如天津《大众花卉》杂志1985年第6期公布的当地十大名花评选，结果是牡丹第一，梅花第三，排在最前面的不出牡、梅两花。在各类国花评选和讨论中，最终纠结的仍不出梅花、牡丹两花的取舍，有所谓“牡丹与梅花之争”一说，明显地分为主牡丹、主梅花两派[74]。唐宋以来我国传统名花逐步形成，尤其是民国以来一个多世纪不同背景下国花论争的历史，无不充分显示牡丹、梅花在我国传统名花中双峰并峙、难分高下的地位，多少有些时下常言的“巅峰对决”色彩。从南宋陆游等人“梅与牡丹孰胜”的讨论和元曲李白、孟浩然品第牡丹、梅花优劣的戏剧性想象，到民国间牡、梅两花短暂轮桩和30多年国花评选中的两花激烈“争宠”，不难感受到我国国花选择上的一种历史宿命，牡丹、梅花无疑同是我国国花的必然之选，有着等量齐观的历史诉求和民意基础。

两花形象风格和象征意义各极其致、各具典型，不仅历史地位和民意基础相当，而且相互间有着有机互补、相反相成的结构关系。清人张问陶说的“牡丹富贵梅清远”，元人唱词所说“这牡丹天香国色娇，这梅花冰姿玉骨美。他两个得乾坤清秀中和气，牡丹占风光秾艳宜欢赏，梅花有雪月精神好品题”[75]，都简要地揭示了两者各极其致、截然不同的审美风范和观赏价值。民国年间对牡丹、梅花的各类主张更是从现代国花的角度标举两者物色风彩、精神象征上的不同典范意义。推重牡丹者多强调其壮丽姿容和繁盛气势。如侯鸿鉴《国花教材》称牡丹“体格雄伟，色彩壮烈，足以发扬民气、增饰国华”。黛柳文章称牡丹“姿态堂皇，气味馥郁，既壮丽，亦极妩媚”，并从当时赏花风气的变化着眼，认为国人“素贵幽馥清姿”，但近来受欧洋花卉园艺影响，也开始追求玫瑰一类“硕艳”之花，表明在近代以来“世味浓厚，竞存剧烈”情势下，一味崇尚梅、菊那样的清淡隐逸，已“无益实际”，而趋于欣赏牡丹丰硕壮丽之花，用以寄托“国势日益隆盛，民气日益振作”的时运和强国富民的气势[76]。这些见解充分反映了近代以来国人饱经列强侵凌后对民族振兴、国家强盛的迫切期待，牡丹成了这种强国之梦的绝好写照。而“五四”新文化运动以来，人们盛举菊、梅等，则同属另一种价值取向，注重精神品格方面的象征意义[77]。具体到梅花，则特别强调“梅之苍老”可以象征我国悠久历史，“梅之耐寒足以代表中华民族之坚苦卓绝”[78]。这是思想解放、国民革命、社会变革之际对人的品格意志、斗争精神的高度推崇和积极追求。主牡丹者多强调其风容和气势，举梅花者多赞颂其品格和意志，充分说明牡丹和梅花，由各自形象特色所决定，其文化象征意义都各有其侧重或优势，也有其薄弱或不足。纵向上看，民国短短近40年中，最初民间多以牡丹为国花，后来官方转以梅花为国花，历史正是以这样前后变革、两极迥异的选择，充分展示了牡丹、梅花审美风范和象征意义上各极其致、两极对立的格局。

30年来，我国国花久拖未决，很大程度上即与两花之间这种相互对立、两难选择的传统困境有关。同时，我们也看到一些努力破解这种历史困局的主张，比如主张两花乃至多花并为国花。从世界各国国花的实际情况看，其中不乏有两花乃至多花的，如意大利、葡萄牙、比利时、保加利亚、墨西哥、古巴等国即是[79]。据学者对42个国家国花数量的统计，一国两花的占30.96%，两花以上的合计超过三分之一[80]，可见也不在少数。纵然世界各国尽为一国一花，以我们这样有着“世界园林之母”美誉的世界大国、文明古国，选择两花乃至多花作为国花，也是完全合情合理的。在这类意见中，牡丹、梅花并为国花即“双国花”的主张无疑最受欢迎。最早明确提出这一主张的是陈俊愉先生，1988年其《祖国遍开姊妹花——关于评选国花的探讨》一文称赞两花“互补短长”：“梅花是乔木，牡丹是灌木。梅花以韵胜，以格高，古朴雅丽，别具一格；牡丹则雍容华贵，富丽堂皇。”梅适宜大规模林植，牡丹最适宜花坛、药栏一类营景；“梅花适宜长江流域一带栽培，牡丹最宜黄河流域附近种植”[81]。认为两花并为国花，特色互补，相辅相成，定会广受人民群众欢迎。这一意见一出，社会各界赞成颇多。2003年笔者《牡丹、梅花与唐、宋两个时代——关于国花问题的历史借鉴与现实思考》一文尝试通过唐重牡丹、宋尊梅花的历史现象，阐发牡丹、梅花文化意义的两极张力。牡丹、梅花分别代表黄河、长江两大流域的不同风土人情，反映贵族豪门、普通民众两大阶层的不同情趣好尚，分别包含外在事功与内在品格、物质文明与精神文明、国家气象（“外王”）与民族精神（“内圣”）两种不同文化内涵[82]。而“天地之道一阴一阳，万物之体一表一里，这种二元对立的意义与功能，如能相辅为用，构成一个表里呼应、相辅相成的意义体系，更能全面、充分、完整地体现我们的文化传统，代表我们的民族精神，展示我们的社会理想”[83]。牡丹、梅花并为国花能充分利用象征意义的两极张力和互补格局，获得博大和深厚的文化寓意和象征效果。

因此，无论从深远的文化传统、近代以来国花选择的历史经验，还是从现实的民意需求、学术认识看，两花并尊都是我国国花的最佳选择[84]。正如我们在已有文章中所说，“只有牡丹与梅花相辅为用，方能满足社会不同之爱好，顺应文化多元之诉求，充分体现历史传统，全面弘扬民族精神”，展示国花“作为国家象征的传统悠久、涵盖广大、理想崇高和意义深厚”[85]。无疑，这也是破解30年来我国国花评选现实僵局最明智的选择。

两花并尊是中华文化兼容并包、伟大祖国和平统一的美好象征

众多信息表明，世界各国国花多因本国资源、历史或文化等方面地位重要而约定俗成，真正立法确认的少之又少[86]。按此惯例，反观我国的情况，既然明清以来牡丹长期被称作国花，民国间又曾经一番决策以梅花为国花，如果再一味说我国没有国花，就不符事实，有悖常理，不免给人数典忘祖、妄自菲薄之感。在相关国家权威决定或正式法律法令尚不到位的情况下，根据明清以来尤其是民国以来我国国花选议、实行的历史实际，称“牡丹、梅花”为我国国花，是完全合情合理的。至少仿民国初年商务印书馆《辞源》对“国花”的解释，称“我国旧时以牡丹、梅花为国花”或“我国旧时先后以牡丹、梅花为国花”，则是绝对正确，也是完全应该的。

遗憾的是，这一有理有据的说法一直未能正常出现和通行，应是我国近代以来社会剧烈变革、海峡两岸长期分裂以及社会“官本位”传统等多种因素影响所致。我国近代以来的社会转型包含“反帝”和“反封建”，民族独立和社会变革的双重任务，由老大帝国、民国而后新中国的政治变革极为剧烈。“国花”意识多少受到影响，民国早期所说国花牡丹和南京国民政府所定国花梅花之间即有鲜明的变革性和对立性，相关说法也就难以从容通达[87]。

1949年以来，海峡两岸严重对峙，导致国花话语上多有避忌，这其中最麻烦的是梅花。与国花牡丹主要出于民间约定俗成不同，梅花作为国花出于1927年国、共决裂后国民党南京政府不太充分的官方决定，政治色彩相对明确些。梅花的境地就不免有些尴尬。1949年国民党政权败退台湾，海峡两岸长期处于严重的敌对状态。台湾当局继承南京国民政府的政治遗产，一直沿用“中华民国”的国号、宪制及其“国旗”、“国花”等“国家”标志。20世纪70年代中华人民共和国重返联合国，尤其是80年代以来，随着中华人民共和国国际影响的不断扩大，台湾当局所谓“国旗”“国徽”一类标识的使用场合明确受到限制，而“弹性使用”[88]原来所谓“国花”梅花图案作为替代就逐步形成惯例。在这样的一系列政治情势下，我们对于国花的概念就不能全然客观地继承以往的历史内容，必然有所避忌。尽管新中国成立最初30年，由于无产阶级革命思想和传统道德品格精神的双重影响，人们对富含斗争精神喻义之梅花的实际推重都要远过于牡丹，但在日常的国花表述中一般采用国民党建政前的民间说法，只称牡丹为我国国花，对梅花作为国花的历史地位避而不谈，这是不难理解的。

同时，我们也要清醒地看到，国花的性质与国旗、国歌、国徽终是有所不同，国花是客观的生物载体，有更多民族历史文化传统的性质，也有更多大众审美情趣的因素。无论是牡丹还是梅花，都是“文化中国”[89]最经典的花卉，是中华民族共同的文化符号，值得所有炎黄子孙倍加珍惜。牡丹、梅花的国花地位都是历史形成的，有着深远的文化渊源和广泛的民意基础。无论出于民间还是官方，都是我国国花选择上不可分割的历史，值得海峡两岸人民和全球华人共同尊重。

具体到梅花，虽然有一些政治纠葛，但我们必须明确这样一些事实和信念。台湾自古是，也永远是中国的一部分，这是无可改变的事实。梅花作为“中华民国国花”自始至今没有得到任何法律明文的支撑，其被尊为“国花”更多依恃民意的力量。文化永远大于政治，文化传统必定重于意识形态。梅花“是中国人的花”[90]，是中华民族共同的文化符号，为全体炎黄子孙同尊共享，其文化意义及其影响远非任何单偏政治实体可以垄断和限制。而反过来，梅花的“中华民国国花”之称最初又主要出于中国大陆深厚的社会沃土，其根源于中国文化的属性对于“台独”势力的“去中国化”倾向无疑是一个有力的牵制，对于认同“一个中国”原则的广大台湾同胞和海外侨胞来说，则又是一个生动的文化感召、美好的精神纽带[91]。这样的现实作用值得我们重视。

1978年以来，两岸紧张关系逐步缓解，和平发展大势所趋。尤其是2005年国共两党首脑会谈、2015年海峡两岸领导人务实会面以来，两岸同属一个中国、两岸必将和平统一、两岸增进交流共同发展已日益成为海峡两岸人民共同而坚定的信念。在这样的积极形势下，人们对国花这样一种超政治、超“主义”，主要体现大众民意、民族精神和文化传统的象征载体，胸襟会更为开阔远大，态度会更为切实通达。更容易捐弃前嫌，面向未来；更愿意包容共享，合作创新；更能够立足于民族和国家，秉承传统，面向世界，形成共同话语。我们相信，牡丹、梅花是“文化中国”最经典的花卉，两花的历史地位和符号价值必将得到两岸人民和全球华人共同尊重和喜爱，而两花并尊国花也更能展现我中华神州地大物博、万类溥洽的气概，体现我华夏文化兼容并蓄、运化浑瀚的特色，象征我伟大祖国和平统一、两岸人民团结一体的美好前景。

当然，针对两岸分治的现实，目前我们对国花的表述尚要适当顾念一下具体现实场合或政治语境。一般指称我国国花时，严格以“牡丹、梅花”即所谓“双国花”作为一个整体，不单独指称和使用梅花为国花。在与台湾当局的相应标志不免并列、易于混淆的场合，则可改用牡丹一种。我们相信这只是目前两岸分治尚未结束时的一种权宜之计，而等到国家完全统一时，牡丹、梅花同为国花，人民自由、快乐地尊事礼用的情景必将来临。

注释

[1] 关于改革开放以来国花讨论和评选的情况，已有不少学者从不同角度进行专题综述和评说，请参见陈俊愉《我国国花评选前后》,《群言》1995年第2期；蓝保卿、李战军、张培生《中国选国花》,（北京）海潮出版社2001年版；林雁《中国国花评选回顾》,《现代园林》2006年第7期；温跃戈《世界国花研究》,北京林业大学2013年博士学位论文。

[2] 陈俊愉、程绪珂主编《中国花经》第13—14页，上海文化出版社1990年版。

[3] 程杰《论中国花卉文化的繁荣状况、发展进程、历史背景和民族特色》,《阅江学刊》2014年第1期。

[4] 宋陆游《梅花绝句》自注，《剑南诗稿校注》卷一〇，上海古籍出版社2005年钱仲联校注本。

[5] 清张问陶《丙辰冬日寄祝蔡葛山相国九十寿》,《船山诗草》卷一三，清嘉庆二十年刻、道光二十九年增修本。

[6] 《民俗研究》2010年第4期。该文主要就清末牡丹钦定国花的前史进行追溯和分析，对所谓慈禧钦定之事却未及追究。

[7] 明李梦阳《空同集》卷三三，清文渊阁《四库全书》本。

[8] 明邵经济《泉厓诗集》卷九，明嘉靖刻本。

[9] 明宋懋澄（1570—1622）《极乐寺检藏募缘疏文》:“燕都城西有极乐寺，建自司礼暨公。”《九钥集》文集卷四，明万历刻本。司礼，明代内官有司礼监，负责宫廷礼节、内外奏章，由宦官担任，明中叶后权势极重。明嘉靖、万历间，内官有暨盛、暨禄等。明王同轨《耳谈类增》卷一〇《吡譻篇·汪进士焚死极乐寺》:“寺始为贵珰宅，贵珰家墓尚在，其后舍而为寺。”明万历十一年刻本。

[10] 明袁中道《珂雪斋集》外集卷四《游居杮录》:“极乐寺左有国花堂，前堂以牡丹得名。记癸卯夏，一中贵（引者按：中贵指显贵的侍从宦官）造此堂，既成，招石洋（引者按：王石洋）与予饮，伶人演《白兔记》。座中中贵五六人，皆哭欲绝，遂不成欢而别。”明袁中道《珂雪斋集》前集卷一五《西山游后记·极乐寺》:“寺左国花堂花已凋残，惟故畦有霪隆耳。癸卯岁（引者按：万历三十一年),一中贵修此堂，甫落成，时汉阳王章甫寓焉，予偶至寺晤之。其人邀章甫饮，并邀予。予酒间偶点《白兔记》,中贵十余人皆痛哭欲绝，予大笑而走，今忽忽十四年矣。”明万历四十六年刻本。

[11] 法式善（1752-1813）《梧门诗话》卷四，清稿本。

[12] 清震钧（1857-1920）《天咫偶闻》卷九，清光绪甘棠精舍刻本。道光、咸丰、同治间，人们盛赞极乐寺海棠之美，多称国花堂为“国香堂”,或者一度曾因海棠名而改额“国香堂”。如宝廷《极乐寺海棠歌》:“满庭芳草丁香白，海棠几树生新碧。数点残花留树梢，脂枯粉褪无颜色。

国香堂闭悄无人，花事凋零不见春。尘生禅榻窗纱旧、佛子浑如游客贫。"《偶斋诗草》内集卷五。宝廷《花时曲》其三："海棠久属国香堂，极乐禅林石路傍。老衲逢人夸旧事，花时来往尽侯王。"《偶斋诗草》外次集卷一九，清光绪二十一年方家澍刻本。王拯《极乐寺看海棠，时花蕊甫齐也，用壁间韵》："不见当时菡萏水，国香堂畔护签牌（往时寺门荷花极盛）。"《龙壁山房诗草》卷九，清同治桂林杨博文堂刻本。清林寿图《三月三日过国香堂饮牡丹花下》，《黄鹄山人诗初钞》卷三，清光绪六年刻本。又张之洞《（光绪）顺天府志》卷五〇食货·海棠："京师海棠盛处……西直门外法源寺大盛，花时游燕不绝，其轩额曰'国香堂'。" 清光绪十二年刻十五年重印本。时宣德门外法源寺也以海棠盛，此称西直门外，或指极乐寺。

[13]清光绪三十三年（1907），清·陈夔龙《五十自述，用大梁留别韵》自注："京师极乐寺花事甚盛，自经庚子之乱，国花堂不可问矣。"《松寿堂诗钞》卷五，清宣统三年京师刻本。

[14]傅增湘《题龙顾山人抚国花堂图卷》，《中国公论》第3卷第4期，第138页。

[15]颐和园的情况见下文所论。中央公园的情况请见贾珺《旧苑新公园，城市胜林壑——从〈中央公园廿五周年纪念刊〉析读北京中央公园》提供的统计表《中央公园1914—1938年建设内容》，张复合主编《中国近代建筑研究与保护（5）》第523页，（北京）清华大学出版社2006年版。另1935年汤用彬、彭一卣、陈声聪《旧都文物略》叙中山公园："北进神坛稷台南门，入门有国花台，遍植芍药。"见书目文献出版社1986年版《旧都文物略》第57页。所说芍药当指芍药与牡丹合植，因牡丹种植成本较高，或以形近的草本芍药代替，但国花之名当属牡丹而非芍药。

[16]陈文良、魏开肇、李学文《北京名园趣谈》第312页，（北京）中国建筑工业出版社1983年版。

[17]陈文良主编《北京传统文化便览》第574页，（北京）燕山出版社1992年版。

[18]赵炳麟《哀白竹君》题序，《赵柏岩诗集校注》第182页，余瑾、刘深校注，（成都）巴蜀书社2014年版。

[19][美] 凯瑟琳·卡尔《美国女画师的清宫回忆》第218页，（北京）故宫出版社2011年版。

[20][美] 德龄公主《我在慈禧太后身边的日子》第15页，刘雪芹译，（武汉）长江文艺出版社2001年版。

[21]赵群《清宫隐私：一个小太监的目击实录》第139页，（长沙）湖南文艺出版社1999年版。

[22]柴栗棨《故宫漫载·颐和园纪游》，《清代野史》第八辑第321页，巴蜀书社1987年版。

[23]崔通约《游颐和园记》，《沧海诗钞》第183页，（上海）沧海出版社1936年版。

[24][美] 凯瑟琳·卡尔《美国女画师的清宫回忆》第110页。

[25]赵群《清宫隐私：一个小太监的目击实录》第139页。

[26]裕容龄《清宫琐记》第22、30页，北京出版社1957年版。

[27]颐和园管理处编《颐和园志》第333页，（北京）中国林业出版社2006年版。

[28]朱偰《游颐和园记》附记，《汗漫集》第23页，（上海）正中书局1937年版。

[29]1935年北平经济新闻社出版的马芷庠《北平旅行指南》颐和园"写秋轩"条下记"轩之西稍下，即为牡丹台"，今北京燕山出版社1997年版书名作《老北京旅行指南》，见第162页。1936年中华书局出版的倪锡英《都市地理小丛书·北平》也作牡丹台，见南京出版社2011年版第92页。

[30]张菊屏《国花与向日葵》，《申报》1928年10月12日。

[31]侯鸿鉴《国花（教材）》，《无锡教育杂志》1914年第3期。

[32]佚名《广告公会开会记》（新闻报道），《申报》1920年10月30日。

[33] 宛《双十歌集·国花——菊》、冰岩《双十歌集·国花——水仙》,《妇女杂志(上海)》1920年第6卷第10期。

[34] 分别载《半月》1924年第3卷第21期、《东方杂志》1924年第21卷第6期。

[35] 吴宓《前题(游崇效寺奉和翼谋先生)和作》其三,《吴宓诗集》(吴学昭整理)第141页,商务印书馆2004年版。

[36]《小说新报》1923年第8卷第6期。

[37]《半月》1924年第4卷第1期。

[38]《申报》1925年10月10日,又见《新月》1925年第1卷第2期。

[39] 胡怀琛《中国宜以菊为国花议》编者按,《孔雀画报》1925年第11期。

[40]《申报》1925年3月6日。

[41]《申报》1923年6月2日。

[42]《中国农史》2016年待刊。

[43]《蜀镜》画报1928年第42期《梅花将为国花》。

[44] 教育部《公函(第三六九号,十八年一月十七日)》附《内政部长薛笃弼原呈》,《教育部公报》1929年第1卷第2期。

[45]《蜀镜》画报1928年第42期《梅花将为国花》。教育部社会教育处处长(不久升任教育部参事)陈剑翛《对于定梅花为国花之我见》一文详细介绍了教育部的审议意见,此文发表于1928年12月5日的上海《国民日报》。

[46] 教育部《公函(第三六九号,十八年一月十七日)》,《教育部公报》1929年第1卷第2期。

[47]《革命华侨》1928年第5期新闻报道《国内大事纪要·定梅为国花》;《申报》1928年12月1日《中国取梅花为国花》。

[48] 陆为震《国花与市花》称财政部呈请是在"十七年岁暮",《东方杂志》1929年第26卷第7期。

[49] 陈哲三《有关国花由来的史料》,《读史论集》第164—165页,(台湾台中)国彰出版社1985年版。

[50] 国民党中央执行委员会公函(1929年1月31日),台湾"国史馆"《梅花国花及各种徽饰案》230—1190之1196—1197页。《中央党务月刊》第8期所载此件《中国国民党中央执行委员会公函》,时间作1929年1月29日。

[51]《国民政府公报》第91号,(南京)河海大学出版社1989年版缩影本。

[52] 陈哲三《有关国花由来的史料》,《读史论集》第165页。

[53] 广州《国民日报》1929年3月22日《三全会第六次正式会议》。

[54]《申报》1929年3月22日新闻报道《三全会通过四要案》。同时《天津益世报》的报道《第三次全代大会之第四日》作:"决议:原案撤销。"陈哲三《有关国花由来的史料》提供的会议记录称:"徐仲白、张厉生和程天放等代表发言,最后决议:不必规定。有陈果夫签名。"见陈哲三《读史论集》第165页。

[55] 陈哲三《有关国花由来的史料》,《读史论集》第165页。台湾孙逸仙博士图书馆所存铅印本第七次大会纪录:"决议:毋庸议。"见孙镇东《国旗国歌国花史话》第104页,台北县鸿运彩色印刷有限公司1981年印本。孙氏此著所谓"国旗国歌国花"均兼1949年前后两阶段而言,1949年后"中华民国"的称呼及相应的各类符号,有悖"一个中国"原则,有必要特别指出。本文引证的台湾著述中多有类似情况,就此一并说明,一般不作文字处理。

[56] 郑曼青《国花佳话》,《申报》1928年12月15日。

[57]《申报》1928年12月1日《中国取梅花为国花》。《申报》12月8日"自由谈"栏目采子女士《国花诞生矣》:"内务部提出,教育部通过三朵代表三民,五瓣代表五权。久经国人讨论之中国国花问题,乃于国民政府指导下之十七年岁暮,由内务部提议,经国府发交教育部会核,而正式决定以梅花为吾中华民国之国花矣。"

[58]《申报》1931年8月18日《伍大光请国府赠梅花于美》。

[59] 孙镇东《国旗国歌国花史话》第107页。也见博闻《梅花是怎样成为国花的》,台北《综合月刊》1979年第5期第128—131页。

[60][日] 小野寺史郎《国旗·国歌·国庆——近代中国的国族主义国家象征》第9页,(北京)社会科学文献出版社2014年版。

[61] 曹冰岩《国花话》,《半月》1924年第4卷第1期。

[62] 伯攸《国花》,《小朋友》1926年第215期。

[63] 张菊屏《国花与向日葵》,《申报》1928年10月12日。

[64] 易君佐《中华民国国花颂——廿五年四月十六日作》,《龙中导报》1936年第1卷第4期。

[65] 王林峰《中央明令以梅花为国花论》,《崇善月报》1930年第69期,第41页。

[66] 英国著名的历史学家埃里克·霍布斯鲍姆(Eric Hobsbawm)认为,十九世纪七十年代至二十世纪初有一个世界性的国家象征塑造和国家间仪式竞争过程。一个世纪后的今天,随着全球化的加剧,不同文化间的竞争也愈益凸显,而各国也日益重视国家仪式和文化形象的塑造和传播。

[67] 曹冰岩《国花话》,《半月》1924年第4卷第1期。

[68]《申报》1920年10 月10日。

[69] 采子女士《国花诞生矣》,《申报》1928年12月8日。

[70] 百足《梅开光明记》,《申报》1928年12月24日。

[71] 如竹师《对于国花之我见》,上海《平凡》1929年第1期。

[72] 程杰《关于国花评选的几点意见》,《梅文化论丛》第24页,中华书局2007年版。

[73] 请参见《申报》1933年4月26日持佛《国花》,1943年5月9日《满皇赠汪主席大勋位兰花章颈饰,昨在京举行呈赠仪式》。

[74] 荣斌《国花琐议——兼议牡丹与梅花之争》,《济南大学学报》2001年第5期。

[75] 元马致远《踏雪寻梅》,明脉望馆钞校本。

[76] 黛柳《我中华民国之国花(宜以牡丹)》,《申报》1920年10月10日。

[77] 笔者《牡丹、梅花与唐、宋两个时代——关于国花问题的历史借鉴与现实思考》:"山茶、月季等娇美形象和神韵气势大致为牡丹所笼罩,兰、荷、菊等的淡雅气质和品格立意则由梅花所代表。"《梅文化论丛》第20页。

[78] 陈剑脩《对于定梅花为国花之我见》,《民国日报》1928年12月5日。

[79] 金波《世界国花大观》,(北京)中国农业大学出版社1996年版。

[80] 温跃戈《世界国花研究》第124页。

[81] 陈俊愉《陈俊愉教授文选》第280页,(北京)中国农业科技出版社1997年版。《植物杂志》1982年第2 期济南董列《我国的国花——梅花与牡丹》:"我国人民视梅花与牡丹为珍品,值得

誉为国花。”将两花并称，认为都堪当国花，但并非明确的“双国花”主张。

[82] 程杰《梅文化论丛》第17—20页。该拙文中“两花并礼”“两花并尊”之意误作“两花并仪”，借此机会，请予订正。

[83] 程杰《牡丹、梅花与唐、宋两个时代——关于国花问题的历史借鉴与现实思考》，《梅文化论丛》第19页。

[84] 民国间倡菊花为国花者，多称菊为草本，分布较广，色以黄为主，与吾炎黄子孙黄种人者适相配合。揆之今日，若以牡丹与菊花组合为国花，一木一草，也颇搭配。但民国间已有文章注意到，菊科植物世界广布，不如梅与牡丹殊为我国特产。梅与牡丹虽同为木本，但牡丹重在花色观赏，而梅有果实利益。我国代表性的观赏花卉多出于实用资源和经济种植，也以木本居多，梅虽不入传统“五果”，但与桃、杏等同属蔷薇科李属果树，我国种植历史悠久，经济价值显著，作为国花更能体现我国农耕社会的深厚基础和我国花卉园艺的民族特色。

[85] 程杰《梅文化论丛》第19—20页。

[86] 温跃戈《世界国花研究》第131页。

[87] 1935年出版的马芷庠《北平旅行指南》颐和园“写秋轩”条下记“轩之西稍下，即为牡丹台”（今北京燕山出版社1997年版书名作《老北京旅行指南》，第162页），而同时朱偰《汗漫集》中《游颐和园记》附记却仍称“国花台”。非名称不一，而是说者立场不同而已。

[88] 孙镇东《国旗国歌国花史话》第111页。

[89] “文化中国”这一概念最初起源于海外华人社会，表示作为炎黄子孙对中华民族传统文化的认同。后来不少文化学者将其用作中华传统文化精神及其相应社会载体的简明称呼，进而中国大陆文化和社会工作者又视作国家文化形象的代名词。有关这一概念的起源及其内涵的演化情况，请参阅张宏敏《“文化中国”概念溯源》，《文化学刊》2010年第1期。我们这里用其广义，并以第二义为主。

[90] 邓丽君小姐演唱的《梅花》有着浓郁的中国情结，最后一句刘家昌原词作“它是我的‘国花’”，显然偏指“中华民国”，而蒋纬国先生的改编本则将此句改作“它是中国人的花”，见其《谈梅花，说中道，话统一，以迎二十一世纪》卷首（台湾“国家图书馆”藏本，第2版，1997）。这一微妙的改动，充分显示了蒋纬国先生不为狭隘的政治利益所囿，着眼于民族团结、两岸统一大业的广阔胸怀。

[91] 20世纪80年代初，蒋纬国先生在台湾倡导“推广梅花运动”，其《谈梅花，说中道，话统一，以迎二十一世纪》称：“梅花自古以来为国人所崇敬的事实，至少有三千年以上的历史。”“任何中国人，不论在国内、在国外，都以爱梅为荣。”“梅蕴藏着中国人的特性本质，散发着中国人的道统，凝聚着人类的人性文化。”“我爱梅花，更爱中华，具民族统一精神。”把梅花作为中华民族性格、中华文化精神的象征，通过这种特殊方式，激发台湾人民对民族团结振兴、国家和平统一的信念和行动。

梅花院士陈俊愉谈中国花文化的秘境*

陈秀中

陈俊愉院士生前在《中国国家地理》杂志2004年第3期上撰文《梅花，中国花文化的秘境》，一开始的点题文字就是：“中国人赏花，动用五官和肺腑，综合地欣赏，注重诗情画意和鸟语花香，全身心地投入与花儿融为一体；西方人赏花，主要用眼睛，注重花的形状大小和颜色。中国古代文人对于梅花的形、色、味和人格意味的欣赏正是体现了中国花文化的奇妙境界！”“从外形上说，梅花娇小玲珑，花型多样；从文化内涵上说，我国有关梅花的诗词歌赋比其他所有花的诗词歌赋的总和还要多。梅花的暗香和意境为我们打造了独特的中华花文化之秘境，从此意义上说，无花能敌。”

1. 回忆父亲热心支持我研究梅花文化

1994年2月，父亲率中国梅花访日考察团去日本探梅，其中静冈县的丸子梅园令父亲吃惊不小。因为在参观东道主梅田操先生的丸子梅园时，主人一再提及我国南宋张镃的《梅品》，并介绍他的1公顷的小小梅园就是以《梅品》作为造园指导思想来布局和配置的。梅田操先生还特别欣赏《梅品》的“花宜称”二十六条，在以丸子梅园主人的身份充当导游时，他不时指点着按“花宜称”理论设计布局的景点，口中念念有词、津津乐道：

★ 本文根据2017年2月13日在合肥植物园陈俊愉先生诞辰100周年特别梅展暨陈俊愉与中国名花研究学术研讨会的发言修改而成。

“为清溪，为小桥，为竹边，为松下……”

父亲回到北京后，一次闲聊时父亲对我说：“以张镃《梅品》为指导思想营造梅园，在赏梅传统大国中国的现代梅园中尚未见其例，而日本人竟开了先河。由此可见日本花卉界对中国传统花文化的重视程度，亦可见《梅品》艺术魅力之巨大！你能不能到北京图书馆找一找这篇文章？”于是，在1994年夏天的一个酷暑之日，父亲亲自带领我来到紫竹院公园北侧的北京图书馆查找，没找到，说是古籍版本都在城里的古籍善本馆保存。隔了几天父亲又亲自带领我到北海公园西侧的北京图书馆古籍善本馆查找，终于找到了《梅品》的若干种古籍版本。这一天，父亲特别高兴，在北图古籍善本馆南墙外的一家饭馆请我吃了一顿，还喝了几两二锅头。父亲说：“回家后你好好把《梅品》整理研究一下，要有注释，有白话文的翻译，还要有赏析文字；此外，要把《梅品》几个版本的校勘工作做好，搞出一个经得起历史考验的最新《梅品》校定本。你是学中文出身的，可以在我国古代梅花文化以及中国古代花文化研究方面多下工夫，这是你的强项，应该能搞出你自己的研究特色出来！”

我按照父亲的叮嘱，闷头在家苦苦研究了两个月，终于写出了两篇有分量的研究梅花文化的学术论文——《梅品——南宋梅文化的一朵奇葩》《〈梅品〉校勘、注释及今译》。父亲读后非常高兴，邀请我参加1995年年初在昆明举办的昆明国际梅花蜡梅学术研讨会，并做大会发言；两篇论文也收入了《昆明国际梅花蜡梅学术研讨会论文选辑》，受到梅花界专业人士的好评。

从此，我就进入到了研究中华花文化和中华梅花文化的圈子里来了。2001年下半年，在父亲的全力支持和指导下，我成功申请了北京市自然科学基金资助项目，为了使课题组全体成员能够全面深入地了解“中华赏花理论及其应用研究”科研项目的科研指导思想、技术路线及研究方法，还有课题组成员的分工任务，在父亲的全力支持下课题组于2002年1月5日在北京植物园召开了“中华赏花理论及其应用研究”科研项目启动会议，我父亲亲自参加，还特意请来了余树勋老先生为本科研项目做总体指导和把关。父亲还把他的博士生金荷仙老师推荐进入“中华赏花理论及其应用研究”科研课题组，其博士论文定名为《梅、桂花文化与花香之物质基础及其对人体健康的影响》。

父亲非常关心“中华赏花理论及其应用研究”科研课题的进展情况，并多次教育我工作要抓紧，要学会利用时间，提高科研效率。但我秉性既已如此，性子较慢，工作比较踏踏实实，希望把“中华赏花理论及其应用研究”科研课题做得更完美，抱着“十年磨一剑”的想法，一直在慢慢地啃着这块难啃的骨头。尽管这个科研课题已经在北京市自然科学基金委结题了，但我对其中一些关键问题与重要节点还在继续研究，并最终希望把这项科研成果逐步完善，出一本中华赏花理论专著，该专著的名称初步定为《中华传统赏花理论研究》。本专著是在北京市自然科学基金科研项目“中华赏花理论及其应用研究”的基础上修订完善而成的，专著深入整理挖掘了中华传统赏花理论遗产；重点考察研究了中华赏花理论在插花、盆景、造园等应用实践领域中的成功经验；深入研究了中华赏花趣味的民族特色；重点剖析了中国小花、香花的民族文化特质；初步研究测定了中国传统小花、香花（梅花、桂花）的香味；在上述研究工作的基础上，归纳总结，兼收并蓄，古为今用，洋为中用，形成了一套有应用价值的、具中国特色的民族赏花理论。

我上大学时学的是中文专业，由于自幼受父亲的熏陶，又由于我一直在北京市园林学校教书，再加上我个人的喜好，逐渐我的研究重点转到了园林，特别是园林文化、花文化的方向。自从20世纪90年代立志深入研究中华传统梅花文化至今，已有20多年的时间了。在这期间，遇到不懂或难解的问题，就回家请教父亲，研究过程中撰写的论文也总是请父亲第一个阅读，父亲总是热情地与我交流读后的想法与修改意见。父亲那热心点拨、循循善诱的亲情与爱抚总是温暖着我的内心，使我永生难忘！现在，静下心来回忆父亲全力支持我研究梅花文化的几件事情，更为重要的是：父亲多次就如何发扬光大中华传统花文化优秀遗产的问题，对我的指导与点拨，使我终生受益。

2. 再次深入品读《梅花，中国花文化的秘境》

"中华赏花理论及其应用研究"科研课题这一做就是15年，最近我又把父亲的文章《 梅花，中国花文化的秘境》进行深入品读。我回想起在研究中华花文化和中华梅花文化的过程中父亲的多次指点，其中就重点谈到了"梅花，中国花文化的秘境"这一核心问题，有以下5个要点。

梅花的迷人风韵，具体表现是什么？

父亲强调：梅是"天下尤物" ！语出南宋范成大《范村梅谱》第一句："梅，天下尤物；无问智、贤、愚、不肖，莫敢有异议。学圃之士，必先种梅，且不厌多；它花有无多少，皆不系轻重。" 在"突出花品与人品"一节中应该与范成大梅是"天下尤物"的名句联系起来。什么叫"天下尤物"？《辞源》中有：尤物就是特出的人物、绝色的美女、珍贵的物品。梅花是大自然恩赐给我们中华民族的"尤物"！我想梅之所以是"天下尤物"，主要是因为梅花的迷人风韵，具体表现为三点。第一是"疏影横斜"。梅花是木本花卉，其苍劲古朴的枝干美别有韵味——古梅的枝干是苍老的韵格，垂枝梅是潇洒的韵格。第二是"暗香浮动"。 韵与香是梅花的特色，"暗香浮动月黄昏"，晚上梅花香味在月光的朦胧中浮动，真是太有韵味了！第三是梅花的文化品位。就是北宋诗人林逋的咏梅诗代表作《山园小梅》的那句："幸有微吟可相狎，不须檀板共金樽。"这一联着意点染梅花的文化品格。大意是：幸亏有吟诗风雅的清高文人可与梅花结伴亲近，最不宜富贵人家在赏梅时用酒宴金樽和乐檀板来附庸风雅。用意在于强调诗人孤高清傲、坚贞不屈的君子性格与梅花冰清玉洁、不染尘俗的高雅品格是一脉相通的。与花比德，回味隽永，充满了诗情画意。你别看梅花花朵小，但非常耐看，它的那种韵味、香味以及木本枝条的独特姿态，在我们中国人的赏花审美里都是占有相当重要的分量的！林逋的《山园小梅》准确地抓住了梅花迷人风韵的三大特征："疏影横斜" "暗香浮动" "诗人微吟"，再恰当不过地反映出了中华民族赏花趣味的民族文化特征，无怪乎被公认为是"古今咏梅之冠"呢！

父亲认为梅花迷人风韵的这三大特征，也就是"梅花，中国花文化的秘境"核心问题。"中

国人赏花，动用五官和肺腑，综合地欣赏，注重诗情画意和鸟语花香，全身心地投入与花儿融为一体；西方人赏花，主要用眼睛，注重花的形状大小和颜色。中国古代文人对于梅花的形、色、味和人格意味的欣赏正是体现了中国花文化的奇妙境界！”（《梅花，中国花文化的秘境》）

香为花魂，中国特色的香花是一块尚待开发的资源宝地

父亲认为：外国人赏花主要用眼睛，重视大花与色彩；中国人赏花用眼、鼻、口，还要全身心地投入，达到花人合一的化境，这与中国古代追求的天人合一的哲学思想是一致的。南宋陆游当年就是用全身心欣赏梅花之美的：“当年走马锦城西，曾为梅花醉似泥；二十里中香不断，青阳宫到浣花溪。”中国的梅花林、还有桂花林，芳香醉人，令人身心陶醉、心旷神怡。怎样的醉与香？鼻闻是听不见、看不到的东西，是最微妙的欣赏。“鸟语花香”是一种生态美，它不同于诗歌绘画等艺术美，梅花的香味可以使欣赏者获得一种生理上的舒适感与愉悦感，这一点已经有外国人开始认识到了，如英国园艺权威Thomas给我的来信里说到，他在伦敦的家，院子里种有两株梅花，他认为梅香是世界所有花香中最好的。梅花的清香、暗香，使赏花者身心愉悦、心旷神怡。而中国人则进而要浮想联翩，进入到物我两忘、花人同化的境界：“小窗细嚼梅花蕊，吐出新诗字字香。”“零落成泥碾作尘，只有香如故！”“不要人夸好颜色，只留清气满乾坤！”

“梅花的暗香和意境为我们打造了独特的中华花文化之秘境，从此意义上说，无花能敌。”（《梅花，中国花文化的秘境》）

中国的小花、香花最具中华民族特色

中华小花、香花正是我们中国花卉资源中的精英和民族的骄傲。父亲强调：有什么样的赏花理论、赏花趣味，就会选择什么样的花卉、种植并生产什么样的花卉。欧美人赏花注重外表，满足于花朵的大、鲜、奇、艳，他们从中国丰富的花卉资源中拿走了大花（如牡丹、月季、玉兰、菊花、杜鹃花、山茶花等等）；未拿走的却是最能代表中国花卉资源和民族文化特质的小花（如梅花、蜡梅、桂花、国兰、米兰、珠兰、瑞香等等）。中国的小花有姿态、有韵味、有香味、有意境，可比拟象征、可融诗入画、可浮想联翩，引人入胜；中国古代文人赏花动用五官和肺腑，全身心地投入与花儿融为一体，综合地欣赏，注重诗情画意和鸟语花香。西方人赏花是表层的，低层次的；而中国人赏花是精神性的，深入的，是真正与花的交流。特别是中国古代文人赏花重视花格与人格的比照，在比德情趣的激发之下，借赏花审美提升积极的人格精神、净化赏花者的心灵。“当年走马锦城西，曾为梅花醉似泥”，“疏影横斜水清浅，暗香浮动月黄昏”，“香非在蕊，香非在萼，骨中香彻”，“不是一番寒彻骨，哪得梅花扑鼻香？”“一朵忽先变，百花皆后香。欲传春消息，不怕雪埋藏。”诸如此类优美的赏花诗句着实把梅花的形、色、味、姿和人格意味娓娓道来，令人百听不厌、回味无穷。这些中国特色的赏花韵味外国人不懂，所以他们未把中国的小花、香花拿走。这讲的就是中国花文化的秘境！

逐步把中国的小花、香花培养成最具中国特色的中华民族优质名花

梅花作为中国具有国际登录权的花卉，在今后的发展中所要带给世界的不仅仅是中国丰富的花卉自然种质资源，更重要的是要让中华花文化的意境给世界带来感染和影响，并通过梅花、蜡梅、桂花、瑞香、中国水仙等小花、香花的出口，使世界花卉更为丰富多彩、美不胜收！ 这谈的是深入研究中国花文化的秘境的意义！

深入研究中华传统梅花文化的意义是什么？父亲认为：《梅品》问世于1194年，今年是1994年，欣逢《梅品》问世800周年！ 日本人梅田操第一个运用《梅品》的赏梅理论造梅园，在我们中国梅园里却未见其例，实在令我吃惊！我们必须重视中华传统梅花文化的研究，深入研究探讨梅花欣赏的民族特色，深入剖析中华小花、香花的民族文化特质，把我们中华名花之精英——中国的小花、香花，如梅花、蜡梅、中国兰、中国水仙、桂花等打造成“拳头产品”，推向世界！

日本人的做法值得借鉴

日本人为了宣传日本的盆景、樱花、牡丹等，向欧美多国赠送盆景、樱花、牡丹，免费建樱花园，坚持做了一百多年。今天我们在美国华盛顿可以看到日本的樱花园，却见不到中国的梅花园。

父亲强调：我们在宣传、推销中华传统名花的同时，要重视弘扬中华传统花文化；尤其在运销海外时，更应将瓶花、盆景、盆花和花园与相关的梅画、梅诗、梅文、梅曲等巧妙结合，中国的园艺家、花卉家要与中国的文学家、诗人、画家、书法家、音乐家结盟，彼此烘托，相互促进，充分展示中华花文化秘境的精妙深邃。诗情画意、花人合一、香为花魂——借花展之机向中外群众宣传、推广中华花卉欣赏理念和赏花趣味，这样既可使人们逐步懂得中华小花、香花的可爱，更可使中华名花开遍中华、香飘世界！

3. 要有仪式感

要有仪式感是指，要设计出一整套能够充分展示中华花文化精妙秘境的表演仪式。中国古代文人赏花就特别重视仪式感。仪式，多指典礼的秩序形式，如升旗仪式等，仪式感是对生活的重视，把一件单调普通的事变得不一样；这些仪式感不是做作，不是俗气，是平淡生活里总要有的调味品，留一个仪式的时间感受日常生活里的珍贵。而我们中华文明的古国其实也有接地气的仪式感，比如过年了要有红包压岁的仪式感、祭天祭地祭祖宗的仪式感……说到底，中国传统文化本身就是讲究要“以礼服人”。例如我国唐代就有唐风宫廷插花花九锡赏花仪式，那是在牡丹、梅花、兰花、荷花等中国古代传统名花盛开之

时，宫廷内赏花要隆重地举行花九锡插花仪式，“锡”同“赐”，即赐予的意思。“九锡”是古代天子赐给尊礼大臣的九件器物，表示至高无上的宠幸和荣耀。唐代诗人罗虬把当时宫廷内插花时的九条礼仪规则与“九锡”相比，以显示皇家宫廷内赏花的隆重和豪华，《花九锡》九条如下：

一、重顶帷（障风）；二、金剪刀（剪折）；三、甘泉（浸）；四、玉缸（贮）；五、雕文台座（安置）；六、画图；七、翻曲；八、美醑（赏）；九、新诗（咏）。

通过唐风宫廷插花花九锡赏花仪式，我们可以体会到中国古代赏花特别重视高雅的情趣和浓郁的花文化内涵，讲究赏花与插花、诗词、绘画、歌咏等高雅脱俗的艺术创作活动结合起来，使花（审美对象）与人（审美主体）双向交流、彼此沟通；赏花者与花结友、与花比德，进而将自己真挚高洁的情感注入自己创造的花卉艺术形象之中，形成最浓郁的赏花美趣，潜移默化地滋润、净化赏花人的心田。唐风宫廷插花花九锡赏花仪式极具中国古代花文化的民族特色，这种传统赏花仪式应该在中国当代的各种赏花节（例如各地举办的梅花节、牡丹节、荷花节等）中得到继承与发扬，促使“与花比德、以美储善”的中国古代儒家特色的赏花审美传统，得以发扬光大！

这套“花九锡”赏花仪式要能够充分展示中华花文化精妙深邃的秘境！诗情画意、花人合一、香为花魂，借唐风宫廷插花花九锡赏花仪式我们可以向中外群众宣传、推广中华花卉欣赏理念和赏花趣味，这样既可使人们逐步懂得中华小花、香花的可爱，更可使中华名花开遍中华、香飘世界！这套“花九锡”赏花仪式的主标题就是“梅花，中国花文化的秘境”！重点从弘扬中华花文化的角度培养中华传统名花的民族文化特质，将这套唐风宫廷插花花九锡赏花仪式——“梅花，中国花文化的秘境”打造成宣传中华花文化的国家名片！

4. 结语

习近平主席指出，提高国家文化软实力，要努力展示中华文化独特的魅力。在5000多年文明发展进程中，中华民族创造了博大精深的灿烂文化，要使中华民族最基本的文化基因与当代文化相适应、与现代社会相协调，以人们喜闻乐见、具有广泛参与性的方式推广开来，把跨越时空、超越国度、富有永恒魅力、具有当代价值的文化精神弘扬起来，把继承传统优秀文化又弘扬时代精神、立足本国又面向世界的当代中国文化创新成果传播出去。

陈院士《梅花，中国花文化的秘境》有一段话：“由于欧美人士赏花的局限性，给我们的小花、香花资源提供了‘历史性的专利’。在改革开放的今天，把中华名花之精英推向世界，把我们的小花、香花作为‘拳头产品’，拿到国际舞台上去。现在是我们扬长避短、弘扬中国优秀传统、为世界花文化和花卉业增添光彩的时候了！”

让我们共同努力，把“梅花，中国花文化的秘境”打造成中华花文化的“拳头产品”和国家名片，推向世界！让中华名花梅花开遍中华、香飘世界！

后记

postscript

没有想到研究这个课题并终于写出这本书竟用了15年时间，才基本成型，要继续深入研究的问题还多着哪、深着哪！我不得不感叹：中国古代花文化的智慧真是浩如烟海，“吾生也有涯，而知也无涯，以有涯追无涯，殆已！”我们的老祖宗、得大智慧的庄子老师说得真好呀！于是，遵循自然规律，我也该适可而止了。

这本书的问世首先要感谢我的父亲陈俊愉院士，记得在1994年夏天的一个酷暑之日，父亲亲自带领我去北京图书馆查找南宋梅花文化珍贵文献《梅品》，并反复强调：《梅品》问世于1194年，今年是1994年，欣逢《梅品》问世八百周年！日本人梅田操第一个运用《梅品》的赏梅理论造梅园，在我们中国梅园里却未见其例，实在令我吃惊！我们必须重视中华传统梅花文化的研究，深入研究探讨梅花欣赏的民族特色，深入剖析中华小花香花的民族文化特质，把我们中华名花之精英——中国的小花、香花，如梅花、蜡梅、中国兰、中国水仙、桂花等打造成“拳头产品”，推向世界！

从此，我就进入到了研究中华花文化和中华梅花文化的圈子里来了。2001年下半年，在父亲的全力支持和指导下，我申请成功了北京市自然科学基金资助项目，为了使课题组全体成员能够全面深入地了解“中华赏花理论及其应用研究”科研项目的科研指导思想、技术路线及研究方法，还有课题组成员的分工任务，在父亲的全力支持下课题组于2002年1月5日在北京植物园召开了“中华赏花理论及其应用研究”科研项目启动会议，我父亲亲自参加，还特意请来了余树勋老先生为本科研项目做总体指导和把关。父亲还把他的博士生金荷仙老师推荐进入“中华赏花理论及其应用研究”科研课题组，其博士论文定名为《梅、桂花文化与花香之物质基础及其对人体健康的影响》。

记得余树勋老先生也在这个科研项目启动会议上指导研究方向：“赏花有几个角度——色形姿香，梅花是小花，在色形姿上排不上，但梅花的香很突出，不妨以香味为重点，梅香很重要，这是无形无色、看不见摸不着的东西，梅香是很微妙的东西，只能通过鼻子的嗅觉才能体会其中的美感。画家当然无能为力，只有诗人和其他赏梅者可以用文字来表达他们的感受。所以北宋初年的诗人林逋将梅花的香气写成'暗香浮动'是十分贴切的形容，至今流传受人赞叹。梅花做为小花，要站得住脚，要靠鼻子来说话！梅香有几个特点：第一，香飘很远；第二，香味醉人，陆游诗句'当年走马锦城西，曾为梅花醉似泥'；第三，历史悠久，有深厚的文化积淀。要在梅香上加大研究力度，让梅花这朵中华特有的小花、香花，香飘世界，在世界上站住脚。"

本书的问世也算是我对于中国花卉界两位老前辈谆谆叮嘱的一个发自内心的小小回答吧，尽管自己水平有限，但已经尽力而为了。

还要感谢金荷仙老师，当年加入"中华赏花理论及其应用研究"科研课题组研究时，还正在攻读博士，如今已经成长为《中国园林》杂志的社长和常务副主编了！有金老师的组稿、审稿、插图写字（用她家先生华海镜教授的特长），特别是帮助筹资，本书才能顺利出版发行。感谢著名梅花文化学者程杰教授发来的3篇梅花文化专稿，为本书精彩添色；感谢两位园林企业家吴桂昌先生和华艺生态园林股份有限公司胡优华先生慷慨出资确保本书出版无后顾之忧。

最后要感谢中国林业出版社的积极努力，使本书能够赶在2017年9月陈俊愉院士百年诞辰纪念活动之际出版问世。

陈秀中

2017年8月于北京潘家园拈花书舍